Experience

Science

Dream

SEED
科创梦想家

姜　嵘　主编

上海科学技术文献出版社
Shanghai Scientific and Technological Literature Press

图书在版编目（CIP）数据

SEED 科创梦想家 / 姜嵘主编 . —上海：上海科学技术文献
出版社 ,2022
  ISBN 978-7-5439-8456-1

  Ⅰ . ① S…   Ⅱ . ①姜…   Ⅲ . ①科学实验—文集   Ⅳ .
① N33-53

  中国版本图书馆 CIP 数据核字 (2021) 第 201454 号

责任编辑：苏密娅
封面设计：袁　力

SEED 科创梦想家
SEED KECHUANG MENGXIANGJIA
姜　嵘　主编
出版发行：上海科学技术文献出版社
地　　址：上海市长乐路 746 号
邮政编码：200040
经　　销：全国新华书店
印　　刷：上海商务联西印刷有限公司
开　　本：720mm×1000mm　1/16
印　　张：29.75
字　　数：469 000
版　　次：2022 年 1 月第 1 版　2022 年 1 月第 1 次印刷
书　　号：ISBN 978-7-5439-8456-1
定　　价：98.00 元
http://www.sstlp.com

序

科学技术是第一生产力,科技的进步,离不开创新人才的培养。青少年科技教育是科技创新的基础,是未来科创人才的孵化器。长宁区非常重视青少年科技教育工作,将其作为区域"活力教育"主旋律中的加强音符。

长宁区位于上海市中心城区西部,具有良好的区位优势和深厚的历史文化底蕴,为科技创新教育提供了良好的育人环境。近年来,长宁区全力打造创新驱动、时尚活力、绿色宜居的国际精品城区,区内科技园建设迅速,科技公司、信息技术公司等高新技术公司众多。浓郁的科创氛围和丰富的教学资源为区域科技教育提供了良好的软硬件基础,也对青少年科技教育提出更高要求。长宁青少年科技教育从学生受益、百姓满意的角度出发,坚持"惠泽"理念,坚守"公益"底线,以培养青少年创新精神和实践能力为重点,组织开展了形式多样、内容广泛的科技教育活动,取得了良好的社会效果,为区域青少年科技教育的发展营造了良好的社会环境。"飞的梦想""创客ING""人工智能进校园"等系列活动已经擦亮了青少年科技教育的长宁品牌;"科技走校"的持续开展、"创新大赛"的优异成绩也在家长们心目中树立了良好的长宁教育口碑。

长宁区少年科技指导站(简称"长宁少科站")是一所专门从事科学技术教育的公办校外教育机构,为具有长宁区学籍的中小学生、幼儿园儿童提供教育服务。长宁少科站的教师们顺应时代发展,尊重学生身心发展规律,设计开发了"SEED"系列青少年科技课程。"SEED"寓意播撒科学(Science)的种子,通过引导孩子们参与体验(Experience)和探究(Explore)过程,实现科创梦想(Dream)。长宁少科站的教师们结合市级各类科创赛会的举行和学生综合素质发展需求,深入开展学生创新素养培育项目,《SEED科创梦想家》便是科技教师启发孩子探索、指导孩子研究青少年科技创新课题的智慧结晶。

　　闪亮的品牌、良好的口碑需要沉淀和积累,更需要开拓和创新。"十四五"期间,长宁区将着力打造"长宁青少年科创中心",更新硬件设施,提升软件能级,更好地致力于学生科学探究兴趣、科技创新思维、动手实践能力的培养,更好地承担传播科学思想、普及科学知识、倡导科学方法、弘扬科学精神的使命。相信"SEED"系列科技教育特色课程将成为"长宁青少年科创中心"的一抹亮彩,让科技创新的种子在青少年学生心中生根发芽。

熊秋菊

上海市长宁区教育局局长

践行活力教育　成就科创梦想

上海市长宁区少年科技指导站坚持以学生发展为本，围绕"活力教育"，在激发科技兴趣、体验科学快乐的基础上，进一步创新科技后备人才培养机制，打造紧跟时代发展、与长宁城区功能相匹配的国际青少年科技教育体系。

本着"让科技教育惠泽每一个学生"的初衷，少科站的教师们引导学生们在平时的生活中发现问题，孵化科创课题。教师们在日常教学中、在与学生的聊天中启发思考，让孩子们自己发现问题和困惑，进而巧妙引导学生抓住这些疑点进一步探索和研究。为了让科创小苗们经历探究过程，得到更多的锻炼机会，少科站的教师们潜心指导，带着孩子们从选题到资料查阅、从拟订研究方案到实践探索，其间经过设计思路反复修改，最终完成答辩。科技教师指导孩子们开展青少年科技创新课题的研究，其意义不仅仅是培养一个个科创小苗，获得一张张获奖证书，科创研究还能帮助孩子们找到自信：科技创意的产生及其带来的思考、实践实验过程的体验和感悟，是一种易于使人获得愉悦心理的创造性活动，而这种愉悦感将会成为学生进一步参与研究的动力。同时，科创研究能持续培养孩子们的自主学习能力，经历了课题孵化、动手动脑、语言表达，孩子们逐步形成比较持久的、内在的学习动力，从而培养孩子们通过观察事物来发现问题以及进一步解决问题的能力。

新时代背景下，科学技术的日益发展更加深刻地影响着每个人的认知和行为模式，科技教育和创新教育是我们共同关心的话题，培育青少年的科学素养是科技教师的责任和义务。本书汇集了上海市长宁区少年科技指导站的科技老师指导孩子们完成课题过程中的经验和体会，每一个实验案例都凝练了科技教师们的心血。本书在成书过程中得到了上海市长宁区教育局的大力支持，局领导对本书的充分肯定鼓舞了我们出版本书的信心。上海市长宁区教育学院科研室专家张萌老师亦对本书有所贡献,在此一并表示感谢。

本书不仅呈现了上海市长宁区少年科技指导站的教师指导学生们进行课题研究的智慧结晶,更为科技教师进一步思考和探索科技教育实践提供了参考,相信通过对这些教学经验的梳理和总结,可以让我们在青少年科技教育的路上走得更稳、更远。由于编者学识有限,书中难免存在不当之处,望各位读者不吝赐教,批评指正。

姜 嵘

上海市长宁区少年科技指导站站长、书记

目 录
CONTENTS

源于生活　乐于实践

郑　臻

青少年科技创新大赛是一项面向在校中小学生开展的具有示范性和导向性的科技教育活动，是培养学生创新精神和实践能力的摇篮。我从2016年来到校外科技教育单位后开始指导这项比赛，没有耀眼的成绩，也谈不上任何经验，仅仅从这几年如何引导学生参与这项活动，谈一谈自己的心得和体会。

一、重视双休公益课程，引导学生在观察中思考

为了贯彻落实我站的"惠泽"理念，趣味生物的双休公益课程面向区域不同学校的学生开展。这些在初中阶段八年级之前没有上过系统的生物课，因此，作为校外生物教师的我，应当重视双休日的生物公益课程，在课程中引导学生学习、思考，通过生物公益课程引导学生初步了解生物，学习相关知识，学会基本方法，能够善于观察，并在观察中思考。这几年我指导的生物学科的创新大赛中，学生基本都来源于我的双休公益课程班。相比较学校老师的推荐，我更喜欢自己选拔学生。如第33、34、35届科创大赛生物学科上海市一等奖的学生：梁仁延、刘家齐、撒宇星都来自于我的双休公益班级，并且都在我的班级中坚持学习了一个学期以上。

初中低年级以下的学生能够经历过程、亲力亲为，认真地全程参加青少年科技创新活动是一件并不容易的事情。所以充分利用双休公益班的时间开展生物科技的学习和研究，渗透并引导这些学生关注青少年科技创新活动，进而参加比赛尤其重要。在双休公益班的课程中除了指导学生观察身边的植物、动物，学会基本的显微观察方法的同时，通过一段时间的教学，班级中能思考、会思考、善于提问的科技苗子并不难被发现。我发现这样的科技小苗后，便开始有重点、有

方向地进行"育苗"：渗透课题研究的方法，个别辅导、搭建舞台，指导他们尝试参加青少年科技创新大赛，让这些甘于默默无闻地努力、乐于用心实践的科技小苗感受成功的喜悦，同时也激励班级中其他学生坚持、认真地上好每一节公益课程，当然对于上课教师的我也是一种督促和鞭策。

二、关注时事关切生活，引导学生在实践中感悟

在科技创新活动中，选题是关键，确定一个好的选题去指导学生参加青少年科技创新大赛，能使学生在各级比赛中获得较好的成绩，也有利于提高学生探究的兴趣与发展学生的创造能力。对于大多数中小学生而言，想不出也驾驭不了一些所谓"高精尖"的选题，因此不如和学生们一起关注时事、关切生活。很多时候，发现并努力解决生活中的小问题、小困惑，这种小小的成就感所带来的"小确幸"往往更能让学生和我都产生踏实的幸福感。当然，指导学生选题的方法因人而异，不一而足。我喜欢让学生们头脑风暴，它是一种通过集体讨论的形式，让所有参加者在轻松愉快、畅所欲言的气氛中，自由交换想法或点子，并以此激发参与者的创意及灵感，产生更多创意的方法。当参与许多人的讨论时，能引发联想，相互启发，易产生共鸣和连锁反应，从而诱发更多的设想，有助于培养学生的创造性思维。因此运用头脑风暴法进行课题选题课的指导有利于激发学生的学习热情和创造性，使学生的选题思路更广阔。

当然，无论怎样的方法，都要充分发挥学生的主体能动性和教师的引导性。除了选题，后续的研究过程也一定要杜绝全程包办，一定要引导学生在实践中一步步进行研究，在研究中感悟。全程包办的创赛指导就失去了原本的意义，也丧失了教学相长、教师和学生共同进步的机会。

三、活色生香，做个生活中的有心人

我想起一位名师的名言：作为校外生物教师，要想办法建立生物和学生之间的缘分。那么，怎么建立缘分呢？生活中的衣食住行，尤其是"食"，存在着天然而深厚的缘分。我尝试在双休课程中渗透"舌尖上的植物"相关内容，把餐桌

和实验桌联系在一起,学生们兴趣盎然。同样的杏鲍菇,不同的"颜值"和"口感",原因何在;餐桌新贵"花生苗",怎么培育;菌包废料种青菜,口感好还抗虫害……类似的这样看上去并不"高大上"的案例,因为生活建立了它们跟学生之间的缘分,所以学生很感兴趣,而兴趣才是最好的老师。通过创赛指导,我引导学生用眼、用心、用脑,积累生活中的点滴发现,做个生活中的有心人。

　　学生只有在科技创新活动中真正体验和感受了,才能领悟科技创新活动的宗旨,才能掌握科技创新活动的方法与技巧,教师和学生都应当摒弃急功近利的心态。因此,从创赛的选题指导、实验实践过程到最后的论文,教师要重视抓过程而不仅仅是抓结果,实践过程比最终的实验数据还要重要。作为一名科技教育工作者,我有责任、有义务发掘更多的学生认识并参与科技创新活动,在活动经历中让我和学生的生活多姿多彩,活色生香。

指导作品 **1**

探究不同的环境条件对花生苗生长的影响

摘要

　　我们在餐桌上经常能吃到黄豆芽、绿豆芽，可花生苗这么有营养的食品却从未在我家的餐桌上出现过，这让我有了浓厚的兴趣，想要去研究一下，试一试。"麻屋子，红帐子，里面住了个白胖子。"这首儿歌常常听老人提起，你可不要小瞧了这个胖子，它能长出我想尝试的花生苗。花生苗有"万寿果芽"之称，它富含维生素和钾、钙、铁、锌等人体所需的各种矿物质。于是我决定研究一下花生苗的适宜生长环境。

　　通过研究，我发现花生苗的培育要求并不高，只需使用珍珠岩与普通的塑料筐，将花生苗放置在25℃的黑暗环境下，产量能达到最高，不需要人为的干预或使用添加剂，是非常绿色的食品。我希望把花生苗的适宜生长环境进行推广，让大家不仅可以随时买到，还可以自己在家中培育，让这个"万寿果芽"早日丰富我们的餐桌。

关键词　环境条件；花生苗；培育

一、研究背景

　　"麻屋子，红帐子，里面住了个白胖子。"这白胖子就是花生。你可不要小瞧了这个胖子，它能长出很有营养的花生苗。花生苗的外形很像豆芽，洁白无瑕，却比花生的营养更高，口味更好，吃起来清脆、香甜。花生苗有"万寿果芽"之称，它富含维生素和钾、钙、铁、锌等人体所需的各种矿物质，从花生苗中提取的白藜芦醇含量比花生高100倍，它能降血脂、防治心血管疾病，对抗肥胖有明显的作用。这么有营养的食品却没能走入我们的餐桌，这不是太可惜了吗？我想通过研究，让它走进普通百姓家的餐桌。

二、研究目的

花生发芽后有很高的营养价值，但它还不常见，并没有走进我们千家万户的餐桌，未免有些可惜，我想通过实验探究，找到花生苗最适合的生长环境条件，使培育出的花生苗不仅口感好，而且产量高，让花生苗的生产能够普及。

分别对不同温度条件、不同光照条件进行实验对比，看看哪种条件对花生苗的生长有影响，从而找出适合花生苗生长的最佳条件。

三、研究过程

我是学校生物兴趣小组的成员，老师教我们用水培的方法培育过豌豆苗、萝卜苗、空心菜苗，它们的长势都很好，于是我想到用水培的方法培育花生苗。

水培豌豆苗

水培萝卜苗

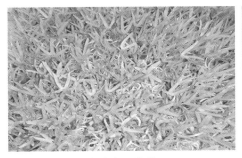
水培空心菜苗

水培花生

我选了些颗粒饱满、表皮光滑、形状大致相等的种子,放入水中浸泡了一夜后,放入一个塑料的浅口盘中等待发芽,但经过两天的观察,结果并不如意,这些花生并没有出芽,这是为什么呢?

我用几乎一样的方法培育花生,但是并没有发芽,我很好奇,它们需要怎样的生长的条件呢? 我对花生苗的生长条件产生了兴趣,想研究出到底什么样的条件才适合花生苗的生长。我请教了专业的老师,并且在老师的指导下做了一些尝试。

1. 材料与方法

(1)实验材料

红外测温仪、培养箱、花生苗、珍珠岩、节能灯、尺子、电子秤

(2)实验地点

本实验在上海绿有有机农场实验室进行。

(3)实验方法

物理学或生物学中对于多因素(多变量)的问题,常常采用控制因素(变量)的方法,把多因素的问题变成多个单因素的问题,而只改变其中的某一个因素,从而研究这个因素对事物的影响,分别加以研究,最后再综合解决,这种方法叫控制变量法。它是科学探究中的重要思想方法,广泛地运用在各种科学探索和科学实验研究之中。在本次实验中,主要针对不同光照、不同温度对花生苗的影响进行了研究。

2. 实验过程和结果分析

(1)实验准备

选取颗粒饱满、新鲜、无破损,并且大小相近的花生颗粒,放入清水中浸泡8—10小时,泡好后放入塑料筐中控干水,选10个相同大小的塑料筐,用珍珠岩填满,每筐按相同距离放置20颗花生颗粒。

(2)不同温度对花生苗生长的影响

选取6筐花生,每两筐为一组,共分三组,放置在不透光的房间中,保持黑暗的条件,设置20℃、25℃、30℃三个不同温度,同时培养8天后,对比观察花生苗的生长情况,分别测量每个培养箱内20个花生苗的长度以及重量,用来分析不同温度对花生苗生长的影响。具体数据见"不同温度下花生苗生长情况表"。

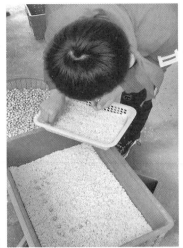

按相同间距放置花生

不同温度下花生苗生长情况表

温度	20℃					25℃					30℃				
测量值	须根长	主茎长	总长	均长	重量	须根长	主茎长	总长	均长	重量	须根长	主茎长	总长	均长	重量
序号＼单位	厘米	厘米	厘米	厘米	克	厘米	厘米	厘米	厘米	克	厘米	厘米	厘米	厘米	克
1	2.2	1.4	3.6			1.6	5.5	7.1			3.1	5.0	8.1		
2	2.5	1.5	4.0			4.2	5.1	9.3			2.1	4.9	7.0		
3	2.5	1.3	3.8			3.5	2.8	6.3			2.2	5.1	7.3		
4	1.6	1.4	3.0			2.3	4.6	6.9			5.0	4.9	9.9		
5	2.1	1.2	3.3	4.2	32	2.1	5.3	7.4	8.0	51	1.9	4.3	6.2	7.9	37
6	2.3	1.2	3.5			4.0	2.5	6.5			3.8	2.4	6.2		
7	2.5	1.1	3.6			2.5	5.2	7.7			3.9	3.4	7.3		
8	1.8	2.0	3.8			2.8	4.9	7.7			3.9	4.1	8.0		
9	2.0	3.2	5.2			1.9	5.6	7.5			2.1	2.8	4.9		
10	2.1	2.2	4.3			4.2	5.3	9.5			4.0	4.2	8.2		

（序号列左侧标注：1号培养箱）

（续表）

温度		20℃					25℃					30℃				
测量值		须根长	主茎长	总长	均长	重量	须根长	主茎长	总长	均长	重量	须根长	主茎长	总长	均长	重量
序号	单位	厘米	厘米	厘米	厘米	克	厘米	厘米	厘米	厘米	克	厘米	厘米	厘米	厘米	克
1号培养箱	11	2.5	1.5	4.0			2.7	4.9	7.6			3.7	4.1	7.8		
	12	2.8	2.3	5.1			2.9	4.5	7.4			4.2	5.0	9.2		
	13	3.0	3.0	6.0			5.6	5.8	11.4			3.6	4.3	7.9		
	14	1.9	2.5	4.4			2.2	5.7	7.9			4.3	4.2	8.5		
	15	1.7	2.4	4.1	4.2	32	4.5	5.0	9.5	8.0	51	4.0	4.3	8.3	7.9	37
	16	1.9	1.8	3.7			2.1	5.3	7.4			4.1	3.8	7.9		
	17	3.1	1.7	4.8			1.9	5.8	7.7			4.5	3.9	8.4		
	18	1.8	2.6	4.4			4.0	5.5	9.5			4.0	5.1	9.1		
	19	2.8	1.9	4.7			1.8	5.0	6.8			4.3	4.8	9.1		
	20	2.5	1.9	4.4			2.3	6.1	8.4			4.8	4.2	9.0		
2号培养箱	1	2.2	1.9	4.1			1.9	5.2	7.1			4.1	3.2	7.3		
	2	3.1	2.2	5.3			4.3	4.9	9.2			4.2	5.0	9.2		
	3	1.9	2.5	4.4			2.6	3.0	5.6			4.1	4.2	8.3		
	4	2.3	1.8	4.1			4.0	6.1	10.1			5.0	4.1	9.1		
	5	1.1	2.7	3.8			2.4	5.2	7.6			5.1	4.7	9.8		
	6	1.7	1.2	2.9	4.3	31	3.5	2.8	6.3	8.0	52	3.9	2.3	6.2	8.3	39
	7	2.1	2.3	4.4			4.0	5.5	9.5			4.8	3.1	7.9		
	8	3.3	1.5	4.8			2.3	5.1	7.4			3.7	4.2	7.9		
	9	2.5	1.7	4.2			5.2	5.3	10.5			5.4	2.3	7.7		
	10	1.0	2.5	3.5			4.5	5.2	9.7			4.3	3.6	7.9		
	11	1.9	2.1	4.0			2.0	4.9	6.9			4.6	4.0	8.6		

（续表）

温度		20℃					25℃					30℃				
测量值		须根长	主茎长	总长	均长	重量	须根长	主茎长	总长	均长	重量	须根长	主茎长	总长	均长	重量
序号	单位	厘米	厘米	厘米	厘米	克	厘米	厘米	厘米	厘米	克	厘米	厘米	厘米	厘米	克
2号培养箱	12	2.4	1.4	3.8			2.9	3.3	6.2			3.9	4.7	8.6		
	13	1.8	2.4	4.2			4.1	4.6	8.7			4.3	4.5	8.8		
	14	1.6	3.1	4.7			2.8	5.8	8.6			4.5	4.1	8.6		
	15	3.8	1.9	5.7			1.7	4.5	6.2			3.7	3.2	6.9		
	16	1.6	2.0	3.6	4.3	31	2.9	5.7	8.6	8.0	52	4.9	4.7	9.6	8.3	39
	17	2.2	1.9	4.1			2.1	4.9	7.0			4.8	4.2	9.0		
	18	1.7	3.2	4.9			3.4	5.6	9.0			4.1	3.1	7.2		
	19	2.9	1.7	4.6			1.8	5.3	7.1			5.1	3.8	8.9		
	20	2.1	1.8	3.9			3.0	5.0	8.0			4.2	3.6	7.8		
平均值		2.2	2.0	4.2	4.3	31.5	3.0	5.0	8.0	8	51.5	4.1	4.0	8.1	8.1	38

在平时的学习中,我知道了大多数植物生长所需要的环境条件,因此,我先选择了"温度"来进行实验探究。在生物社团的活动中,我也理解了"控制变量法",因此,在研究过程中我注意到了这一点:我选取的花生大小基本一致,除了温度以外,其他的生长条件也几乎相同。同时,我用两个培养箱来做这个实验,也是为了实验数据更有说服力。

通过对比可以看出,在黑暗的环境下,20℃花生苗生长缓慢,平均长度为4.3厘米,产量为31.5克。随着温度的升高,花生苗的发育会随之变快,25℃时花生苗平均长度为8厘米,产量为51.5克;30℃时花生苗平均长度为8.1厘米,产量为38克。虽然25℃与30℃时花生苗平均长度相接近,但产量有较大差异,说明25℃最适宜花生苗的生长。

20℃培育组

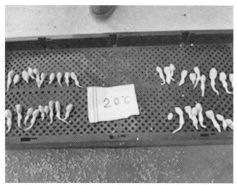

20℃培育组出苗情况

25℃培育组

25℃培育组出苗情况

30℃培育组

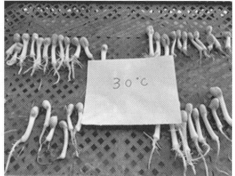

30℃培育组出苗情况

（3）不同光照强度对花生苗生长的影响

把准备好的4筐花生分成2组，每组两筐，利用5瓦的节能灯做为光照条件，进行不同瓦数光照的对比，一组用一盏5瓦的节能灯照射，另一组用两盏5瓦的节能灯照射,温度都设定在25℃,在同样的温度下,观察不同光照对花生苗生长有什么影响,经过8天培养后,具体测量实验数据见下表:

不同光照强度下花生苗生长情况表

温度							25℃					
光照		5瓦						10瓦				
序号		须根长（厘米）	主茎长（厘米）	总长（厘米）	均长（厘米）	产量（克）		须根长（厘米）	主茎长（厘米）	总长（厘米）	均长（厘米）	产量（克）
1号培养箱	1	3.0	4.2	7.2				1.8	2.1	3.9		
	2	3.5	3.7	7.2				2.2	3.0	5.2		
	3	3.9	3.8	7.7				2.5	2.3	4.8		
	4	2.5	4.0	6.5				2.7	2.4	5.1		
	5	3.0	3.6	6.6				2.4	2.6	5.0		
	6	2.9	3.9	6.8				3.1	2.8	5.9		
	7	3.4	3.4	6.8				3.5	2.9	6.4		
	8	2.7	4.3	7.0				3.6	4.5	8.1		
	9	4.2	3.9	8.1				3.8	4.8	8.6		
	10	3.2	3.5	6.7	7.8	43.9		3.9	5.2	9.1	7.4	43.0
	11	2.9	4.5	7.4				4.0	5.0	9.0		
	12	3.3	5.1	8.4				3.4	3.9	7.3		
	13	2.6	3.9	6.5				4.0	4.3	8.3		
	14	3.7	4.1	7.8				4.5	5.5	10.0		
	15	4.1	4.3	8.4				4.2	4.2	8.4		
	16	6.8	3.9	10.7				5.1	4.3	9.4		
	17	3.0	5.5	8.5				3.9	5.2	9.1		
	18	3.4	4.6	8.0				5.6	4.0	9.6		
	19	4.5	5.2	9.7				4.0	3.5	7.5		
	20	6.3	3.9	10.2				3.6	2.9	6.5		

（续表）

温度					25℃					
光照		5瓦					10瓦			
序号	须根长（厘米）	主茎长（厘米）	总长（厘米）	均长（厘米）	产量（克）	须根长（厘米）	主茎长（厘米）	总长（厘米）	均长（厘米）	产量（克）
2号培养箱 1	2.7	4.6	7.3			0.8	4	4.8		
2	3.8	5.1	8.9			2.1	3.8	5.9		
3	3.1	4.2	7.3			2.5	4.7	7.2		
4	6.5	3.9	10.4			1.9	4.1	6		
5	3	3.3	6.3			2.5	5.7	8.2		
6	2.8	3.6	6.4			0.5	4	4.5		
7	3.6	4.3	7.9			4	2.4	6.4		
8	3.2	3.2	6.4			5.1	5.6	10.7		
9	2.7	3.5	6.2			3.8	4	7.8		
10	3.5	3.9	7.4	7.7	41.6	5	3.3	8.3	7.7	52
11	3.1	4.1	7.2			3.5	2.8	6.3		
12	2.8	3.7	6.5			2.1	5	7.1		
13	3.5	4.7	8.2			4.8	4.3	9.1		
14	2.9	3.4	6.3			3.9	5.2	9.1		
15	4.2	4.5	8.7			4.7	4.3	9		
16	3.8	5	8.8			3	4.6	7.6		
17	6.7	3.1	9.8			4.8	5.1	9.9		
18	4.5	3.8	8.3			3.6	4.5	8.1		
19	4	4.4	8.4			5.3	4.3	9.6		
20	3.1	3.9	7.0			3.8	5.1	8.9		
平均值	3.7	4.1	7.7	7.8	42.8	3.5	4.1	7.5	7.6	47.5

（4）实验结论：

① 当温度恒定在25℃时，5瓦光照条件下花生苗长度均值为7.8厘米，产量均值为42.8克，10瓦光照条件下，花生苗长度均值为7.6厘米，产量均值为47.5克。从数据可以看出，两组花生苗的产量相近，总长均值也相差不大。

25℃、5瓦光照组

25℃、5瓦光照花生苗

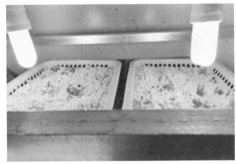

25℃、10瓦光照

25℃、10瓦光照

② 温度设置在25℃的黑暗条件下时,花生苗平均长度为8厘米,产量为51.5克,与光照条件下的数据相对比,长度均值与产量均值都相差不大。

③ 在恒定25℃的光照条件下,花生苗会有发绿的情况出现。

④ 当温度恒定在25℃时,不同的光照对花生苗的生长没有太大影响。

四、收获与致谢

绿豆芽、黄豆芽是很常见的,但花生芽却还没普及,这么有营养的东西为什么不常见呢? 同样属于豆科,花生应该也很容易发芽,出于这种想法,我对花生苗的生长发育环境进行了研究。刚开始首先想到的是水培的方法,但实验并不成功,没有一个花生出芽,我很疑惑,在老师的建议下,我在实验室使用珍珠岩做基质进行培育,珍珠岩是一种火山喷发的酸性熔岩,可以保存大量的水分,非常适合长时间供给作物的生长需要,而且价格便宜,很容易买到。我分别通过不同温度、不同光照条件对花生苗进行了培育，通过实验发现，花生苗的生长环境是不需要光照的，如果有光照花生苗会有发绿的情况，不太适宜出售，所以最适宜花生苗生长的环境是在25℃的黑暗中，发育会很好，出芽率也很高。应该说花生苗的培育并不复杂，更不需要使用任何添加剂，就可以得到很好的产量。希望我们在餐桌上吃到的都是安全、有营养的食品。

　　在研究的过程中，我得到了老师的悉心指导。包括实验方案的制订，如何进行对照实验，如何选取材料等。通过这次实验研究，我了解了科学实验的基本步骤和观察方法，对于花生苗的生长环境条件有了更直观、更确切的认识。感谢老师的无私帮助。同时，我也感激一直默默支持我的爸爸妈妈，我的每一次资料查找、每一次实验、每一次数据记录都得到了他们的鼓励。谢谢你们！

第32届上海市青少年科技创新大赛一等奖

梁仁延

指导作品

探究二氧化碳浓度对杏鲍菇生长的影响

摘要

　　食用菌菇的食用价值早已经被大众认可，我们经常能各种食用菌菇，其中，包括了我们家餐桌上的常客杏鲍菇。菜场上随处可见，我也常常随着家人去挑选购买。但是，有一次我跟家人去农庄，一直喜欢观察的我发现了这里的杏鲍菇和菜场购买的在外形上有着明显的区别，而伴随着外形的不同，口感也有着明显的差异。这其中到底有什么奥秘呢？于是，带着好奇我开始了探究。

　　通过资料查找和咨询请教，我发现杏鲍菇的培育要求并不高：使用合适培养料配比的菌包接种菌种，在合适的温度、湿度控制下进行培育，都能长出杏鲍菇。那么究竟是什么原因导致菜场的杏鲍菇和农场的杏鲍菇有这么大的区别呢？经过实验探究和数据梳理，我发现：种植棚内二氧花化碳的浓度会影响杏鲍菇的生长，包括菌柄、菌盖的大小，口味等。我希望把杏鲍菇的适宜生长环境进行推广，让广大农家和种植户都能种出优质、美味的杏鲍菇。

关键词　二氧化碳浓度；杏鲍菇；生长

一、研究背景

　　杏鲍菇作为一种餐桌上常见的食用菌菇，因其具有杏仁的香味和菌肉肥厚如鲍鱼的口感而得名。它非常常见，味道鲜美，但是你千万别小瞧了它的营养价值。它能降低血压血脂，软化和保护血管，降低胆固醇的作用；它还能提高免疫力，杏鲍菇蛋白质是维持免疫机能最重要的营养素，为构成白细胞和抗体的主要成分；除此以外，杏鲍菇还能消食，有助于胃酸的分泌和食物的消化。杏鲍菇含有高蛋白、低脂肪和人体必需的各种氨基酸，更重要的是含有丰富的多糖类物质。既然知道了杏鲍菇有这么高的食用价值，所以，我想通过研究，探究杏鲍菇生长的相关可控因素,提高杏鲍菇的生长品质,让高品质的杏鲍菇走进普通百姓家的餐桌。

二、研究目的

杏鲍菇有很高的营养价值,但市场上杏鲍菇的品质还良莠不齐,高品质的杏鲍菇还没能走进千家万户的餐桌,未免有些可惜。因此,我想通过实验探究,找到杏鲍菇最适合的生长环境条件,使培育出的杏鲍菇不仅口感好,而且营养价值更高,让高品质的杏鲍菇生产能够普及。

下面将分别对不同浓度的二氧化碳浓度进行实验对比,看看哪种浓度条件对杏鲍菇的生长有影响,从而找出适合杏鲍菇生长的最佳浓度条件。

三、研究过程

我是学校生物兴趣小组的成员,在平时跟着家长去菜场的体验中,发现菜场里的杏鲍菇菇柄都又粗又长,相比之下,菇盖显得非常小。而一次偶然的机会去了一家有机农场,自己采摘菌菇,我发现这里的杏鲍菇和菜场里卖的完全不一样。因此,我查找资料,请教专业的老师,想知道产生这些区别的原因。

我也走访了一些菌菇种植基地,发现杏鲍菇的质量良莠不齐。起初,我推测可能是因为菌种本身的原因,

菌包的不同放置方式

或者是菌包的配料比不同而导致的,但是在研究过程中,我发现这些都不是影响杏鲍菇形态质量的主要因素。最终在老师的提醒下,我把关注点聚焦在了杏鲍菇菌包的放置方式上,最终通过仪器测量发现这些不同的叠放方式直接影响着生长环境条件中的二氧化碳浓度。因此,针对我的推测进行了实验探究。

1. 材料与方法

(1)实验材料

温湿度二氧化碳智能控制器、杏鲍菇菌包、尺子

(2)实验地点

本实验在上海舒乐有机农场实验室进行。

(3)实验方法

物理学或生物学中对于多因素(多变量)的问题,常常采用控制因素(变量)的方法,把多因素的问题变成多个单因素的问题,而只改变其中的某一个因素,从而研究这个因素对事物影响,分别加以研究,最后再综合解决,这种方法叫控制变量法。它是科学探究中的重要思想方法,广泛地运用在各种科学探索和科学实验研究之中。在本次实验中,主要针对不同浓度的二氧化碳对杏鲍菇生长的影响进行了研究。

2. 实验过程和结果分析

(1)实验准备

选取同种配比的菌包和杏鲍菇菌种,按照同样的数量(20个)放在湿度、温度等条件一样的菌菇培养实验室中进行实验。

(2)不同二氧化碳浓度对杏鲍菇生长的影响

各选取60个菌包,每20个为一组,共分三组,按照不同的方式放置在菌菇种植棚内,保持相对的湿度和温度,同时培养12天后,对比观察杏鲍菇的生长情况。从菇盖直径、菇柄直径、菇柄长度三个方面分别测量三组20个菌包生长出的杏鲍菇质量,用来分析不同二氧化碳浓度对杏鲍菇生长的影响。在平时的学习中,我知道了大多数生物生长所需要的环境条件,在生物社团的活动中,我也理解了"控制变量法",因此,在研究过程中我注意到了这一点。在测量中,我摘取每个菌包中最大的一个杏鲍菇后进行观察记录。

杏鲍菇在不同浓度二氧化碳条件下的生长情况:

① 高浓度二氧化碳下（覆盖薄膜）杏鲍菇的生长情况（二氧化碳浓度为：4 830—5 070 ppm）。

杏鲍菇生长情况（二氧化碳浓度：4 830—5 070 ppm）

杏鲍菇生长情况表（二氧化碳浓度：4 830—5 070 ppm）

序号 杏鲍菇生长情况	菇盖直径 （厘米）	菇柄直径 （厘米）	菇柄长度 （厘米）	盖柄比 （厘米）
1	5.8	5.1	14.2	1.14
2	5.7	4.7	13.1	1.21
3	5.8	5.4	12.9	1.07
4	5.6	4.2	11.6	1.33
5	5.7	3.8	13.5	1.50
6	5.8	4.5	13.2	1.29
7	5.5	4.2	13.5	1.31
8	5.8	4.3	13.3	1.35
9	5.4	4.2	13.5	1.29
10	5.2	4.4	14.1	1.18
11	5.6	4.8	13.4	1.17
12	5.3	4.4	13.5	1.20
13	5.9	5.2	14.3	1.13
14	5.1	4.6	12.3	1.11
15	5.6	5.4	12.8	1.04
16	5.5	4.3	13.6	1.28

（续表）

序号 杏鲍菇生长情况	菇盖直径 （厘米）	菇柄直径 （厘米）	菇柄长度 （厘米）	盖柄比 （厘米）
17	5.4	4.3	13.8	1.26
18	5.9	4.4	14.8	1.34
19	5.7	4.5	13.5	1.27
20	5.4	4.5	13.7	1.20
平均值	5.59	4.56	13.43	1.23

② 中等浓度二氧化碳下（墙式放置）杏鲍菇的生长情况（二氧化碳浓度为：1 830—1 950 ppm）。

杏鲍菇生长情况（二氧化碳浓度：1 830—1 950 ppm）

杏鲍菇生长情况表（二氧化碳浓度：1 830—1 950 ppm）

序号 杏鲍菇生长情况	菇盖直径 （厘米）	菇柄直径 （厘米）	菇柄长度 （厘米）	盖柄比 （厘米）
1	4.3	3.3	11.2	1.30
2	4.2	3.1	9.5	1.35
3	4.2	3.3	10.9	1.27
4	3.6	2.2	10.2	1.64
5	3.2	2.1	9.7	1.52

（续表）

序号 杏鲍菇生长情况	菇盖直径 （厘米）	菇柄直径 （厘米）	菇柄长度 （厘米）	盖柄比 （厘米）
6	3.7	2.5	11.1	1.48
7	3.7	2.9	10.2	1.28
8	3.5	2.2	9.2	1.59
9	3.2	2.3	10.3	1.39
10	3.5	2.5	9.8	1.40
11	4.1	3.3	10.5	1.24
12	3.8	3.1	10.5	1.23
13	2.9	1.8	10.3	1.61
14	3.3	2.2	10.1	1.50
15	3.4	2.7	9.8	1.26
16	3.6	2.6	10.3	1.38
17	3.8	2.9	10.7	1.31
18	4.1	3.3	11.2	1.24
19	3.9	3.1	11.5	1.26
20	3.6	2.7	9.5	1.33
平均值	3.68	2.71	10.33	1.36

③ 低浓度二氧化碳下杏鲍菇的生长情况（二氧化碳浓度为：1 090—1 250 ppm）。

杏鲍菇生长情况（二氧化碳浓度：1 090—1 250 ppm）

杏鲍菇生长情况表（二氧化碳浓度：1 090—1 250 ppm）

序号 杏鲍菇生长情况	菇盖直径 （厘米）	菇柄直径 （厘米）	菇柄长度 （厘米）	盖柄比 （厘米）
1	5.2	2.4	3.2	2.17
2	6.5	3.8	6.5	1.71
3	5.4	2.1	3.3	2.57
4	7.2	3.8	5.9	1.89
5	5.3	3.2	6.5	1.66
6	5.4	2.2	3.1	2.45
7	4.7	2.5	4.5	1.88
8	5.2	2.8	5.7	1.86
9	5.5	2.2	3.4	2.50
10	5.3	2.2	3.7	2.41
11	4.8	2.6	4.4	1.85
12	4.9	3.2	5.6	1.53
13	4.7	2.8	5.7	1.68
14	4.2	2.2	4.9	1.91
15	5.2	2.1	4.9	2.48
16	6.3	4.1	6.6	1.54
17	5.8	2.5	3.5	2.32
18	5.3	3.1	6.3	1.71
19	4.8	2.3	4.3	2.09
20	5.1	2.5	3.3	2.04
平均值	5.34	2.73	4.77	1.96

记录过程

（3）实验结论

杏鲍菇在不同浓度二氧化碳条件下的生长情况

二氧化碳浓度 杏鲍菇生长情况	菇盖直径 （厘米）	菇柄直径 （厘米）	菇柄长度 （厘米）	盖柄比 （厘米）
1 090—1 250 ppm	5.34	2.73	4.77	1.96
1 830—1 950 ppm	3.68	2.71	10.33	1.36
4 830—5 070 ppm	5.59	4.56	13.43	1.23

通过对比实验和数据测量，不难发现：二氧化碳浓度最低时，杏鲍菇的菇盖部分生长良好，菇柄的直径最小，菇柄长度最长；二氧化碳浓度最高时，杏鲍菇的菇柄部分长势明显，无论是长度还是直径均为最大值，同时菇盖生长也有明显优势；中等二氧化碳浓度时，菇盖生长明显受限，菇柄的长度位于中等。从杏鲍菇的食用价值及农产品的品质等方面考虑，盖柄比越大质量越好。作为日常食材，口味比较也是必不可少的。在同样的烹饪条件下，选取三种不同二氧化碳浓度下生长的杏鲍菇，邀请家人朋友参与口味体验。

结论：

① 杏鲍菇菌包在其他生长环境条件相同的前提下，二氧化碳的浓度影响杏鲍菇的生长。

② 二氧化碳的浓度对于杏鲍菇的菇盖和菇柄生长都有明显影响，对于菇柄尤其是菇柄的长度影响巨大：高浓度二氧化碳下菇柄相比较菇盖的生长优势明显，杏鲍菇的品质受限。

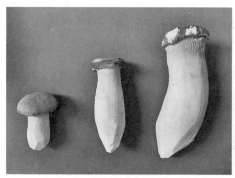

杏鲍菇的生长对比图（从左往右，二氧化碳浓度依次升高）

③ 盖柄比比较客观地反映了杏鲍菇的品质，三种不同的二氧化碳浓度下，低浓度二氧化碳的盖柄比明显最大，品质最优。

④ 在同样的烹饪条件下，三种不同二氧化碳浓度下生长的杏鲍菇，口感差异明显：低浓度二氧化碳下的杏鲍菇口感更为饱满结实，鲜味明显。

四、收获与致谢

杏鲍菇是很常见的，但是它的品质却良莠不齐。食用菌菇的种植应当已经日趋成熟，但是作为农产品，它的品质依然得不到保障。通过观察比较和思考，在老师的建议下，我在有机农场的实验室进行不同浓度二氧化碳下杏鲍菇生长情况的探究。通过实验发现，杏鲍菇的菇盖和菇柄对于二氧化碳浓度的敏感度很高，在高浓度下，菇盖和菇柄虽然都存在明显的生长优势，但是菇柄长势极快，菇盖和菇柄的比例相应明显减小，杏鲍菇的品质、口感受到明显影响。谁愿意吃菇柄而不是品菇盖呢？应该说杏鲍菇的培育并不复杂，更不需要使用任何添加剂，就可以得到很好的产量。希望我们的餐桌上吃到的都是更有营养的食品。

在研究的过程中，我得到了老师的悉心指导，包括实验方案的制订，如何进行对照实验，如何选取材料等。通过这次实验研究，我了解了科学实验的基本步骤，观察方法，对于杏鲍菇等食用菌菇的生长环境条件有了更直观、更确切的认识，感谢老师的无私帮助。同时，我也感激一直默默支持我的爸爸妈妈，我的每一次资料查找，每一次实验，每一次数据记录都有他们的鼓励。谢谢你们！

第34届上海市青少年科技创新大赛一等奖

撒宇星

在爱学中起步　在会学中成长　在乐学中进步

蔡雯曦

　　上海市青少年科技创新大赛是一项科学教育活动,吸引上海乃至全国的青少年科技爱好者踊跃参与。尝试一项科技创新课题,是青少年踏上科技创新大道的起点。在指导学生参加上海市青少年科技创新大赛的过程中,结合针对学生的辅导过程以及自身的环境教育学科的教学特点,以环境类科技创新课题为例,我总结了以下经验。

一、在爱学中起步

　　1. 一双发现的眼睛。创新课题给青少年提供了一片广阔的天空。自然和社会是活教材,有许多大众关注的焦点问题,向学生展示了具体、生动、形象的学习内容。青少年时期,学生对生活的一切都充满了好奇。在学生好奇心越发浓重的阶段,往往会迸发出思想的火花。"家里烧鱼时,清蒸、红烧、干煎、煮汤,哪种方式对厨师更健康呢?""湿纸巾有好多种类,接触口鼻时,它们都是安全无害的吗?"……何不尝试着探究,来解决心中的疑问呢?学生有一双发现的眼睛,教师在此时施以适当的启发,引导学生自发地、主动地将生活热点与创新研究关联起来,将关注的问题收集起来。学生在爱学中起步,通过观察身边的环境和生活的过程不断思考,最终提出心中的疑问,科创的种子在孩子的心中日渐萌发。

　　案例

　　《湿纸巾,毒纸巾? ——一次性湿纸巾中丙二醇含量检测和使用安全问题的探究》课题的灵感源于一次外出旅游。学生跟随父母旅行时,随身带着湿纸巾。相较于普通干燥的餐巾纸,湿纸巾较为湿润,便于清洁。仔细的学生发现,市场上的湿纸巾分好几种,它们大多含有化学物质丙二醇。丙二醇具有一定毒性,如果经常使用湿纸巾擦拭口鼻,会否对健康产生潜在影响呢?

2."我准备好了!"科创课题源于生活、源于自然。因而在课题开展与实施的进程中,往往需走入自然、走入社会,在研究过程中学生或多或少会与不同人群打交道。教师在辅导学生过程中,不仅包含知识的指导与传递,心理上的鼓励与指导也是极为必要和重要的。

案例

《不同冲泡温度对一次性纸杯蜡涂层溶出性》课题,学生需要收集几种不同类型的纸杯纸盒,其中包括路边摊或马路餐饮店的麻辣烫纸杯等。在创新课题的准备阶段,我鼓励学生主动与餐饮店员沟通,注意与人交流的技巧和方式,帮助学生战胜自身的胆怯心理。在教师的鼓励下,学生从初期感到难为情,到最终成功获取纸杯,这行为看似细小,学生通过成功完成任务增强了自信心。心理上的准备以及自信心的树立,既是创新课题开展与实施的需要,也是学生终身发展的需要。

二、在会学中成长

联合国教科文组织在20世纪80年代就提出"现代文盲不再是不识字的人,而是不会学习的人"。因而"会学"在课题探究过程中显得尤为重要。"引导学生学会学习"正逐渐取代单纯的技能训练而成为教学改革的新方向。例如,学生在开展河水健康的创新课题过程中,通常会经历诸多环节,如实验设计、河水样本的取样、河水样品的实验处理、实验数据的分析、解决实验疑问、实验结果归纳总结、论文撰写等。对于初次经历课题探究的学生而言,一开始不知何处着手开展课题,辅导教师需要给予更多方法上的引导和辅助,待学生亲身体验尝试到成功的喜悦后,便对后期实验的进展产生主动性和积极性,形成独立自主的探索习惯,而非依赖于教师的"手把手"指点。教是为了不教,学是为了会学。学生在爱学中起步,在会学中成长,在寻找问题、发现问题、解决问题、处理问题的经历中,收获的喜悦是单纯从老师那里汲取知识所无法企及的。

案例

《不同人为影响程度特征河流滨岸带对附近水域水质的影响》课题研究学生曾与我交流参加学校组织的暑期交通大学夏令营活动的心得,这是与来自不同区县和学校的同学以小组形式就某个问题进行实践性探究的一次活动。学生满心喜悦地说道:"我学会了科学研究的方法,我还学以致用。我向同学们介绍怎样探究科学问题。这次夏令营活动中,我不仅被大家推荐为组长,我还为大家提供许多解决问题的思路。"自豪之心与骄傲之情于眼神中、言语中自然流露。科学探究对学生的影响是潜移默化的,学生在科创的体验过程中从"无处下手"到"学会",从"学会"到"会学"慢慢转变。

三、在乐学中进步

科创是来源于生活的,学生们学到的知识也是呈现于生活之中。在日常与学生的交流中,我感受到,由于当今社会信息的快速发展,学生获取知识的方式、方法呈多样化,因而不少学生在完成作业时能做到干净漂亮,而倘若请学生把自己的想法说一说,却往往不能完整流利的表达。我认为,清晰有序、头头是道的交谈,不但能给倾听者留下较深的印象,而且能使表达者的逻辑思维得到发展。科创教育,过程比结果更重要。课题研究亦是如此。在开展创新课题时,教师鼓励学生在进行选题和实施课题时,需注意适合学生自身的年龄特点和知识水平。创设给学生的问题和疑点,尽量做到简单明确,便于表达。培养学生能够有根有据的思考问题。交流,一方面,可进一步促进学生的思维能力;另一方面,学生与他人之间的沟通,将逐渐消除其内心的胆怯心理,能够在同学、老师或是社会大众面前,从"羞于开口"过渡到"敢说",再从"敢说"过渡到"大大方方地说"。学生在爱学中起步,在会学中成长,最终在乐学中进步。

案例

《景观湖泊富营养元素浓度的预值研究》课题,在前期的课题咨询环节、答辩准备环节、现场终评环节,都对学生们的交流能力提出了挑战。学生在开展课题期间与我定期保持联系沟通课题进展,也经常向专家请教课题遇到的困难，不知不觉中学生们的交流能力得以提升。在上海市组织的青少年生物与环境科学小论文活动的现场答辩环节，学生们脱颖而出，回忆答辩过程，"专家与我们交流很长时间，但我们一点都不紧张！"不出意外，该项目获得上海市活动的一等奖。

指导作品 **1**

不同人为影响程度特征河流滨岸带
对附近水域水质的影响

摘要

　　城市在建设和改造的过程中形成多种不同类型河流滨岸带,本课题深入探究滨岸带的地质特征、环境状况会否对附近河流水质产生影响。研究不同特征滨岸带对其附近水域水质的影响因素和影响作用,以达到人为改善河水环境和水域水质的目的。

　　设想选取三种具有不同人为影响程度特征的河流滨岸带,通过实地调查滨岸带的特征(河岸类型、滨岸带坡度、滨岸带宽度、滨岸带周围的植物生境四方面),监测滨岸带附近水域的水质指标(水温、浑浊度、pH值、溶解氧、COD、氨氮、总磷),综合分析不同特征的滨岸带附近水域的水质状况,讨论滨岸带不同坡度、不同宽度,以及植物的分布对附近水域水质的影响,以人为手段改造河流滨岸带的生态环境,最终改善河流滨岸带附近水域水质状况。

　　通过实验可得,公路型滨岸带对附近水域水质状况产生负面影响,水环境状况变差。可以通过人为改造的方式绿化滨岸带生态环境,从而改善水环境状况;滨岸带的坡度越小,越能体现滨岸带的截污能力。滨岸带附近的植被以较均匀、密集且多样性的栽种方式,增加滨岸带的截污能力,为有效改善水环境发挥积极的作用。综上所述,通过人为种植植株方式转化滨岸带的环境特征、改变滨岸带坡度、宽度以及植被的分布等四方面可优化滨岸带附近河流水质状况。

关键词　河流滨岸带;水质;人为影响

一、课题的由来

　　河流滨岸带生态系统位于河水与陆地交界处。滨岸带发挥着重要的保护功能。如截留雨水，防止地表水流侵蚀；减少污染物进入水体，净化水质；美化城市环境等多种多样性功能。日常观察发现，随着工业的发展，人们从自身的需要出发对滨岸带进行改造，致使河流水环境恶化。针对城市河流水质健康，目前很多专家学者将关注的目光投向杜绝工业废水、生活污水、农药等的排放，而基本没有研究河流附近滨岸带自身特征对水体的影响。本课题考虑从滨岸带生态环境与水质的相关性角度出发，设想通过调查研究河流滨岸带的生态特征，寻找不同类型滨岸带对附近水域水质的影响关系，通过人为手段改变滨岸带的生态环境，终而达到改善河流水质状况的目的。

二、研究目的

不同人为程度影响下的河流滨岸带呈现不同的生态特点，通过记录河流滨岸带的环境特征、观察周围植物生境、测量附近水域的水质指标，对比和综合分析不同特征滨岸带的附近水域的水质状况，以人为改造滨岸带环境特征，为滨岸带附近的水域水质情况提供改善方法和治理途径。

三、研究过程和方法

1. 仪器和材料

仪器：坡度仪、皮尺、溶解氧传感器099-06320型（PASCO公司）、浊度计（海恒机电仪器公司）、DRB200消解器LZT型（HACH公司）、DR3800台式分光光度计（HACH公司）、采水器、采水瓶、温度计、pH试纸、过滤器、量筒

试剂：蒸馏水。

2. 研究过程

（1）研究方法

实地调查并记录滨岸带的地质特征，即河岸类型、滨岸带坡度、滨岸带宽度、滨岸带周围的植物生境生长情况，监测滨岸带附近水域水温、浑浊度、pH值、溶解氧、COD、氨氮、总磷等水质指标。寻找河流滨岸带河岸类型、滨岸带坡度、滨岸带宽度、滨岸带周围的植物生境生长情况与滨岸带附近河流水质状况的关系。

（2）研究过程

① 样点布设

为研究不同特征河流滨岸带对滨岸带附近水域水质的影响因素和关系，选择以下三种不同人为影响程度的滨岸带：人为影响程度大（公路）、人为影响程度小（原生植被林）和人为影响程度介于两者之间（人工绿地）。

采样地理位置图

采样地理位置放大图

采样地理位置表

序　号	取样点	滨岸带类型	人为影响程度
样点一	诸光路盈港东路	人工绿地	中
样点二	徐灵路诸光路	公路	大
样点三	盈港东路中段	原生植被区	小

样点一（诸光路盈港东路）

样点二（徐灵路诸光路）

样点三（盈港东路中段）

② 测量内容

a. 滨岸带地质特征调查。

　　调查一：记录河岸类型（人工绿地；公路；原生植被林）。

　　调查二：记录滨岸带坡度（以°记录）。

　　调查三：记录滨岸带宽度（以 m 纪录）。

调查四：植物的分布（疏、密）。

调查五：植被类型（乔、灌、草）。

b. 河流水质监测。

根据《地表水环境质量标准》（GB 3838-2002），一般监测水体pH值、浑浊度、COD、溶解氧、氨氮、总磷、总氮以作为综合评价水质状况的标准。本实验主要测量滨岸带附近水域的pH值、浑浊度、COD、溶解氧、氨氮、总磷，探究不同人为影响程度下的河流滨岸带对各类水质指标的影响。

③ 采样时间

采样时间为：2011年10、11月，2012年1月。

采样时间表

次数	采样日期	采样时间
1	2011年10月22日	12：00—15：00
2	2011年11月19日	11：00—16：00
3	2012年1月9日	11：30—15：00

四、研究结果与讨论

1. 水质指标分析

水质指标对应表

采样时间	采样点	总磷（mg/L）	氨氮（mg/L）	COD（mg/L）	浑浊度	pH值	溶解氧（mg/L）
10月	样点一	0.74	0.31	25.0	8.5	8.49	9.65
	样点二	1.19	1.03	28.5	19.6	8.37	9.00
11月	样点一	1.12	1.94	25.0	11.9	7.75	7.85
	样点二	1.03	3.49	18.7	18.9	7.47	6.68
	样点三	0.65	2.69	24.0	10.9	7.51	8.05

（续表）

采样时间	采样点	总磷（mg/L）	氨氮（mg/L）	COD（mg/L）	浑浊度	pH值	溶解氧（mg/L）
1月	样点一	1.01	2.25	22.6	8.6	6.83	8.57
	样点二	0.82	2.91	22.6	15.4	6.83	7.90
	样点三	1.33	2.04	24.0	7.2	6.81	7.67

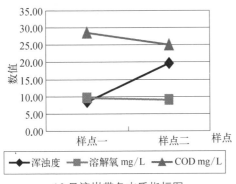

10月滨岸带各水质指标图　　11月滨岸带各水质指标图

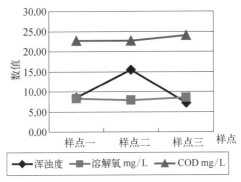

1月滨岸带各水质指标图

（1）浑浊度

不同人为影响程度下的滨岸带附近水域的浑浊度,公路>人工绿地≈原生植被林。公路附近由于受到众多汽车的尾气排放,以及附近建筑工地污水肆意倾倒,导致公路滨岸带附近的河流水质浑浊度最低。而原生植被林和人工绿地附近河流的浑浊度基本相近。人为影响程度越严重的滨岸带附近水体的浑浊度数值越高。

（2）溶解氧

溶解氧数值，原生植被林≈人工绿地＞公路。原生植被林附近的河流溶解氧值与人工绿地附近的河流溶解氧数值基本相近，表明这两个区域的水生生态系统较为为理想，水质状况良好。可见，通过人为改造滨岸带的特征，进行绿化整治可以有效地改善附近河流溶解氧，进而改善水质状况。而受人为作用影响最大的公路，附近河流的溶解氧最低，主要来自于汽车尾气的人为污染是造成公路附近水体溶解氧低的主要原因。水体的溶解氧因不同人为影响的滨岸带而改变，人为影响程度越严重的滨岸带，对应的水体溶解氧数值越低。

（3）COD

比较COD得到，原生植被林≈人工绿地≈公路。在河流水质监测中，COD的数值越大，往往说明水质污染程度越严重。公路型滨岸带对应的COD未显现出高数值。可见，河流水质的COD数值与滨岸带类型的联系较小。

（4）氨氮、总磷

从氨氮数值表得，公路＞人工绿地＞原生植被林。氨氮越高，代表人和动物的排泄物，以及日常生活对水体产生的污染越严重。公路附近来往车辆频繁，且有工作人员日夜施工作业，使公路附近河流的氨氮大大升高。相反，近似自然生态环境的原生植被林的氨氮最低。可见，氨氮受河流滨岸带人为影响程度降低作用减小而下降。

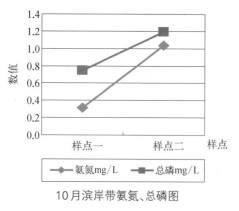

10月滨岸带氨氮、总磷图

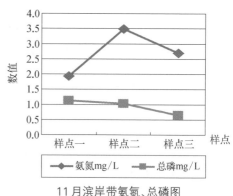

11月滨岸带氨氮、总磷图

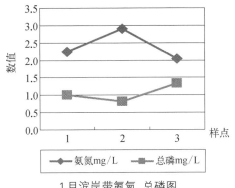

1月滨岸带氨氮、总磷图

三种不同人为程度影响与河流滨岸总磷的对应值没有明显的趋势。所以认为,河流滨岸带人为影响程度未对总磷数值产生影响。

2. 滨岸带地质特征

样点的环境特征表

序号	取样点	坡度(°)	宽度(m)	滨岸带类型	植被覆盖情况	植被的分布
样点一	诸光路盈港东路	24	3.88	人工绿地	乔、草、灌	密
样点二	徐灵路诸光路	90	4.51	公路	乔、草、灌	疏
样点三	盈港东路中段	11	5.99	原生植被区	草、乔	密

(1)坡度

对于坡度为90°的公路型滨岸带,综合其浑浊度、COD、溶解氧、氨氮、总磷水质指标均呈现污染较严重水平,原生植被区和人工绿地型滨岸带附近水生态环境较好。滨岸带的坡度增加,陆上污染颗粒以及土壤中有害物质易随雨水冲刷进入河流。因而认为,滨岸带的截污能力随坡度增大而降低。

(2)宽度

就宽度指标,原生植被区>公路>人工绿地,虽公路型滨岸带附近植被宽度较人工绿地大,但其附近河流的水环境仍最差。

(3)植被的分布

人工绿地、公路、原生植被区的植被分布分别为密、疏、密,人工绿地、公路、原生植被区的灌、草分布均匀,而公路滨岸带乔木的分布连续性最低。可见,滨岸带附近植被的多样性越丰富,越可形成生态环境的良性循环,河流水质也越理想。滨岸带附近的植被以较均匀、密集且多样性的栽种方式,大大增加滨岸带的截污能力,为有效改善水环境发挥积极的作用。

样点一(人工绿地)植被分布　　　　　样点二(公路)植被分布

五、研究结论

1.公路型滨岸带对附近水域水质状况产生负面影响,会造成河流水质浑浊度、氨氮升高,溶解氧降低,水环境状况变差。而通过人为改造的方式将其转化为人工绿地,可以改善水环境状况,基本达到与近似原生植被林滨岸带的水质水平。

2.滨岸带的坡度越小,滨岸带的截污能力越能有效体现。减小滨岸带坡度,可有效改善河流水质。

3.滨岸带附近的植被以较均匀、密集且多样性的栽种方式,增加滨岸带的截污能力,为有效改善水环境发挥积极的作用。综上所述,通过人为种植植株方式转化滨岸带的环境特征、改变滨岸带坡度、宽度以及植被的分布等四方面可优化滨岸带附近河流水质状况。

六、进一步思考

将调查地点从上海市青浦区扩大至上海各区县河流河段,并将更多不同特征的河流滨岸带作为研究对象,以便对于水质做出更准确的评价。

参考文献

［1］易雯.《地表水环境质量标准》中氮、磷指标体系及运用中有关问题的探讨［J］.环境保护.2004(8).

［2］汪冬冬,施展,杨凯,白义琴.城市河流滨岸带土地利用变化的环境［J］.中国人口·资源与环境.2009(3).

［3］丘隽,王仰麟.国内外河岸带研究的进展和展望［J］.地理学科进展.2005(05).

［4］巩彩兰,尹球,匡定波,田华.黄浦江不同水质指标的光谱相应模型比较研究［J］.红外与毫米波学报.2006(04).

［5］左倬,由文辉,汪冬冬.上海青浦区不同用地类型河流滨岸带生境及植物群落组成［J］.长江流域资源与环境.2011(1).

第27届上海市青少年科技创新大赛一等奖

张　娴　潘怡琼　傅家祥

指导作品

空气净化器加湿功能对居室内 PM~2.5~浓度影响关系的探究

空气净化器加湿功能对居室内
PM$_{2.5}$浓度影响关系的探究

摘要

目的：探讨居室内湿度与PM$_{2.5}$浓度关系，以期为人们更合理应用空气净化器的加湿功能提供合理化建议。

方法：1. 通过发放调查问卷了解使用空气净化器频率和对湿度与PM$_{2.5}$浓度关系看法；2. 以居室内不同房间作为研究对象，选用PM$_{2.5}$浓度检测仪、加湿型空气净化器和温湿度计检测不同状态下居室内PM$_{2.5}$浓度和湿度。实验分为三组，即实验1组（开启空气净化器且未开启加湿器）、实验2组（同时开启空气净化器和加湿器）和实验3组（开启加湿器且未开启空气净化器）。加湿用水有两种：自来水与饮用水。

结果与结论：1. 调查显示，居室内使用空气净化器已被多数人接受，但人们对加湿功能对室内PM$_{2.5}$浓度的影响知之不多；2. 空气净化器开启时间越长，居室内PM$_{2.5}$浓度下降。使用加湿功能，能进一步降低PM$_{2.5}$浓度；3. 加湿功能对净化空气、降低PM$_{2.5}$浓度有效。既有增加居室内湿度，不过于干燥，且空气湿度不会大幅提升。故建议人们在使用空气净化器时，同时开启加湿功能；4. 很多人有使用饮用水作为加湿用水的习惯。"使用饮用水加湿更有助于居室空气"其实是误区。据实验结果，建议使用自来水作为加湿用水，能更为有效减少居室内PM$_{2.5}$浓度。

关键词　空气净化器；PM$_{2.5}$浓度；湿度

一、课题的由来

秋冬季的雾霾问题已成为市民的一大困扰。为净化居室内空气，居民往往选择使用空气净化器以减低室内PM$_{2.5}$浓度。市场上有部分空气净化器兼备加湿功能。室内湿度增加,是否会影响住宅内的$PM_{2.5}$浓度呢? 查阅了大量资料,未发现这方面的研究。

二、实验目的

以居室内不同房间(房间1、房间2、房间3)作为研究对象,课题通过开启空气净化器且未开启加湿器、开启加湿器且未开启空气净化器、同时开启空气净化器和加湿器的情况下的$PM_{2.5}$浓度的测定,以未开启空气净化器和加湿器作为实验对照组,对比不同开启状态下的$PM_{2.5}$浓度,探究不同湿度情况对$PM_{2.5}$浓度的影响作用,为人们科学、健康使用空气净化器以及加湿器提供合理化建议。

三、实验材料和仪器

$PM_{2.5}$浓度检测仪、温湿度计、SHAPP加湿型空气净化器

SHAPP加湿型空气净化器　　　　$PM_{2.5}$浓度检测仪　　　　温湿度计

四、过程和方法

1. 调查问卷

设计《在室内使用空气净化器》的问卷,向不同年龄段人群发放调查问卷,随机选取调查对象,共发放问卷180份,其中有效样本176份,有效率为98%。176名有效调查对象中,男性88名,女性88名,男女比例约为1:1。调查人们使

用空气净化器的频率、空气净化器加湿功能的使用习惯、对加湿与PM$_{2.5}$浓度关系的看法等。发放问卷并回收统计。所设计的调查问卷如下：

（1）您属于：

☐青年（35岁及以下）　☐中老年（36岁及以上）

（2）您家中使用空气净化器频率：

☐ 经常　☐ 偶尔　☐ 不用

（3）您家中使用空气净化器时是否有使用加湿功能习惯

☐ 经常　☐ 偶尔　☐ 不用

（4）您认为空气净化器的加湿功能对PM$_{2.5}$浓度有影响吗？

☐不知道　☐有影响　☐无影响

（5）如您认为有影响的话（☐使PM$_{2.5}$浓度降低　☐使PM$_{2.5}$浓度升高）

2. 实验

在开启空气净化器且未开启加湿器、开启加湿器且未开启空气净化器、同时开启空气净化器和加湿器的情况下，使用PM$_{2.5}$浓度检测仪进行PM$_{2.5}$浓度的测量，以未开启空气净化器和加湿器作为实验正常对照组。

（1）实验分组

本实验选在住宅的不同房间，定义为房间1、房间2和房间3，每个房间均按下列分组进行实验。

- 正常对照组（即未开启空气净化器和加湿器组）：开窗通风30分钟以上后关闭门窗测室内PM$_{2.5}$浓度和湿度作为本次正常对照组。
- 实验1组（即开启空气净化器且未开启加湿器组）：开启空气净化器后，分别于15分钟、30分钟、45分钟和60分钟后，测量室内PM$_{2.5}$浓度和湿度。
- 实验2组（即开启空气净化器和加湿器组）：开启空气净化器后，分别于15分钟、30分钟、45分钟和60分钟后，测量室内PM$_{2.5}$浓度和湿度。
- 实验3组（即开启加湿器且未开启空气净化器）：开启空气净化器后，分别于15分钟、30分钟、45分钟和60分钟后，测量室内PM$_{2.5}$浓度和湿度。

（2）实验和记录方法

以不同类型的居室为实验对象，首先开窗通风30分钟，使房间内外空气完全流通。开启或关闭空气净化器、加湿器，分别运作不同时间（15.30、45.60分钟）后，检测房间内$PM_{2.5}$浓度和湿度，作为实验组。关闭空气净化器、加湿器，测量居室内$PM_{2.5}$浓度和湿度，作为空白对照组。

实验分组情况表

	空气净化器	加湿器	开启时间（分钟）
实验组1	开启	未开启	15
			30
			45
			60
实验组2	开启	开启	15
			30
			45
			60
实验组3	未开启	开启	15
			30
			45
			60
对照组	未开启	未开启	开窗通风30分钟

3. 数据处理与分析

收集并整理，用Excel进行数据库处理统计，并利用该软件进行数据分析。

五、调查结果与讨论

1. 调查结果

（1）在对使用空气净化器频率的调查中显示：青年经常使用净化器频率为55%，偶尔使用的为44%，不使用的占1%，而中老年经常使用净化器频率为56%，偶尔使用的为44%，不使用的为0。表明使用空气净化器净化住宅内空气已被多数人接受，偶尔使用者也大有人在，不使用者微乎其微。

（2）使用空气净化器时，是否开启加湿器功能的调查中显示：青年经常使用

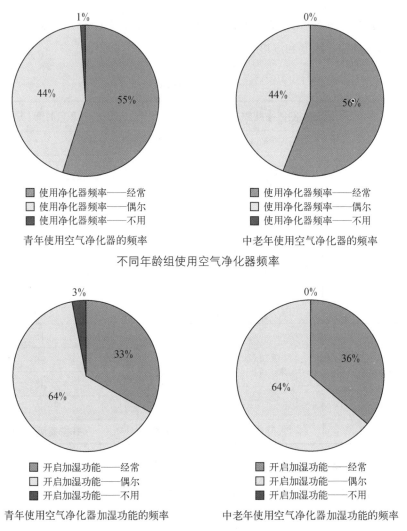

1%

44%   55%

■ 使用净化器频率——经常
□ 使用净化器频率——偶尔
■ 使用净化器频率——不用

青年使用空气净化器的频率

0%

44%   56%

■ 使用净化器频率——经常
□ 使用净化器频率——偶尔
■ 使用净化器频率——不用

中老年使用空气净化器的频率

不同年龄组使用空气净化器频率

3%

33%

64%

■ 开启加湿功能——经常
□ 开启加湿功能——偶尔
■ 开启加湿功能——不用

青年使用空气净化器加湿功能的频率

0%

36%

64%

■ 开启加湿功能——经常
□ 开启加湿功能——偶尔
■ 开启加湿功能——不用

中老年使用空气净化器加湿功能的频率

不同年龄组使用空气净化器加用加湿器频率

者为33%,偶尔使用的为64%,不使用的占3%,而中老年经常使用者为36%,偶尔使用的为64%,不使用的为0。表明使用空气净化器净化时加用加湿功能者仅占1/3左右,偶尔使用者占一半以上,不使用者微乎其微,人们对空气净化器的加湿功能尚了解不多,有必要对加湿功能与$PM_{2.5}$浓度的关系进行研究。

（3）在对使用空气净化器时加用加湿器功能与$PM_{2.5}$浓度关系的调查中显示：青年不知道者为36%,认为无影响者占26%,认为加湿可以使$PM_{2.5}$浓度降低者占38%,而认为加湿可以使$PM_{2.5}$浓度升高者为0,而中老年不知道者为

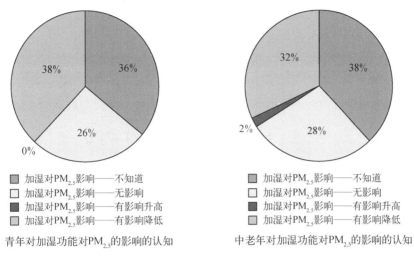

加湿对$PM_{2.5}$影响——不知道
加湿对$PM_{2.5}$影响——无影响
加湿对$PM_{2.5}$影响——有影响升高
加湿对$PM_{2.5}$影响——有影响降低

青年对加湿功能对$PM_{2.5}$的影响的认知

加湿对$PM_{2.5}$影响——不知道
加湿对$PM_{2.5}$影响——无影响
加湿对$PM_{2.5}$影响——有影响升高
加湿对$PM_{2.5}$影响——有影响降低

中老年对加湿功能对$PM_{2.5}$的影响的认知

不同年龄组对加湿与$PM_{2.5}$浓度关系的看法

38%，认为无影响者占28%，认为加湿可以使$PM_{2.5}$浓度降低者占32%，而认为加湿可以使$PM_{2.5}$浓度升高者为2%。提示人们对加湿与$PM_{2.5}$浓度的关系知之不多，确有必要提供理论支持。

2. 调查结论

（1）在雾霾天使用空气净化器净化住宅内空气，已被多数人（占95.5%）接受。

（2）大部分人偶尔使用空气净化器时开启加湿功能。人们对加湿功能是否能帮助减少空气污染，尚不了解。需要进行空气净化器加湿功能和$PM_{2.5}$浓度的实验来进行研究和验证。

六、实验结果与讨论

1. 不同功能、相同房间、开启时间条件下的$PM_{2.5}$浓度和湿度

（1）在仅开启空气净化器的净化功能后15分钟，$PM_{2.5}$浓度较正常对照组下降，30分钟、45分钟、60分钟$PM_{2.5}$浓度的值进一步减少，而空气的湿度基本不变，表明空气净化器的净化功能对净化空气、降低$PM_{2.5}$浓度有效。

（2）同时开启空气净化器的净化和加湿功能时，15分钟后$PM_{2.5}$浓度较正常对照组下降，30分钟、45分钟、60分钟$PM_{2.5}$浓度的值进一步减少，$PM_{2.5}$浓度降低幅度似较实验1组明显，而空气的湿度逐渐升高。

仅开启净化器的 PM$_{2.5}$ 浓度和湿度的数据结果统计表

房间 序号		房间 1				房间 2				房间 3		
	组别	PM$_{2.5}$ μg/m³	湿度 %	温度℃	组别	PM$_{2.5}$ μg/m³	湿度 %	温度℃	组别	PM$_{2.5}$ μg/m³	湿度 %	温度℃
1	对照组	12	64	20	对照组	40	64	20	对照组	34	54	24
	15分钟	8	64		15分钟	30	64		15分钟	19	54	
	30分钟	5	65		30分钟	22	65		30分钟	14	52	
	45分钟	3	64		45分钟	14	64		45分钟	10	54	
	60分钟	3	64		60分钟	14	64		60分钟	8	53	
2	对照组	15	65	20	对照组	16	62	20	对照组	31	50	23
	15分钟	10	68		15分钟	10	62		15分钟	22	50	
	30分钟	7	66		30分钟	8	63		30分钟	12	51	
	45分钟	4	66		45分钟	8	62		45分钟	8	51	
	60分钟	1	66		60分钟	6	62		60分钟	4	50	
3	对照组	18	66	19	对照组	45	54	14	对照组	42	55	17
	15分钟	9	66		15分钟	32	54		15分钟	26	54	
	30分钟	8	64		30分钟	30	55		30分钟	18	55	
	45分钟	8	66		45分钟	23	54		45分钟	12	55	
	60分钟	7	64		60分钟	14	54		60分钟	8	55	

开启净化器和加湿器的PM2.5浓度和湿度的数据结果统计表

房间		房间1			房间2			房间3		
序号	组别	PM2.5 μg/m³	湿度%	温度℃	PM2.5 μg/m³	湿度%	温度℃	PM2.5 μg/m³	湿度%	温度℃
1	对照组	12	46	18	34	64	15	12	64	20
	15分钟	3	56		16	65		10	66	
	30分钟	1	61		10	67		6	66	
	45分钟	1	64		6	67		1	68	
	60分钟	1	66		2	70		1	69	
2	对照组	13	48	19	24	43	21.5	15	65	20
	15分钟	4	60		10	45		10	65	
	30分钟	1	66		4	50		8	68	
	45分钟	1	68		1	55		2	68	
	60分钟	1	70		1	60		1	70	
3	对照组	40	64	20	34	54	24	18	66	19
	15分钟	23	66		12	56		8	68	
	30分钟	14	66		8	60		8	40	
	45分钟	11	68		1	61		4	72	
	60分钟	10	70		1	65		1	72	

（续表）

房间序号	组别	房间1 PM₂.₅ μg/m³	湿度%	温度℃	组别	房间2 PM₂.₅ μg/m³	湿度%	温度℃	组别	房间3 PM₂.₅ μg/m³	湿度%	温度℃
4	对照组	16	62	20	对照组	31	50	23	对照组	29	52	22
	15分钟	8	64		15分钟	11	53		15分钟	12	55	
	30分钟	6	66		30分钟	8	55		30分钟	10	57	
	45分钟	6	66		45分钟	1	58		45分钟	4	60	
	60分钟	6	67		60分钟	1	62		60分钟	1	61	
5	对照组	45	54	14	对照组	42	55	17	对照组	43	55	12
	15分钟	29	57		15分钟	23	57		15分钟	24	57	
	30分钟	23	60		30分钟	14	60		30分钟	14	60	
	45分钟	14	62		45分钟	10	62		45分钟	10	60	
	60分钟	13	65		60分钟	4	64		60分钟	4	62	

仅开启加湿器的 $PM_{2.5}$ 浓度和湿度的数据结果统计表

房间序号	组别	房间1			房间2			房间3		
		$PM_{2.5}$ μg/m³	湿度%	温度℃	$PM_{2.5}$ μg/m³	湿度%	温度℃	$PM_{2.5}$ μg/m³	湿度%	温度℃
1	对照组	34	64	15	12	64	20	40	64	20
	15分钟	14	70		10	70		23	70	
	30分钟	12	73		8	73		16	73	
	45分钟	7	74		4	75		10	74	
	60分钟	4	75		4	75		8	75	
2	对照组	24	43	21.5	15	65	20	16	62	20
	15分钟	12	48		12	70		12	64	
	30分钟	6	54		8	72		10	66	
	45分钟	1	61		2	72		8	70	
	60分钟	1	64		2	75		4	74	
3	对照组	34	54	24	18	66	19	45	54	14
	15分钟	10	60		10	70		32	60	
	30分钟	1	64		6	72		20	64	
	45分钟	1	66		4	75		11	66	
	60分钟	1	68		1	75		6	73	
4	对照组	31	50	23	29	52	22	34	51	22
	15分钟	11	56		14	56		23	56	
	30分钟	6	60		11	60		19	60	
	45分钟	3	63		6	65		8	65	
	60分钟	1	65		2	70		4	70	

（3）仅开启空气净化器的加湿功能，发现 $PM_{2.5}$ 浓度在15分钟后同样较正常对照组降低，30分钟、45分钟、60分钟 $PM_{2.5}$ 浓度的值进一步减少，而空气的湿度在升高。

综上，相同房间、相同开启时间条件下，$PM_{2.5}$ 浓度比较可得，开启净化器和加湿器组，低于仅开启净化器组，低于仅开启加湿器组。可见，加湿器开启有助于居室内 $PM_{2.5}$ 浓度的降低。

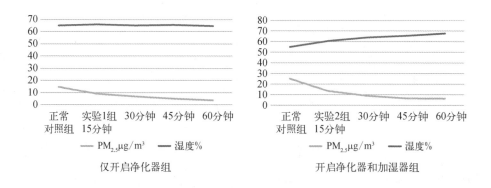

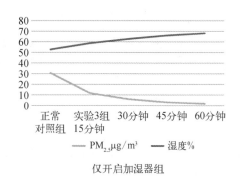

房间1在不同开启功能状态下 $PM_{2.5}$ 浓度和湿度

2. 不同开启时间、相同房间条件下的 $PM_{2.5}$ 浓度和湿度

相同的房间，随着开启时间的延长，$PM_{2.5}$ 浓度均逐渐下降。而湿度在仅开启净化器组基本不变，在同时开启净化器和加湿器组以及仅开启加湿器组湿度随时间延长湿度在增加。综上，$PM_{2.5}$ 浓度减低与净化器功能、加湿器功能均有关。

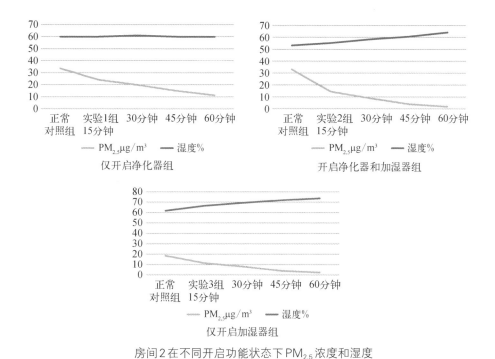

仅开启净化器组

仅开启加湿器组

开启净化器和加湿器组

房间2在不同开启功能状态下PM₂.₅浓度和湿度

仅开启净化器组

开启净化和加湿器组

仅开启加湿器组

房间3在不同开启功能状态下PM₂.₅浓度和湿度

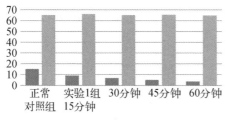

房间1 仅开启净化器组

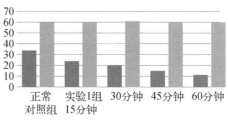

房间2 仅开启净化器组

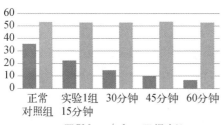

房间3仅开启净化器组

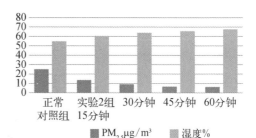

房间1开启净化器和加湿器组

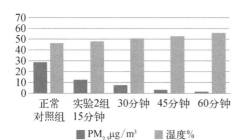

房间2开启净化器和加湿器组

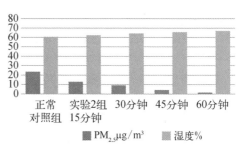

房间3开启净化器和加湿器组

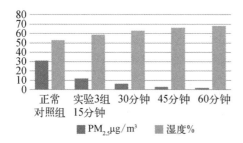

房间1仅开启加湿器组

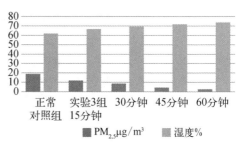

房间2仅开启加湿器组

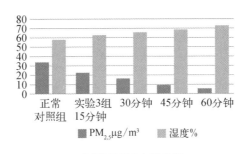

房间3仅开启加湿器组

不同开启时间,相同房间条件下PM$_{2.5}$浓度和湿度

3. 不同房间、相同开启时间条件下的PM$_{2.5}$浓度和湿度

相同开启条件下,房间1、2、3在15分钟、30分钟、45分钟和60分钟都表现为湿度不变,PM$_{2.5}$浓度有下降趋势。

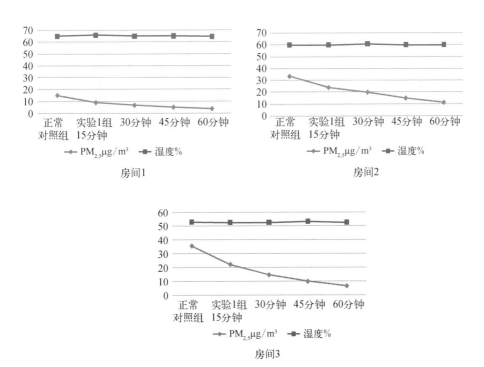

开启净化器情况下不同房间PM$_{2.5}$浓度和湿度

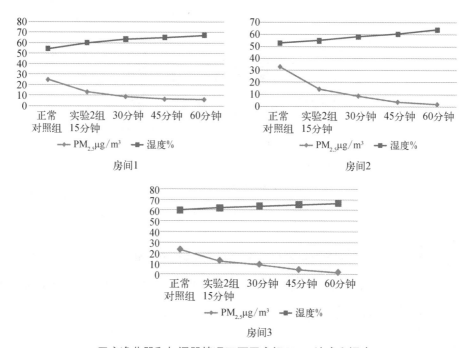

开启净化器和加湿器情况下不同房间PM$_{2.5}$浓度和湿度

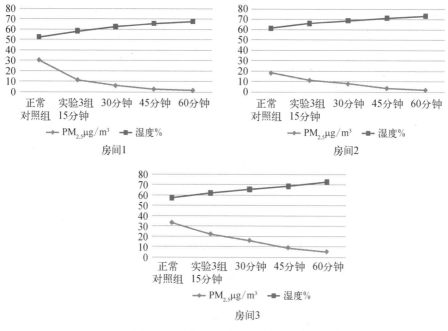

仅开启加湿器情况下不同房间PM$_{2.5}$浓度和湿度

4. 不同的加湿剂（自来水／饮用水）条件下的$PM_{2.5}$浓度和湿度

结果显示：使用自来水和饮用水作为加湿剂，都表现为随湿度逐渐增加，$PM_{2.5}$浓度有下降的趋势。其中，相较于饮用水，自来水使$PM_{2.5}$浓度下降更为明显。

使用饮用水时$PM_{2.5}$浓度和湿度的变化

使用自来水时$PM_{2.5}$浓度和湿度的变化

七、实验结论

1. 调查问卷可得，多数人会使用空气净化器来净化居室内空气。可人们对空气净化器的加湿功能认识不足，有必要开展实验，为湿度与$PM_{2.5}$浓度关系提供依据。

2. 空气净化器开启时间越长，居室内$PM_{2.5}$浓度降低。表明空气净化器能降低居室内$PM_{2.5}$浓度。

3. 使用空气净化器，同时开启加湿功能，能进一步降低居室内$PM_{2.5}$浓度。且随着加湿功能开启时间增加，居室内湿度稍有提升。

4. 建议人们在使用空气净化器时,同时开启加湿功能。加湿功能对净化空气、降低PM$_{2.5}$浓度有效。既有增加居室内湿度,不过于干燥,且空气湿度不会大幅提升。

5. 很多人有使用饮用水作为加湿用水的习惯。"使用饮用水加湿更有助于居室空气"其实是误区。据实验结果,建议使用自来水作为加湿用水,对降低居室内PM$_{2.5}$浓度更为有效。

八、下一步思考

居室内使用空气净化器时加用加湿功能合适时间和达到适宜的湿度值得进一步探讨。

参考文献

[1] 江春雨,郑洁,张雨.不同通风形式对办公建筑室内外PM$_{2.5}$浓度影响[J].制冷与空调.2018,32(05): 457-463.

[2] 高阳.雾霾与非雾霾期北京市北部城区大气颗粒物污染特征研究[D].北京:北京科技大学,2018.

[3] 李晓男,王立鑫,宋佩瑶,赵静野.居室内PM$_{2.5}$浓度污染特征及影响因素研究[J].环境与健康杂志,2017,34(10):873-875.

[4] 柴竞,彭草.雾霾形成的原因及其对人体健康的影响[J].世界最新医学信息文摘,2017,17(81):128-129.

第34届上海市青少年科技创新大赛一等奖

苏彦彰

科技教育，让学生的科学素养之花绽放

陈　书

摘要

培养学生的科学素养是素质教育的重要内容之一，是时代发展、科学技术发展对未来人才素质的需要，校外科技教育不止是对学生进行技能的教授，更应该在各项科技探究中对学生进行方法策略、情感态度的培养以及正确的科学价值观的渗透。本文以上海市第28届青少年科技创新大赛课题《废弃纸尿片对重金属离子的吸附效果探索》为例，详述了指导学生参与整个课题的始末，发现学生在经历了整个课题的探究之后，学习科学的兴趣、动手实验能力、表达交流能力以及科学创新精神等各方面都有了较大的提升，为今后开展类似活动及进行相关研究提供一定的参考和帮助。

关键词　科技教育；科学素养；科学探究

科学素养这一概念最初是由美国人于1985年在"2061计划"中首次提出，国际上普遍将科学素养概括为三个组成部分，即对于科学知识达到基本的了解程度；对科学的研究过程和方法达到基本的了解程度；对于科学技术对社会和个人所产生的影响达到基本的了解程度。公众科学素养的高低直接关乎一个国家的综合国力，在科学技术正日益深刻影响我们生活的今天，培养学生的科学素养就显得尤为重要。校外科技教育作为校内教育的有效延续，在很大程度上肩负着培养学生动手探究实践能力，提高科学素养的重任，笔者在指导学生参加青少年创新大赛课题的探究过程中对学生在经过创新课题实践前后变化进行了比较、记录，希望提供一些有意义的参考。

一、研究背景与目标

一次偶然的机会,我在亲戚家玩耍时,发现小阿姨没有把给6个月大的小妹妹替换下来的纸尿片丢掉,而是收集起来,把纸尿片拆开,取出里面的已经吸满了尿液的透明状的材料放在了花盆里,小阿姨说把它和泥土混在一起可以用来种花或是种蔬菜,效果非常好,因为里面的吸水材料吸收了很多尿液,可以作为植物的肥料。本来是要丢弃的垃圾,转眼之间就植物的营养土了,真的很神奇!

既然纸尿片里面的吸水材料能够吸收水分,吸收重金属离子的效果会不会也非常好呢? 之所以会联想这个问题,是因为我在科学课上曾经听老师说近年来由于工业的迅速发展,工业废水的排放造成了城市各种水源的污染,而工业废水之所以会对环境造成很大的危害,主要是因为里面含有重金属离子,这些离子具有极大的危害性,很容易被有机体吸收,当浓度超过一定限度,就会对人体造成健康损害。而根据粗略估算,每年我国丢弃的废弃纸尿片垃圾物超过200万吨,全球每年丢弃的纸尿片垃圾物的数量将会是更加庞大的数字。如果这些使用过的纸尿片都直接丢弃,必然会成为污染环境的第二大白色垃圾,因此在综合以上因素的考虑下,本课题探索废弃纸尿片对重金属离子的吸附效果,希望能达到变废为宝的目的。

之所以会做一个关于这方面的选题也是出于偶然,有一次周末兴趣拓展班的一个学生下课后向我咨询纸尿片的材料是什么做的,正如在课题文章中提到的那样,她身边有人在利用废弃的纸尿片,她觉得很神奇,也很感兴趣。回答她的疑问之后,我也陷入思考,立马进行资料的查阅,发现纸尿片看似很寻常,工作原理似乎也很简单,但它绝对可以说是当今社会的一项高科技产物,它提供了极大的便利,越来越多的人认识到它的便捷性,它不仅仅使用在婴幼儿身上,也广泛地被运用在一些有特殊需要的成年人身上,大多数人对于它的认识是一次性的物品,使用后即丢弃,关于对废弃纸尿片的再次使用的研究和尝试的资料并不多,而且这些研究和尝试在我们身边更不常见,因此很少有人去关注它。纸尿片中的吸水性材料主要是具有高吸水性能的聚丙烯酸系的树脂,保水性也非常好,可不可以利用这一性质去研究其吸附重金属离子的问题,于是把这个想法告诉学生，没想到这个学生也非常感兴趣，当然，我没有给她提供现成的答案，而是让她先从查资料开始做起，先收集与课题有关的资料，吸水材料性能的相关研究文献，纸尿片二次利用方面的研究，以及关于废水中重金属离子的处理方法的资料。

在从事青少年科技创新大赛的指导工作中，经常会遇到很多优秀的学生，他们平时对科学极感兴趣，也很愿意去学习更多的关于科学的知识，通常这些学生都很有想法，也能自己自主思考想要进行探究的课题，但是，也存在很多学生有探究的欲望，却苦于找不到合适自己的探究性课题，其实，很多有意义值得我们去探究的课题就在我们身边，和我们的生活紧密相关，套用一句俗语：学习中并不缺乏课题，而是缺乏发现课题的眼睛。善于观察、善于思考，这对于培养学生养成良好的科学素养非常重要。

二、研究过程

具体探究过程：

1. 文献综述（常规重金属离子处理方法综述）

2. 实验准备

（1）实验仪器及药品准备

（2）配制溶液

3. 实验步骤

（1）探索从废弃纸尿片中分离吸水材料的处理方法

（2）探索纸尿片吸水材料与不同种类重金属离子的吸附可能性

（3）探索纸尿片吸水材料与不同种类重金属离子的吸附效果对比

（4）探索纸尿片吸水材料对不同浓度的重金属离子吸附效果

我认为查阅资料的能力对于学生来说非常重要，这也是科学素养一个要素，对于初中生来说，很多学生甚至简单地认为查阅资料就是在百度进行搜索就行，不知道需要通过专业的搜索引擎搜索参考文献，因此，带学生做课题第一要务就是让学生养成查阅文献的意识并学会查阅所需要的文献，在此基础上再进行加工、整理，只有前期的文献查阅工作准备充足了才能为接下来的进一步研究打下基础。因此,我让学生在查阅资料并精读资料的基础上,先尝试写一篇常规重金属离子处理方法的综述,再根据课题的研究目的,制订具体的探究过程。听过此项训练,发现该学生从刚开始的查资料只知道使用百度搜索引擎转变为学会使用专门搜索引擎搜索专业的学术论文,并学会了筛选信息。

自确定课题的研究目标起,该学生分阶段对这个课题进行了具体的探究,这是一个化学方面的论文类科技创新课题,需要大量的反复实验,对于一个八年级学生来说这是一个不小的挑战,其实从某意义上来说是更像是对我的挑战,因为学生还没有学习过化学,仅有少量的科学知识基础的,我要根据学生的空余时间为她制定合理地探究计划,带着她认识实验中所用到的化学药品,学会使用化学仪器,实验中所会用到的实验操作,例如过滤、称量、利用移液管进行少量液体的量取、配制一定量浓度的溶液,学习实验中所涉及的化学知识及方法,例如物质的量浓度、设置对照组、多次实验求平均值等,这些要求如果让一个学习化学的本科生去做可能没有任何难度,但是对于一个初中生来说,任何一项工作都是挑战,但这恰恰是一个锻炼她能力的好机会,因为在这个过程中,学生自己对实验中所需要用到的科学知识进行了习得,通过反复的实验掌握了基本的科学研究过程和方法,而最核心的是,在这个过程中,学生对待科学的情感态度和价值观也得到了提升。

三、研究结论

通过反复实验最终得出课题的结论如下:

1. 实验1中探索从废弃纸尿片中分离吸水材料的处理方法运用了高温灭菌和搅碎的处理方法,根据实验效果可将此方法运用于大批量的废弃纸尿片的处理,可有效分离出纸尿片中的吸水材料,便于对其再次利用。

2. 实验2中探索纸尿片吸水材料与不同金属离子的吸附可能性,结果显示纸尿片吸水材料能够吸附不同种类的重金属离子。

3. 实验3中探索纸尿片吸水材料与不同金属离子（Fe^{3+}、Cu^{2+}、Ni^{2+}、Co^{2+}）的吸附效果对比,通过称量烘干后的吸附了不同种类重金属离子的吸水材料重量进行对比,得出纸尿片吸水材料吸附金属离子的能力是 $Fe^{3+}>Cu^{2+}>Co^{2+}>Ni^{2+}$。

4. 实验4中探索了纸尿片吸水材料对不同浓度的金属离子吸附效果，结果显示纸尿片吸水材料对于 Fe^{3+} 的吸附最小浓度可探测到0.000 1 mol/L。

该课题通过探索了废弃纸尿片中的吸水材料回收处理方法，并且用回收得到的吸水材料对不同种类重金属离子的吸附效果进行了实验探究，关注了当前的社会普遍存在的一个热点问题，即废弃纸尿片对环境的污染问题，学生通过查阅资料、实验探究努力寻找对废弃纸尿片的二次利用的新视角，并且在实验中发现纸尿片中的吸水材料能够吸附重金属离子的吸附效果非常好，而在一般废水中，重金属的含量是以 ppm（mg/L）来计算的，若用废弃纸尿片来吸附废水中的重金属离子，具有重要的意义，因此该学生在实验的基础上提出利用废弃纸尿片处理工业废水中的重金属离子的设想。当然，在实验的过程中，该学生也注意到了一个非常重要的问题，即实验探索中所用的吸水材料全部来自于纸尿片，由于纸尿片中的吸水材料是固定在植物性纤维材料绒毛浆中，尽管尽量粉碎，混合均匀，并且通过多次实验取平均值的方法进行定量分析，但实验中所称取每份样品中所含的吸水材料的有效成分仍然会有差异，可能会对实验结果造成误差。其实，在考虑到这个问题之前，该学生已多次咨询高校化学学科专家，寻求更好的实验方法以便使实验数据更加精确，但由于实验条件以及其目前所掌握的知识基础等因素的影响，课题中所采用的方法是现阶段最可行的方法。

青少年创新大赛考察的是学生全方位的能力，如果说前期课题的探究考察的是学生思考和动手能力，那么最后的冲刺阶段则需要学生拥有较强的表达能力，一个好的课题需要学生用最自信、最精练的语言将它进行呈现。在答辩方面，我主张让学生自己试着对整个课题进行梳理，自己进行展板的设计，在此基础上再对其进行指导，通过多次练习达到对课题的熟练表达，另外，我还为学生设计模拟答辩环节，模仿专家向学生提问，让其对比赛环节充分适应。

该课题在上海市第28届青少年创新大赛中获得一等奖，之后又被选送全国参加全国第28届青少年科技创新大赛，最终取得二等奖的成绩。在获知被选送全国参加比赛这一消息到最终去参加比赛的这短短的3个月时间，该学生更是在改进课题上做了很大的努力，改进实验方案、设计展板，一次又一次的练习，这些努力成就最后的结果。而在获奖背后，我看到的是这个学生的成长，热爱科学的热情更加浓厚，查询资料的能力突飞猛进，动手实验的能力大大地提高，更重要的是，她在这一过程中体会了科学探究的过程，更确切地说是享受了这一过程，各方面的能力都得到了提高和锻炼。

科学素养不应该是一个理想化的口号，更不应该成为一个没有完全没有特定意义的词语，作为科技教育工作者的我们更应该承担起科技教育指导的重任，让更多的学生通过参与科技竞赛、科普活动激发对科学的兴趣，在科学探究中习得科学知识，掌握科学探究的一般过程和方法，并在科学思想、情感态度价值观上有所收获，让学生的科学素养之花绽放。

指导作品 **1**

废弃纸尿片对重金属离子的吸附效果探索

摘要

　　一次性纸尿片为人类的生活带来了极大便利，之所以受到人们的青睐主要是由于其含有高性能的吸水材料——聚丙烯酸系高吸水树脂具有独特、优越的吸水性能和保水性能，因此，在全球范围内应用广泛，但是由于高吸水性树脂的生物分解性差，使用后丢弃的话不能被很好地降解，若将大量使用过的纸尿片作为废弃垃圾直接丢弃到环境中，不仅会对地下水、土壤等环境造成极大的危害，也不利于社会的可持续发展。本课题探索了废弃纸尿片的回收处理方法，并在高吸水性树脂吸水的基础上，探索纸尿片中的吸水材料对常见重金属离子的吸附效果，还探索了纸尿片中的吸水材料探测金属离子的最低浓度。研究结果显示，纸尿片吸水材料对 Fe^{3+}、Cu^{2+}、Ni^{2+}、Co^{2+} 有很好的吸附效果，其中 Fe^{3+} 的吸附效果最好，最低探测浓度为 10^{-4} mol/L（100 ppm），若将废弃纸尿片收集，可用于废水中重金属离子处理。

关键词　纸尿片；高性能吸水材料；重金属离子；吸附

一、研究背景

　　一次偶然的机会，我在亲戚家玩耍时，发现小阿姨没有把给6个月大的小妹妹替换下来的纸尿片丢掉，而是收集起来，把纸尿片拆开，取出里面的已经吸满了尿液的透明状的材料放在了花盆里，小阿姨说把它和泥土混在一起可以用来种花或是种蔬菜，效果非常好，因为里面的吸水材料吸收了很多尿液，可以作为植物的肥料。本来是要丢弃的垃圾，转眼之间就植物的营养土了，真的很神奇！

　　既然纸尿片里面的吸水材料能够吸收水分，吸收重金属离子的效果会不会也非常好呢？之所以会联想这个问题，是因为我在科学课上曾经听老师说近年来由于工业的迅速发展，工业废水的排放造成了城市各种水源的污染，而工业废水之所以会对环境造成很大的危害，主要是因为里面含有重金属离子，这些离子具有极大的危害性，很容易被有机体吸收，当浓度超过一定限度，就会对人体造成健康损害。而根据粗略估算，每年我国丢弃的废弃纸尿片垃圾物超过200万吨，全球每年丢弃的纸尿片垃圾物的数量将会是更加庞大的数字。如果这些使用过的纸尿片都直接丢弃，必然会成为污染环境的第二大白色垃圾，因此在综合以上因素的考虑下，本课题探索废弃纸尿片对重金属离子的吸附效果，希望能达到变废为宝的目的。

二、常规重金属离子处理方法综述

目前，根据废水中的重金属离子种类不同和存在的形态不同，处理方法也不同，主要有三大类：化学处理法、物理处理法和生物处理法，化学法主要包括化学沉淀法和电解法，主要适合较高浓度的重金属离子废水的处理，也是目前国内外处理含重金属离子废水的主要方法；物理处理法主要包含溶剂萃取分离、离子交换法、膜分离技术及吸附法，其中吸附法运用的比较多；生物处理法是借助微生物或植物的絮凝、吸收、积累、富集等作用去除废水中重金属的方法，包括生物吸附、生物絮凝、植物修复等方法。目前我国应用在含重金属离子废水处理基本采用日本提供的处理工艺，工艺虽然可以使处理后的水达标排放，但是也有许多不足的地方，例如设备庞大、带来新的污染、成本高、回收率低等问题，因此在处理含重金属离子的废水方法选择上还有很大的研究空间。

三、实验研究过程

1. 实验仪器与试剂

（1）实验仪器：电子天平（精确至 0.000 1 g）、烘箱、搅碎机、容量瓶、移液管、滴管、培养皿、烧杯、滤纸、铁架台、漏斗

（2）实验药品：废弃纸尿片（若干片）、三氯化铁（$FeCl_3$）、氯化铜（$CuCl_2$）、硫酸镍（$NiSO_4$）、氯化钴（$CoCl_2$）

2.实验步骤

（1）溶液配制

配制浓度为0.1 mol/L氯化铜（$CuCl_2$）、三氯化铁（$FeCl_3$）、硫酸镍（$NiSO_4$）、氯化钴（$CoCl_2$）标准溶液。

（2）实验过程

① 探索从废弃纸尿片中分离吸水材料的处理方法。

纸尿片主要由表面包裹层、中间吸收层、防漏底层、不粘胶贴等几部分组成。表面包裹层主要是无纺布，防漏底层由阻水材料PE膜构成，吸收层由木浆绒毛 和超强吸水性树脂组成。本实验所需要的材料是纸尿片的内部吸水材料，考虑到废弃的纸尿片因吸收了尿液和粪便等排泄物而存在细菌、微生物污染问题，通过查资料发现一般的细菌在100℃的条件下加热10分钟左右都会死亡，也有一些耐热性强的杆菌或者芽孢等在此条件下仍然可以生存，但是在120℃的条件下进行20分钟左右的杀菌，基本可以将废弃纸尿片可能存在的细菌、微生物污染问题解决，本实验选择在120℃的条件下对收集的废弃纸尿片进行高温灭菌20分钟，然后再将其放入搅碎机中过滤，分离出吸水材料，供实验探索使用。

样品（废弃纸尿片）

高温灭菌

搅碎

过滤分离

② 探索纸尿片吸水材料与不同种类重金属离子的吸附可能性。

在4个烧杯中分别称取10 g所分离出的纸尿片吸水材料,然后再分别向4个烧杯中加入10 mL 0.1 mol/L氯化铁溶液、氯化铜溶液、硫酸镍溶液、氯化钴溶液,反应20分钟后,过滤,以蒸馏水清洗,观察其形态变化。

不同重金属离子的吸附可能性情况表

加入10 mL 0.1 mol/L不同金属离子溶液的吸水材料	洗涤过滤后的吸水材料	滤液与原液对比

③ 探索纸尿片吸水材料与不同种类重金属离子的吸附效果对比。

在5个烧杯中分别称取30 g处理好的纸尿片中的吸水材料，然后在其中的4个烧杯中分别加入100 mL 0.1 mol/L氯化铁溶液、氯化铜溶液、硫酸镍溶液、氯化钴溶液，反应20分钟后，过滤，以蒸馏水清洗，放入烘箱，于100℃条件下烘干，冷却后，取出称重。

不同重金属离子吸附效果对比情况表

金属离子	烘干前	烘干后
空白实验组		
Fe^{3+}		
Cu^{2+}		
Ni^{2+}		

（续表）

金属离子	烘干前	烘干后
Co^{2+}	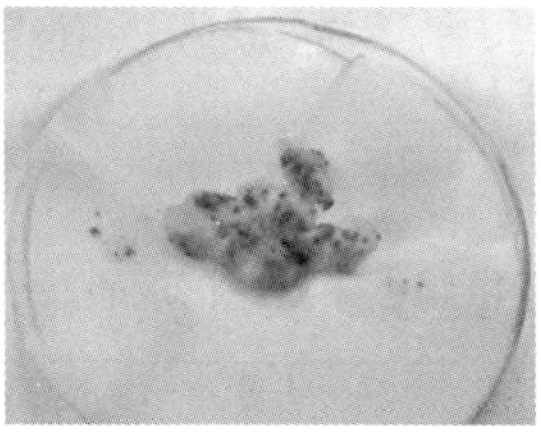	

④ 探索纸尿片吸水材料对不同浓度的重金属离子吸附效果。

在5个烧杯中分别称取30 g处理好的纸尿片吸水材料,然后分别向其中加入100 mL浓度为0.1 mol/L、0.01 mol/L、0.001 mol/L、0.000 1 mol/L、0.000 01 mol/L的氯化铁溶液,反应20分钟后,过滤,以蒸馏水清洗,放入烘箱,与100℃下烘干,冷却后,取出称重。

不同浓度的重金属离子吸附效果情况表

不同浓度 Fe^{3+}	烘干前	烘干后
0.1 mol/L	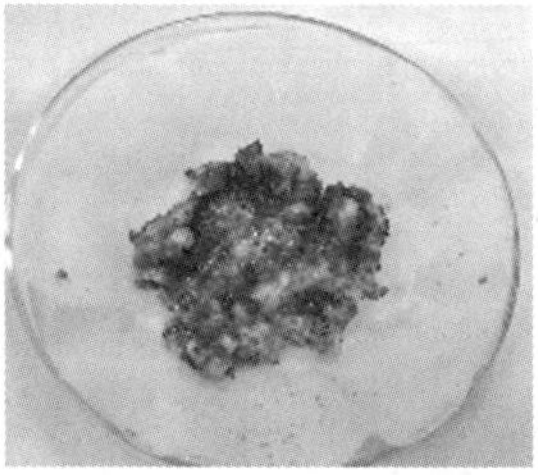	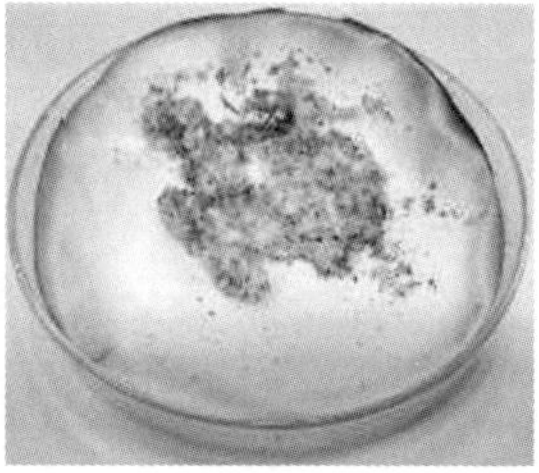
0.01 mol/L	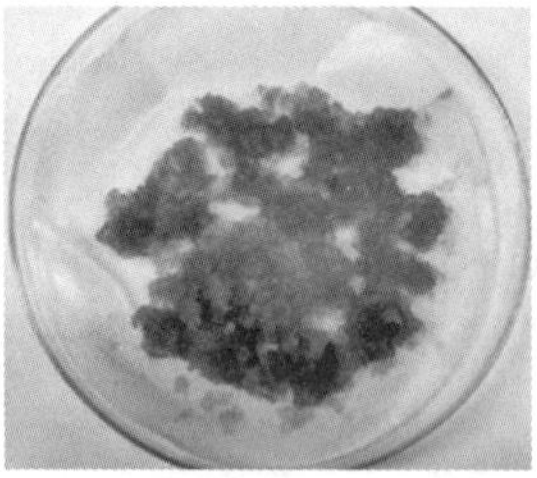	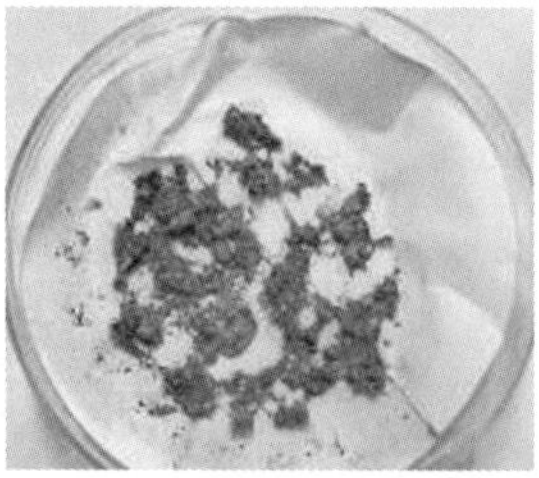

(续表)

不同浓度Fe^{3+}	烘干前	烘干后
0.001 mol/L		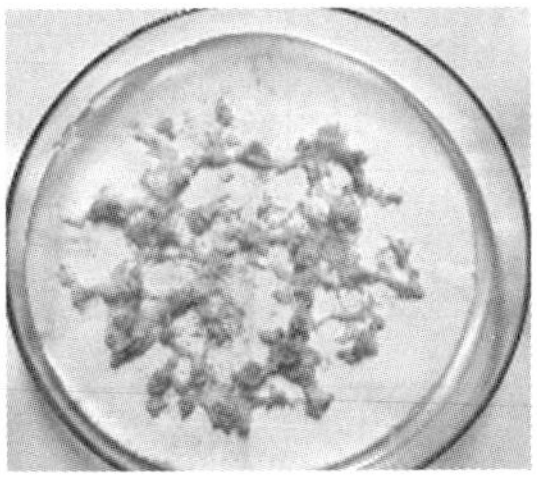
0.000 1 mol/L		
0.000 01 mol/L	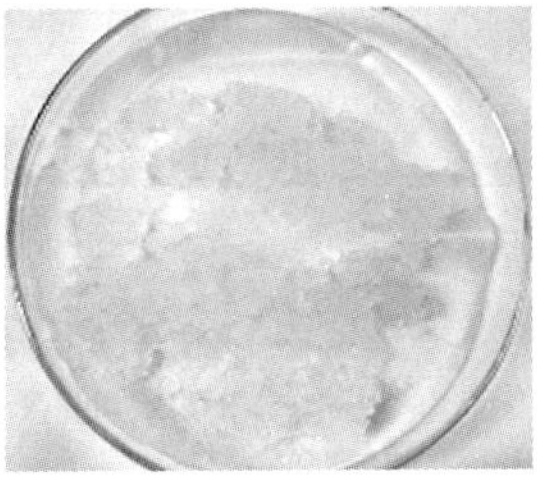	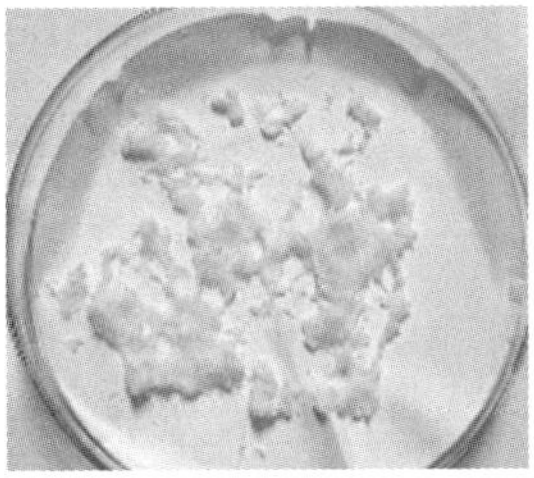

3. 实验结果

（1）探索从废弃纸尿片中分离吸水材料的处理方法

由于纸尿片的内层与外层结构的特点，外层主要是PE材质的防水渗漏层的材料，且废弃的纸尿片还存在细菌、微生物的污染问题，本实验采取先高温灭菌再用搅碎机将内外层材料初步分离，经搅碎处理后外层PE呈比较大的碎块，而内层吸水材料和毛绒浆则呈现非常小的颗粒，通过过滤的方式即可将纸尿片中的吸水材料分离出来。

（2）探索纸尿片吸水材料与不同种类重金属离子的吸附可能性

吸水后的纸尿片吸水材料对不同重金属离子的吸附情况表

	FeCl$_3$	CuCl$_2$	NiSO$_4$	CoCl$_2$
吸水材料颜色	红棕色	蓝色	淡绿色	粉红色
清洗后吸水材料颜色	红棕色	蓝色	淡绿色	粉红色
清洗时是否褪色	不褪色	不褪色	不褪色	不褪色
外观变化	吸水颗粒变小	吸水颗粒变小	吸水颗粒变小	吸水颗粒变小

实验结果显示，纸尿裤中的吸水材料能够吸附所配制的金属盐溶液中的 Fe^{3+}、Cu^{2+}、Ni^{2+}、Co^{2+} 离子，并且吸水材料在吸附了金属离子之后形状明显变小。

吸水材料变化情况

（3）探索纸尿片吸水材料与不同重金属离子的吸附效果对比

纸尿片吸水材料吸附不同种类重金属离子的效果统计表

金属离子（0.1 mol/L）	纸尿片吸水材料质量（g）	加入金属离子体积（100 mL）	吸水材料（PAA）烘干后的质量（g）	增重质量（g）	增重倍数
空白实验	30.009 4	0	1.155 2	0	
Fe^{3+}	30.001 1	100	2.923 2	1.768 0	1.53
Cu^{2+}	30.009 9	100	2.232 5	1.074 3	0.93
Ni^{2+}	30.004 2	100	1.422 9	0.267 7	0.23
Co^{2+}	30.009 0	100	1.599 3	0.444 1	0.38

实验结果：纸尿片吸水材料对于重金属离子Fe^{3+}、Cu^{2+}、Ni^{2+}、Co^{2+}的吸附效果较好，根据纸尿片吸水材料吸附金属离子干燥后增重的倍数来看，纸尿片吸水材料吸附不同种类的重金属离子的能力有差别。

（4）探索纸尿片吸水材料对不同浓度的金属离子吸附效果

通过对吸附了不同浓度的Fe^{3+}的纸尿片吸水材料进行过滤烘干，对比颜色，实验结果显示纸尿片吸水材料可以探测到最低的Fe^{3+}的浓度达到0.000 1 mol/L，且效果比较明显。

四、实验结论

1. 实验1中探索从废弃纸尿片中分离吸水材料的处理方法运用了高温灭菌和搅碎的处理方法，根据实验效果可将此方法运用于大批量的废弃纸尿片的处理，可有效分离出纸尿片中的吸水材料，便于对其再次利用。

2. 实验2中探索纸尿片吸水材料与不同金属离子的吸附可能性，结果显示纸尿片吸水材料能够吸附不同种类的重金属离子。

3. 实验3中探索纸尿片吸水材料与不同金属离子（Fe^{3+}、Cu^{2+}、Ni^{2+}、Co^{2+}）的吸附效果对比，通过称量烘干后的吸附了不同种类重金属离子的吸水材料重量进行对比，得出纸尿片吸水材料吸附金属离子的能力是$Fe^{3+}>Cu^{2+}>Co^{2+}>Ni^{2+}$。

4. 实验4中探索了纸尿片吸水材料对不同浓度的金属离子吸附效果，结果显示纸尿片吸水材料对于Fe^{3+}的吸附最小浓度可探测到0.000 1 mol/L。

五、实验创新点与思考

1. 本次课题探索了废弃纸尿片中的吸水材料回收处理方法，并且用回收得到的吸水材料对不同种类重金属离子的吸附效果进行了实验探究，关注了废弃纸尿片对环境的污染问题，通过实验探究努力寻找对废弃纸尿片的二次利用的新视角。

2. 通过实验探究发现纸尿片中的吸水材料能够吸附重金属离子，而且吸附效果比较好，在一般废水中，重金属的含量是以ppm（mg/L）来计算的，若用废弃纸尿片来吸附废水中的重金属离子,具有重要的意义,因此本课题在实验的基础上提出利用废弃纸尿片处理工业废水中的重金属离子的设想。

3. 本次课题探索所用的吸水材料全部来自于纸尿片,由于纸尿片中的吸水材料是固定在植物性纤维材料绒毛浆中,尽管尽量粉碎,混合均匀,并且通过多次实验取平均值的方法进行定量分析,但实验中所称取每份样品中所含的吸水材料的有效成分仍然会有差异,可能会对实验结果造成误差。

六、致谢

在本次课题的探究中,我得到了老师的精心指导,不管是从开始定课题还是在查资料准备的过程中,一直都耐心地给予我指导和意见,使我在课题探究和论文撰写方面都有了较大提高,同时也开阔了自己的视野。通过参与研究性活动,我懂得在探究课题的过程中要有质疑精神,要敢于提出自己的想法。在得出科学结论之前,必须通过大量的科学性实验,因此,需要更多的耐心和细心,而且要有持之以恒的探究精神,同时,我也深刻体会了:科学是严肃的、严谨的,来不得半点马虎。在此,向在本次课题研究中给予我的指导与帮助的各位专家与老师们致以诚挚的感谢!

参考文献

［1］ 袁毅.可降解高分子吸水树脂的研究［D］.银川:宁夏大学,2010.
［2］ 张嫱,吴立考,高维宝,宋峥.工业废水中重金属离子的处理方法研究［J］.能源环境保护,2003(5).
［3］ 钱勇.工业废水中重金属离子的常见处理方法［J］.广州化工,2011(05).
［4］ 蒋悦.纸尿裤对环境的污染及治理措施［J］.绿色科技,2010(11).

第28届上海市青少年科技创新大赛一等奖

赵奕阳

指导作品 2

当淀粉遇上碘——对不同条件下淀粉遇碘的
显色现象及其原因的探究

摘要

淀粉遇碘有非常灵敏的显示反应，淀粉遇碘一定会变蓝吗？很多人肯定会回答"是"，因为很多教材上都是这么说的，然而事实并非如此。为了一探究竟，我设计了实验进行了不同条件下淀粉遇碘显色现象及其原因进行探究，通过研究我发现生活中常见的一些富含淀粉类的物质遇碘并没有显示出蓝色，以及市售的小麦淀粉、玉米淀粉、红薯淀粉等不同类型的淀粉所配制的溶液遇碘都没有显示蓝色，而是棕褐色，只有直链的可溶性淀粉遇碘显示了蓝色。在此基础之上，我又探究了直链淀粉与直链淀粉的比例、碘水的浓度、是否加热、酸碱性以及酒精浓度对淀粉遇碘显色的影响，通过实验发现这些因素都会在不同程度上影响淀粉遇碘的显色效果，并且分析了影响其显色的具体原因。

关键词　淀粉；碘；遇碘变蓝；显色；直链淀粉；支链淀粉

一、研究背景

自我在科学上学到淀粉的知识，我就知道"淀粉类的物质遇到碘会变蓝"，好像很多人都知道这个科学常识，的确，很多课本，包括一些课外读物也是这么写的。然而，一次兴趣课上，化学老师却说淀粉遇碘变蓝是有条件限制的，并不是所有的淀粉遇碘都会变成蓝色，但是我所用的书本上明明写着淀粉遇碘变蓝，为什么化学老师说的和书上说的不一样呢？究竟该听谁的？带着这样的疑问，我决定对这一问题进行深入的研究，究竟淀粉遇碘变蓝这一说法是不是完全正确？淀粉遇碘变蓝会受到哪些因素的影响？是否存在着一些淀粉遇碘不会变蓝的现象？通过这一课题的研究，我将对所提出的疑问进行探究。

二、研究方法及思路

1. 实验原理

通过查阅资料我了解到，淀粉是一种天然有机高分子物质，它是由几百个到几千个 $C_6H_{10}O_5$ 的单体形成的，通常的淀粉都是直链淀粉和支链淀粉混合物，淀粉遇到碘变蓝的原因是，淀粉和碘发生了作用，生成了包合物。支链淀粉是由 α－葡萄糖分子缩合而成螺旋状的长的螺旋体，每个葡萄糖单元都有羟基暴露在螺旋结构外面，当碘分子遇到淀粉时，碘分子和这些羟基作用，使碘分子嵌入淀粉螺旋体的轴心部位，淀粉和碘生成的包合物的颜色和淀粉的聚合度有关，如果聚合度是200~980，那么包合物所显示的颜色就是蓝色。直链淀粉的聚合度高，因此一般显示蓝色，支链淀粉的聚合物为20~28，那么这样形成的包合物颜色就是紫色的。由此，可以推测出，淀粉的类型、浓度不同和碘反应的程度也就不一样，所显示的颜色也不一样，因此，本课题在此基础之上设计以下实验方案。

2. 实验方案

在淀粉遇碘变蓝显色的原理基础之上，我设计了以下几个实验，以此来探究淀粉遇碘的显色反应情况。

实验1：不同种类的含淀粉类的物质遇碘的显色变化探究。

实验2：直链与支链淀粉的比例对其遇碘显色的影响探究。

实验3：碘水浓度对淀粉遇碘的显色效果影响。

实验4：不同温度对淀粉遇碘的显色效果影响。

实验5：酸碱性对淀粉遇碘的显色效果影响。

实验6：酒精对淀粉遇碘的显色效果影响。

三、实验材料与过程

1. 实验材料与实验仪器

实验材料：土豆、芋芳、地力、红薯、萝卜、茨菇、大米、糯米、碘单质、可溶性淀粉、酒精、稀盐酸、氢氧化钠

实验仪器：酒精灯、试管、一次性塑料滴管、试管架、锥形瓶、小烧杯、培养皿

2. 实验准备

（1）配制一定浓度的碘水。

实验步骤：

① 用电子天平分别称取 0.3 g 碘和 0.5 g 碘化钾；

② 将碘先溶在少量的酒精中，再加 20 mL 水稀释；

③ 再加入 0.5 g 碘化钾，搅拌，使其溶解，最后加水 100 mL，得到碘水的浓度为 0.01 mol/L。

（2）配置一定浓度的淀粉溶液。

实验步骤：

① 用电子天平称取 1 g 可溶性淀粉；

② 用量筒量取 10 蒸馏水不停地搅拌；

③ 用 10 mL 蒸馏水搅拌，再将其倒入 100 mL 沸水中，迅速搅拌，煮沸 2 分钟，最后冷却备用。

3. 实验过程

（1）不同种类的含淀粉类的物质遇碘的显色变化。

生活有很多富含淀粉的物质，例如土豆、红薯等，由于淀粉有直链和支链之分，因此，每种富含淀粉的物质中含有直链和支链淀粉的百分含量不一样，因此，我选择了生活中一些常见的物质，看看它们遇碘的反应。

实验 1：不同种类的含淀粉类的物质遇碘的显色变化探究。

实验步骤：

① 将大米、糯米分别取少量放入培养皿中，再分别滴加配好的碘水，观察大米和糯米的颜色变化；

② 再分别将土豆、茨菇、芋芳、地力、萝卜、红薯分别切片放入培养皿中；

③ 将碘水分别滴到土豆、茨菇、芋芳、地力、萝卜、红薯的切片上，观察颜色的变化；

④ 将小麦淀粉、玉米淀粉、红薯淀粉、可溶淀粉和糯米粉分别配成淀粉溶液；

⑤ 用滴管吸取等量的上述淀粉溶液到试管中,再分别吸取少量的碘水加入其中,观察颜色变化。

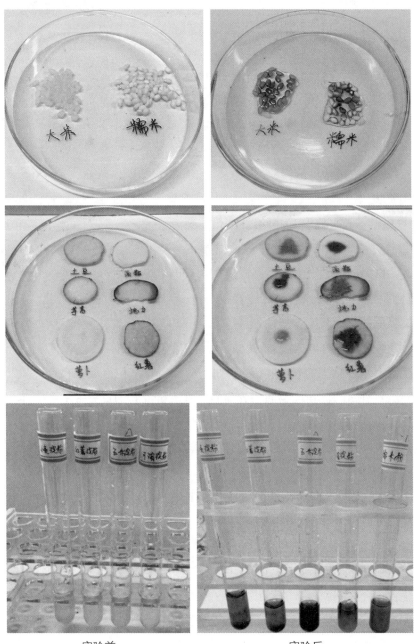

实验前　　　　　　　　　　　　　实验后

（2）直链与支链淀粉的比例对其遇碘显色的影响。

由实验1可知，不同的含淀粉类的物质遇碘所显示的颜色不一样，即直链和支链淀粉的比例会影响其遇碘的显色反应。为此，我做了一个关于直链和支链淀粉的比例对其遇碘显色的影响。

实验2：直链与支链淀粉的比例对其遇碘显色的影响探究。

实验步骤：

① 将直链淀粉与支链淀粉分别以2：1、1：1、1：2、1：4的比例混合；

② 再分别将碘水滴到上述4中混合淀粉溶液中；

③ 静置，并观察直链与支链淀粉的不同比例遇碘所显示的颜色。

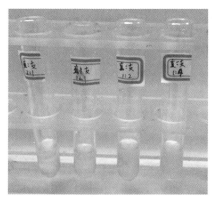 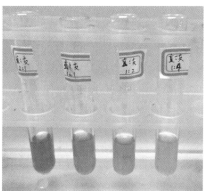

| 实验前 | 实验后 |

（3）碘水浓度对淀粉遇碘的显色效果影响。

由实验2可知，直链淀粉与支链淀粉的比例不同，遇碘的显色也不一样，那么如果用同一浓度的淀粉溶液和不同浓度的碘水是否会有不一样的显色结果呢？为此，我配制了不同浓度的碘水与淀粉溶液进行反应。

实验3：碘水浓度对淀粉遇碘的显色效果影响探究。

实验步骤：

① 分别配制浓度为0.05 mol/L、0.01 mol/L、0.001 mol/L、0.000 5 mol/L的碘水；

② 再取同等量的淀粉溶液到四支小试管中；

③ 将步骤1所配制的碘水分别加到上述四支试管中，观察显色变化。

| 实验前 | 实验后 |

（4）不同温度对淀粉遇碘的显色效果影响。

考虑到温度有可能会影响淀粉遇碘的显示反应，因此，我做了一个加热，一个不加热的淀粉遇碘的实验对比，看温度是否会影响淀粉和碘的显色反应。

实验4：不同温度对淀粉遇碘的显色效果影响。

实验步骤：

① 取两支试管，向其中加入等量的淀粉溶液；

② 再向两支试管中分别加入等量的淀粉溶液，振荡，使其混合均匀；

③ 将其中一支试管放入酒精灯上加热，观察现象。

| 不加热 | 加热 |

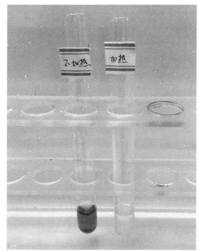 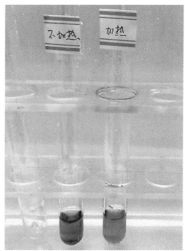

立即停止加热对比　　　　　　　　　冷却后对比

（5）酸碱性对淀粉遇碘的显色效果影响。

关于酸碱性对淀粉遇碘的显色效果影响，我设计了如下实验：

实验5：酸碱性对淀粉遇碘的显色效果影响。

实验步骤：

① 分别配置 pH 值为 1~7 的酸性溶液和 pH 值为 8~14 的碱性溶液；

② 取 7 支试管，分别加入等量的淀粉溶液，再分别向其中加入等量的 pH 值为 1~7 的酸性溶液，观察颜色变化；

③ 再另取 7 支试管，分别加入等量的淀粉溶液，再分别向其中加入等量的 pH 值为 8~14 的碱性溶液，观察颜色变化。

 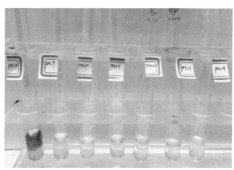

滴加酸性溶液　　　　　　　　　　　滴加碱性溶液

（6）酒精对淀粉遇碘的显色效果影响。

最后，我对另一个因素，即酒精对淀粉遇碘变色的影响进行了探究，因为碘易溶解在酒精中，那么不同的酒精加入到其中，会产生什么样的变化呢？

实验6：不同酒精浓度对淀粉遇碘的显色效果影响。

实验步骤：

① 取4支试管，分别向其中加入等量的淀粉溶液和等量的碘水；

② 再用95%的酒精分别配制75%、50%、25%的酒精溶液，然后将其分别加入上述4支试管中；

③ 静置，观察淀粉遇碘在酸性和碱性条件下的显色变化。

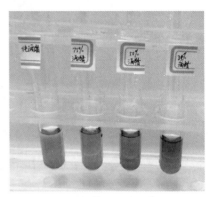

滴加酒精溶液

四、实验结果及讨论

通过以上实验探究，我发现当淀粉遇到碘显色会受到诸多因素的影响，也得出了如下的实验结果：

1. 不同的含淀粉类的物质因为其本身所含有的淀粉类型即直链淀粉和支链淀粉的含量不一样，因此当它们遇到碘的时候，所显示出的颜色各不相同，从实验结果来看地力、茨菇、芋芳、红薯中的淀粉含量较多，显示的颜色较深，土豆次之，白萝卜中几乎不含淀粉。大米中主要是直链淀粉，所以显示深蓝色，而糯米主要成分是支链淀粉，所以显示淡紫色。

2. 生活中经常用到的淀粉的成分也有差异，通过实验可知道可溶性淀粉遇碘变蓝色，糯米粉遇碘变紫色，小麦淀粉、玉米淀粉、红薯淀粉遇碘显示深棕色，可能是直链淀粉和支链淀粉的混合的关系。

3. 当把可溶性淀粉和糯米粉配制的溶液按照一定的比例混合，发现随着支链淀粉含量的变多，淀粉遇碘的颜色由蓝色慢慢向紫色过渡，符合前面实验的结论。

4. 直链淀粉遇碘变蓝也会受到碘水浓度的影响，浓度越高，所显示的颜色越深,浓度越低所显示的颜色越浅。

5. 直链淀粉遇碘变蓝会受到温度的影响,当加热时,蓝色会迅速褪去,等到冷却以后,蓝色又会出现,只是比最初的蓝色稍微有点浅,说明淀粉遇碘的显色受到温度的影响。

6. 直链淀粉遇碘变蓝也会受到酸碱度的影响,酸性越强,颜色越浅,酸性对其显色影响不明显,碱性对其显色影响明显,遇碱蓝色褪去,而且不会再恢复。

7. 酒精浓度直链淀粉遇碘的显色反应也有影响,浓度越高,颜色越浅,可能是由于碘易溶于酒精,使得水溶液中的碘变少,从而使蓝色变浅。

五、实验创新点及进一步的思考

本课题虽然探究的是书本上教给我们的一个知识点,即淀粉遇碘变蓝色,很多人也都这么认为,其实这个说法是要加一定的条件。所以,书本上的知识不一定就是完全权威的,我通过实验全面地对淀粉遇碘的显色反应受到哪些因素的影响做了探究,得到了结论,也弄清了困扰我很久的一个问题,而且从直链淀粉和支链淀粉的混合比例、碘水的浓度、溶液的酸碱度、酒精含量的多少等因素进行探究,发现淀粉遇碘的颜色与这些因素都有关系,具有一定的创新性,也有一定的价值,能帮助更多的学生去弄清楚这个问题。

但是,我的课题还是有需要进一步改进的地方,例如实验的设计可以再详细一些,对于温度对淀粉遇碘显色的影响可以做梯度实验,看看具体改变颜色的温度是多少度,还有酸碱度对淀粉遇碘的显色影响,这次实验我采用的使用稀盐酸和氢氧化钠做的实验,其实生活中有很多常见的物品具有一定的酸碱性,可以用这些物质去做这样的实验,既环保又安全。此外,影响淀粉遇碘显色变化的因素还有很多,还需要对这个课题进行更加深入的研究,这也是我下一步将要继续努力的方向。

六、致谢

通过对本次课题的探索和研究,我学习到了很多在课堂中没有办法获得的宝贵财富,通过一次次的动手尝试,更让我体会到做科学研究是一件非常神圣而又严肃的事情,来不得半点的虚假,也让我感受到生活中处处有学问,科学与生活的联系是如此的密切,更加深了我对科学的热爱。但是,我也感受到在实验探究的过程中,我还有很多欠缺,因为实验中用到了很多化学知识,而这些知识都是我还没有学习和掌握的,但也给我提供了一个很好的学习和提高的机会。在实验探究的过程中,老师也给我了极大的鼓舞与指导,一次又一次地为我辅导,在此,向所有帮助过我的老师表示衷心的感谢!

参考文献

[1] 陆荣荣.淀粉遇碘变色的机理[J].实验教学与仪器,1995(1).
[2] 余玲莉.碘遇淀粉显蓝色的实验探究[J].课程教育研究,2015(34).
[3] 张秀清.淀粉与碘反应的显色原理和条件[J].实验教学与仪器,2006(12).

第32届上海市青少年科技创新大赛一等奖

龚逸炜

依托校外科技活动　提高学生科学素养

李菊梅

摘要

科技教育离不开科技活动，青少年科技活动的根本目的就是为了培养学生的科学素质，开发学生的创造智能，使青少年从小就养成科学的思维习惯，学习用科学的态度和方法去观察问题、分析问题、解决问题，是为了培养青少年从小树立科技兴国，科技为人类谋利益的坚强信念，初步养成勇于探索、追求新知、实事求是、敢于创新的科学精神。本文针对自己从事校外生物科技教育，结合教学实践，从营造科技氛围、参加探究实践活动、联系生活实际、关注探究过程等几个方面探讨如何在科技教育活动中培养学生科学素养。

关键词　科技教育；科学素养

提高青少年科学素质，已成为我国基础教育中亟待研究和解决的一个重大课题。科技教育活动对于培养青少年的创造能力有着得天独厚的优势。在青少年科技活动中，必须始终把学生置于主体地位，通过开展科学小论文活动、课外兴趣小组、家庭小实验室、社会实践活动等科技教育活动途径，帮助学生学习掌握较广博的科学知识，培养学生的科学素质和良好的心理素质，为适应未来社会需要打下坚实的基础。

校外科技教育，应当对学校教育起到辅助和补充的积极作用，为青少年创造一个良好的、有助于提高科学素质的大环境。笔者结合自己的工作，谈一谈如何在校外科技活动中提高学生科学素养。

一、营造科技氛围,增强学生科技意识

作为校外机构的科技教师,要加强与校内科技教师的合作,共同创设良好的科技教育氛围。一方面,科技教育宣传,例如固定每月出一期有关科技内容的黑板报或报纸,主要介绍科学家的故事、最新科技成果等,从而充分发挥榜样的教育力量。又如,邀请专家、学者来校作创新讲座,使学生感到创新就发生在身边,并非高不可攀。第二方面,组织多种形式的课外科技活动,如生物与环境科学实践、生物创客活动等,让学生在教师的精心指导下掌握研究方法,提高创新能力。第三方面,开展各类科技创新比赛,如在每学年的"科技节"活动中举行科技小制作、小发明、小论文比赛,评出优秀作品并展出,鼓励并发展学生的创新能力。第四方面,组织学生参加各级部门举办的科技活动,如"爱鸟周"活动、"野生动物知识宣传保护月"活动、"青少年科技创新大赛""青少年科技交流活动"等,使学生在这些活动中展示创造能力,实现自我价值。

通过创设良好的科技教育氛围,能充分发挥环境育人作用,能潜移默化、行知有效地影响学生的行为与情感,陶冶情操、锻炼意志,激发他们对科技实践活动的兴趣,增强学生的科技意识。

二、开展探究实践活动,掌握科学方法

科学方法是科学素养的重要组成要素。教师要改革传统的教学模式,积极引导学生从客观实际中探求知识,让学生在收集信息、处理信息中获得新的知识。这样他们得到的才可能不仅仅是知识,还有科学思想和方法等。因此,在科技教育活动过程中,教师要善于通过探究实践活动引导学生掌握一定的科学方法。

在探究实践活动中,教师要教给学生"发现问题→作出假设→实验验证→得出结论"的科学研究的基本方法。学生一旦掌握了这些方法,也就学会了真刀真枪搞科学的本领,就能在探求科学的过程中,不断获取新知发展能力。在科

技活动中凡是学生能够凭借自己的知识、经验、能力独立地"发现"未曾学习过的知识，能对某一问题提出新的见解、思路、方法或设想，独特地、富有说服力地修正或批判某些公认的观点，能独立地发现新事物、新问题、独立地设计并完成实验等等，都可以视为"创新"。

例如本人开展"以课题探究解决问题"的科学研究性学习。主要是实验探究类、调查探究类、综合探究类等，是以问题贯穿整个学习的过程，以让学生解决或了解某些问题作为开始。为了拓展学生的知识面，本人还让高年级的学生进行课题的训练，培养学生的探究能力。让学生利用现代科技手段查阅有关柑橘皮的利用情况；了解果胶的成分及其在食品加工、医疗上的用途等内容。通过让学生独立查询资料和讨论，学生自己设计出实验方案，确定了制取方案，并探索了柑橘皮制取果胶。在探究过程中教育学生在进行实验时要注意运用多种感官把实验中收集到的各种感性材料，如气泡、气味、颜色、反应状态等现象，毫无遗漏地记录下来，要做到准确的观察、认真地记录。实验结束后要让学生把实验所得的现象或数据进行概括、分析、归纳、综合判断、去伪存真，并让学生用简洁准确的化学语言表达出实验结论。当学生看到自己亲手从柑橘皮中制取的果胶时，他们又一次体验到成功的喜悦。在这项探究活动中，不仅注重学生的学习体验过程和实践，还让学生学会了更多查阅资料的方法，锻炼了实验技能和对于数据的分析能力，更让他们懂得了学以致用的重要性。

三、联系生活实际，培养学生探究能力

教师应积极组织和指导学生开展课外活动，为学生走出课堂解决实际问题创造良好的条件。引导学生根据周围环境和生产生活实际自主确定课题内容和实践方式。如专题调查、考察访问、科学实验等，要求学生拟订调查或考察提纲，搜集有关的数据或资料，并运用已学的知识来分析和解释某些现象，做科学研究，写出调查报告或科技论文。

例如可以找生活中很简单的问题：你的唾液中有什么？如何验证？为什么苹果切开会变黄？树叶为什么会发黄？你家周边有什么鸟，为什么？等等。然后和学生一起讨论，或者提供一定条件让学生上网查找，或者从图书资料上查找

等,找到答案的方法和途径。一个问题解决,又会有新的问题产生,有些问题还要提供实验条件,让学生自己去验证。这样,学生通过渐进式的思维、不断地从实践中找到答案,就会学会怎样收集信息和分析处理信息,从而获得结论。在这一系列身边问题的寻找和求解中,学生们得到一定的成功体验和感悟,同时也得到了科技探究的乐趣。

家庭小实验是学生理论联系实际和提高学生探究能力的良好途径。家庭小实验内容丰富,形式多样。这样既可巩固和运用课堂所学知识,又能提高学生自己动手操作的能力。本人让学生利用家庭的碗、盆、杯、罐等作简易实验装置和各种蔬菜、水果、牛奶等物品,做一些趣味性的生活中常见的小实验,自制汽水、家里酿制酸奶、自制酸碱指示剂,让学生能够把理论应用于实际,体会到学好化学知识的重要性,并感受到化学实验成功的喜悦,还可能从此播下终生从事研究的"火种"。比如有一次,本人让学生用紫色卷心菜自制指示剂和试纸,并且用酸、碱物质来检验一下。结果学生做得很认真,而且在检验时看到检验处有明显的颜色变化,令学生大为惊喜,因为平时不起眼的蔬菜也能作为化学指示剂,同时学生也体验到了实验成功的幸福感和成就感。结合实验,我又让学生思考:为什么植物的花、茎、叶、果实可以作为酸碱指示剂? 学生在观察和疑问中增强对科学的兴趣,在成功的学习中增强自信,消除学生学习科学的畏难情绪,体验到生活中处处有科学。

通过探究,学生认识到科学离我们这么近,我们学习有了用武之地,懂得了理论与实践是紧密相连不可分的。学生通过自己动眼、动脑、动手,亲身经历科学知识形成过程的探索,获得丰富的感性认识,增强了探究能力。

四、关注探究过程,倡导科学精神

科学素养的核心是科学精神.它是一个人在处事行事中所具有的一种精神气质,是一种执着的探索精神。科学精神只有在科学实践中才能真正养成。因此,教师应该给学生提供尽可能多的活动方式和活动机会,使他们在科学实践中锻炼学习和体验,使他们在实践中享受科学探索的乐趣,在实践中萌生科学精神。

　　为拓宽学生视野,带学生走进科研院所,依靠研究所先进实验仪器,借助专家丰富的学科知识,辅导学生,让学生在真枪实弹的科研活动中,培养他们对科学思想、科学方法、科学精神的理解和感受,引导他们获得丰富、深刻而富有成就感的学习经历。

　　以指导学生做课题即从葡萄皮、籽中提取花青素。作为一种天然色素,一般来说,酸碱度对其稳定性的影响较大。花青素稳定性如何会直接影响到酒的色泽、酸味、二氧化硫的活性等。基于以上考虑,学生们设计了色素在酸性环境下实验。首先对同一浓度的花青素与不同浓度的柠檬酸溶液混合,在一定波长下测其吸光度,并观察色素颜色的变化,用其吸光度值来判断酸度对其稳定性的影响。结果学生的结论各不相同,都认为自己的结论没有错,自己做的认真。本人就给学生讲"实践是检验真理的唯一标准"的道理。任何一个科学结论的产生都必须通过实践的检验,必须采取科学的方法。只有按照科学方法设计的,在严格的科学检查和验证下进行的实验,并且要求在相同条件下实验必须可以重复进行,才具有科学意义。学生懂得了这些道理后,都自觉去做实验,经过反复多次的研究,最后统一了结果,同时得出正确结论:提取的色素颜色随pH值增大而由红变黄,pH值为2—3时,色素较稳定。通过这个课题探究,学生们懂得了要对任何发现都应该问一下是真是假,可靠还是不可靠。所谓的"眼见为实"也有它的局限性。只有实践是检验真理的唯一标准。

　　正如一位同学这样写道:"在这次活动中我学到了很多,我第一次和科学家一道工作,第一次接触到前沿科学,第一次使用这么先进的分析仪器,第一次体验到什么是真正的科学研究……我认为比获取知识更重要的是,在项活动中,我从科学家身上看到的作为一名科研工作者所具有的可贵品格。同时,我还发现,科学离我们的生活仅一步之遥,科学就在我们的身边。"

　　总之,培养学生的科学素养是全面实施素质教育的要求,是时代和民族发展、科学技术对未来人才素质的需要。在科技活动中,教师应尽可能创设一切有利条件促进青少年学生的科学素质培养;教师应发挥科技教育优势,培育学生的科学素养,塑造学生的创造人格,为使他们日后成为创造性科技人才奠定坚实的基础;教师要采取多种有效措施,积极普及现代科学知识、倡导科学方法、弘扬科学精神,大力提高学生的科学素养。

参考文献

［1］ 赵学漱.科技教育与人文精神融合.教育研究者的足迹：中国教育科学研究所研究论文集萃（一）［M］.北京：教育科学出版社,2003.

［2］ 王恒青.在辅导学生课外科技活动时如何着眼于创新思维的根植［J］.科学大众（科学教育）.2014（01）.

［3］ 胡晓蓓.青少年课外科技活动存在的问题及对策［J］.河南科技.2012（03）.

［4］ 舒义平.小学生科技创新活动的现状及对策［J］.中国校外教育,2014（12）.

指导作品

食虫植物的收集、栽培与观察

摘要

　　植物食虫是一种奇特的生物学现象,我对植物吃昆虫充满了好奇,为了深入研究,我在家栽培食虫植物。全世界已知的食虫植物有9个科,18个属,约530个原生种。至今我收集并栽培了6个科,11个属,约150种。我重点观察植物的食虫行为。本文中我观察茅膏菜属、捕蝇草属、瓶子草属、猪笼草属这4个属的植物的食虫器官和捕虫过程,并比较它们的共性和差异。共性是:食虫器官色彩鲜艳,会分泌蜜汁吸引昆虫、困住昆虫,并分泌消化液消化吸收昆虫。差异是:捕获昆虫的方式不同,捕获昆虫的种类和数量不同。我用视频记录了捕蝇草捕虫时夹子瞬间关闭的实验,验证了触毛是激发夹子关闭的机关,并观察到:15秒内累计触碰任意触毛两次,夹子就会关闭;单独一次触碰或超过15秒再触碰第二次,夹子不会关闭。创新点是:收集并栽培了约150种食虫植物。结论是:① 捕蝇草单个夹子仅食虫1—2次,随后触毛不再激发夹子关闭。② 瓶子草捕虫数量最多,单个瓶状叶可捕虫约20—50只,主要有果蝇、苍蝇、食蚜蝇。这些结果让我们对植物食虫有了进一步了解,也为后续探索植物食虫的机理和植物的材质做了一些前期准备。

关键词　食虫植物;食虫;茅膏菜;捕蝇草;瓶子草;猪笼草

一、引言

　　食虫植物是一种会捕获并消化动物而获得营养(非能量)的自养型植物。目前已知的食虫植物分属于9个科,约18个属,约530种(摘自ICPS国际食虫植物协会http://www.carnivorousplants.org)。一种观点认为由于食虫植物的原生地营养匮乏,植物自然发展出食虫能力。欧美国家尤其是英国在20世纪收集世界各地的野生植物品种,包括食虫植物在内,并培育出很多具有观赏价值的园艺种。

我对植物食虫的行为充满了好奇,为了深入了解观察,我从网上购买食虫植物在家里种植,至今为止共收集并种植了6个科,11个属,153种食虫植物,其中98个原生种,37个杂交种,18个原变种。

食虫植物的分类表(分类信息摘自《奇异植物》和ICPS)

科	属	世界原生种	中国种	我收集的品种
狸藻科	狸藻属(Utricularia)	约180种	17种	19种原生种　4种杂交种
	螺旋狸藻属(Genlisea)	4种	—	1种原生种
	沤蕴属(Polypompholyx)	2种	—	—
	捕虫堇属(Pinguicula)	约80种	—	7种原生种　1种杂交种
茅膏菜科	茅膏菜属(Drosera)	约100种	6种	21种原生种　6种杂交种
	露松属(Drosophyllum)	1种	—	—
	捕蝇草属(Dionaea)	1种	—	10种原变种　3种杂交种
	貉藻属(Aldrouanda)	1种	1种	1种原生种
瓶子草科	瓶子草属(Sarracenia)	9种	—	23种原生种　5种杂交种　2种原变种
	眼镜蛇瓶子草属(Darlingtonia)	1种	—	1种原生种　4种原变种
	太阳瓶子草属(Heliamphora)	14种	—	3种原生种　1种杂交种
猪笼草科	猪笼草属(Nepenthes)	129种	1种	20种原生种　17种杂交种　1种原变种
土瓶草科	土瓶草属(Cephaiotaceae)	1种	—	1种原生种　1种原变种
腺毛草科	腺毛草属(Byblis)	6种	—	1种原生种
凤梨科	布洛凤梨属(Brocchinia)	2种	—	—
	卡凤梨属(Catopsis)	1种	—	—
角胡麻科	沙胡麻属(Lbicellalutea)	1种	—	—
双疣叶科	穗叶藤属(Triphyophyllum)	1种	—	—
	总计	534种	25种	98个原生种,37个杂交种,18个原变种

二、材料方法

1. 收集与栽培

目前为止，我收集并种植了6个科，11个属，98个原生种，37个杂交种，18个原变种。

收集方法：从网络商店购买种子、幼苗或成株，或者和网友交换品种。

鉴定方法：购买前，我会询问店家物种的拉丁文学名，然后在网络上搜索这个品种的拉丁文和照片，再和卖家给出的实物图做比较，看个体特征是否吻合。幼苗无明显特征只能等长大后再做鉴定。

食虫植物以外形特征，主要是食虫器官的形态特征来鉴定品种，原生种的形态特征比较明显，容易鉴定，以原生猪笼草为例，猪笼草的食虫器官是笼子，从笼子的外形、颜色、大小几乎可以判断品种（除实生苗外）。杂交种和原变种很难鉴定，需得到学名后找相关网站鉴定。

栽培经验：食虫植物属于热带和亚热带植物，喜欢高湿和高温。在家中栽培食虫植物的难点是提高湿度和温度。我用全水苔栽培食虫植物，水苔能长久地保持水分，透气。空气干燥时，要增加湿度，我的方法是：把花盆放在有一层水的托盘里，用塑料袋套起托盘和花盆，在里面支起2根筷子，几小时以后，塑料袋内表面会有一层水汽，显示湿度和温度都有升高。也可以连盆放在水族箱里，用加湿器加湿，放入温度/湿度计，可以更准确地控制。间隔4—5小时打开盖子，换气通风。

春夏秋季节，控制好湿度后，可放在阳台上栽培。冬季，气温低于15℃时，猪笼草、北领地茅膏菜、球根茅膏菜、土瓶草和部分品种狸藻要移到室内，保持温度在15℃以上。我的方法是，把花架移到卫生间，用加湿器加湿，用灯补光，电暖器加热。

栽培条件一览表

属	湿 度	温 度	特 殊 说 明
茅膏菜属	>60%	15—33℃	用盆底浸水浇灌，淋水会冲走黏液
捕蝇草属	>45%	5—35℃	需用矿物质含量低，弱酸性的水浇灌

（续表）

属	湿 度	温 度	特 殊 说 明
瓶子草属	>45%	0—38℃	冬天休眠期停止生长减少浇水
猪笼草属	>85%	18—28℃	不能有直射阳光，环境要通风

天气干燥时，对湿度要求高的茅膏菜和猪笼草生长缓慢，猪笼草不长笼。

瓶子草对低温的适应能力强，春夏秋三季都生长良好，冬季休眠，移到室内可以安然过冬。

捕蝇草喜欢弱酸性，自来水为弱碱性，不适合浇灌捕蝇草，我用纯净水或者蒸馏水。

2. 植物材料

本文中，我选择捕虫有代表性的茅膏菜属、捕蝇草属、瓶子草属和猪笼草属这4个属的植物为观察对象，详细观察它们不同的食虫器官和食虫过程，并进行比较。

茅膏菜属：白好望角茅膏菜（D. capensis var. alba），勺叶茅膏菜（D. spatulata），北领地珊瑚茅膏菜（D. derbyensis），金丝绒茅膏菜（D.nitidula x pulchella）。

捕蝇草属：烈焰捕蝇草（D. muscipula Roaring Flame），宝贝捕蝇草（D. muscipula Burbank's Best），鲨鱼齿捕蝇草（D. muscipula Sharks Teeth）。

瓶子草属：紫瓶子草（S. purpurea），奥赛罗眼镜蛇瓶子草，白瓶子草（S. leucophylla），白化瓶子草（S. L ALBA almost white top #25 CK）。

猪笼草属：红宝特猪笼草［N. truncata red（D）］，低地维奇（N. veitchii pink），黑宝特 × 钩唇（N. robcantleyi x hamata），黑宝特（N. robcantleyi）。

3. 仪器设备

镊子、放大镜、学生用显微镜、佳能700d单反相机

4. 观察方法

观察时间：固定观察时间：周一至周五每天早上7：10—7：30，下午5：00—

6：00；随机观察时间：每天晚上7：00—9：00，周六周日全天。

观察方法：逐棵查看食虫植物，观察生长情况，重点观察食虫器官，如果发现有昆虫进入食虫器官，就仔细查看食虫器官的细微变化，并拍摄照片或者录像。

5. 实验方法

实验目的：研究捕蝇草夹子瞬间关闭的机理。

实验材料：植物材料：烈焰捕蝇草、宝贝捕蝇草；活的昆虫：爬虫、草蛉、米虫。

实验方法：把烈焰捕蝇草，宝贝捕蝇草单独放在桌上，将桌上的相机镜头对夹子，开启录像。我每次放1种昆虫进夹子，昆虫在夹子里移动，夹子会呈现不同的反应。相机记录了整个过程，如捕蝇草夹子瞬间关闭的过程和机理。

三、实验结果

1. 收集与栽培

茅膏菜属，捕蝇草属，瓶子草属是一年生或多年生草本植物，猪笼草属是多年生藤本植物。我种植的部分植物照片如下：

茅膏菜属

a 勺叶茅膏菜，直径5 cm；b 北领地珊瑚茅膏菜，直径5 cm；c 金丝绒茅膏菜，直径2.5 cm；d 白好望角茅膏菜，直径15 cm；e 开花的好望角茅膏菜

捕蝇草属

a 烈焰捕蝇草，整株直径15 cm，直立型；b 捕到蚊子的烈焰捕蝇草；c 宝贝捕蝇草，整株直径10 cm，平躺型；d 鲨鱼齿捕蝇草，整株直径20 cm，直立型

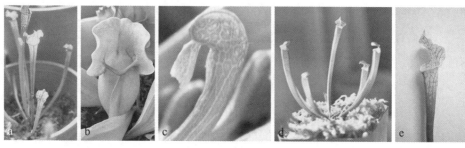

瓶子草属

a 白瓶子草,叶长 10—30 cm;b 紫瓶子草,叶长 8—11 cm;c 眼镜蛇瓶子草,叶长 3—8 cm;d 朱迪斯瓶子草,叶长 5—8 cm;e 白化瓶子草,叶长 15—20 cm

猪笼草属

a 红宝特;b 飞碟唇;c LVB×VMV;d 黑宝特x钩唇;e 黑宝特;f 低地维奇(展唇)

红宝特猪笼草的笼子开盖过程

　　红宝特猪笼草一个叶子和笼子的生长过程约需两个半月,盖子逐步打开的过程约两周,笼子高度 20 cm,笼子长大的过程中,颜色逐渐变红,最后显示出红宝特的红色特征。

　　这些猪笼草长在马来西亚古晋周边,国家森林公园中,海拔低于500米的山上,属于低地,周围是热带疏矮林。猪笼草有的直立,有的匍匐在地上,有的攀爬在矮树上,生长旺盛。

马来西亚的野生猪笼草

a 莱佛士猪笼草（下位笼）；b 莱佛士猪笼草（上位笼）；c 绿白环猪笼草；d 古晋猪笼草；e 小猪笼草（黑）；
f 斑苹果猪笼草；g 绿苹果猪笼草

2. 植物的食虫器官

食虫器官是食虫植物特有的部分，能捕虫并食虫。4个属的食虫器官形态
功能各异，特点见下图。

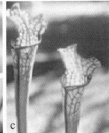

4种食虫器官的结构图

a 北领地珊瑚茅膏菜叶片上的腺毛和腺体是茅膏菜的捕虫器官。观察茅膏菜叶片的边缘，可见细细密
密的针状腺毛，腺毛长约0.4—0.6 cm，腺毛分泌腺体，腺体呈水珠状，在阳光下晶莹剔透、气味香甜，有
黏性，可吸引昆虫来觅食；b 烈焰捕蝇草的夹子是捕蝇草的捕虫器官。捕蝇草每一个叶子的顶端都长
有一对张开的夹子，夹子2—3 cm长，由3部分组成：内侧：黄色和橙色的夹子内面，是整株色彩最鲜艳
的部分，会分泌蜜汁，蜜汁有甜味，可吸引昆虫觅食；刺毛：齿状的刺毛，长在夹子边缘，浅绿色；触毛：
直立，在夹子内壁上对称生长，共3对；c 白瓶子草的瓶状叶是瓶子草的捕虫器官。观察瓶子草的瓶状
叶，高度8—30 cm不等，瓶状叶最初全是绿色，生长成熟时，瓶口和盖子的颜色变得鲜艳夺目，瓶口边缘
光滑有蜜汁，甜味。瓶口有盖子，盖子半开，盖子内侧长有细细密密白色的细毛，细毛和盖子底部也有蜜
汁。切开瓶状叶，瓶状叶内壁的上半部光滑，内壁的中间段生有倒毛，瓶子底部有消化液；d 古晋猪笼草
的笼子是猪笼草的捕虫器官，笼子是整株猪笼草色彩最鲜艳或浓郁的部分，长度约20 cm。盖子的底部
会分泌蜜汁；笼子口的边缘称为唇，唇有宽有窄，唇的表面异常光滑，并分泌蜜汁。笼身的内壁光滑，笼
子里有消化液，消化液体积约占笼身的1/3，翼对称生长

4种食虫器官的相同点：成熟的食虫器官色彩鲜艳，食虫器官都会分泌蜜汁，蜜汁香甜，靠色彩和蜜汁吸引昆虫。

3.植物的捕虫过程

4个属的食虫植物长着不同的食虫器官，食虫器官的形状功能不同，其捕虫过程也不同。

（1）茅膏菜的捕虫过程

好望角茅膏菜叶子上的腺毛和腺体。蚊子飞过时，被水珠状透明并有香味的腺体吸引，当昆虫停留在叶片上，蚊子接触到腺毛的黏液，被黏住。蚊子挣扎，震动刺激到周围几十根腺毛，这些腺毛向蚊子的方向弯曲靠拢，约半小时后，蚊子完全被困住。当昆虫较大时，茅膏菜叶子会卷起包裹昆虫。2015年4月16日20：57，我抓一只活的昆虫放在茅膏菜的叶子上，30分钟后，昆虫被黏住，无法逃脱。次日早上8：31，茅膏菜的叶子已经把这只昆虫卷起来。食虫完成后，叶片会再次张开，叶子上灰色的是被食昆虫的残渣，一个叶子只捕虫2—3次。

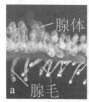

好望角茅膏菜捕虫

（2）捕蝇草的捕虫过程

烈焰捕蝇草的食虫过程：夹子长大成熟后，夹子内壁颜色变为橙红色，夹子边缘会分泌甜味蜜汁，吸引昆虫来觅食。一只草蛉飞来，进入夹子，草蛉在内壁上移动，夹子瞬间开始合拢，刺毛交叉封口，草蛉被困其中。起初草蛉还有空隙挣扎，夹子会继续合拢，直到全密封。几小时后，透过光线，看到夹子里有液体出现，这是消化液。多次观察发现，分泌的消化液随着虫子的大小而有多有少。另一只夹子捕获蟑螂后，关闭约10天，食虫后，夹子自动重新打开，里面是黑色的蟑螂残渣。如果捕获的猎物体积小，关闭时间就短，如小蚊子，夹子只关闭2天就会打开。

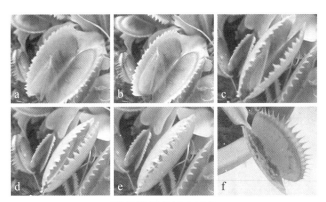

烈焰捕蝇草捕虫过程

（3）瓶子草的捕虫过程

白瓶子草的瓶状叶刚长出来时，是绿色，成熟时，瓶口和盖子的颜色变成白色，叶脉淡红色，阳光下非常醒目，盖子和瓶口会分泌蜜汁，有香味，吸引昆虫前来，昆虫吸食花蜜时，因瓶口光滑，停留不稳，一失足，会掉进瓶子，无法逃脱，最后困死。白瓶子草冬天进入休眠期，几乎停止捕虫。

白瓶子草的捕虫过程：2015年11月14日11：33，一只苍蝇飞向瓶子草，苍蝇停在瓶状叶的入口处吸食蜜汁，苍蝇在瓶口移动、转向，突然苍蝇滑落，掉进瓶子，苍蝇在里面挣扎，因为有倒毛，苍蝇挣扎反而向下移动，几次挣扎后，苍蝇完全不动了，被困在瓶状叶里。

瓶状叶就像一个美丽光滑的陷阱，昆虫在瓶口吸食花蜜时，一不小心就会落下。有时一个叶子1天就捕到3只昆虫，瓶子草捕获的昆虫数量究竟有多少呢？

白瓶子草　诱捕苍蝇

　　图中敞开瓶口的叶子是刚成熟的瓶状叶,正处于食虫的高峰期。萎缩瓶状叶已经老去,几乎不再捕虫。剪下一个老瓶状叶,长度约15 cm,剪开叶子,里面有被捕的昆虫约20只,挤在一起,有果蝇、苍蝇、小蜘蛛。

　　观察另一棵白瓶子草,剪下一个瓶状叶,长约25 cm,剪开叶子,里面是死去的蜂、苍蝇、食蚜蝇、蜂、蜘蛛,一只只紧挨着,挤得满满的,40多只,其中蝇类数量多,如下图。

白瓶子草瓶状叶解剖图

（4）猪笼草的捕虫过程

　　猪笼草的食虫器官是笼子,是食虫植物中最大的捕虫器官。笼子色彩鲜艳,盖子和唇分泌甜味蜜汁,会吸引昆虫来觅食。昆虫吸食蜜汁时,站立在唇上,可是唇异常光滑,昆虫往往停留不稳,瞬间滑落,掉进笼身的消化液中,笼子的内壁也非常光滑,昆虫爬不上来,泡在消化液里,最后淹死。

　　一只白蚁飞来,停在猪笼草的唇上,只几秒钟,白蚁滑落入笼中。

　　猪笼草的唇非常光滑,毫无防范的虫子几乎瞬间滑落,很难观察到落入的瞬间。我常常是在早上查看笼子时,发现前一晚掉了昆虫进去。2015年6月早上我看到红宝特猪笼草的笼子里面有只蟑螂,蟑螂浮在消化液上,开始蟑螂的腿还在动,几小时后它不动了。到7月2日笼子里只剩下蟑螂的硬壳。另一个笼子里之前进了3只蟑螂,几周后留下的壳。笼子里是刚滑落的苍蝇和蚂蚁。

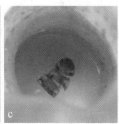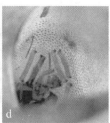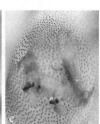

猪笼草捕虫

　　家庭种植的猪笼草捕捉到的是蟑螂、苍蝇、蚂蚁。据说在马来西亚,野外的猪笼草会捕捉到青蛙、鸟、鼠。

　　(5)捕虫过程的比较

　　上述4个属的植物,其捕虫过程的相同点是:

　　① 食虫器官都可以困住昆虫。

　　② 食虫器官都能分泌消化液消化吸收昆虫。

　　捕虫的区别是:因捕虫器官不同,捕获昆虫的方式不同,捕获昆虫的种类和数量也不同。茅膏菜是黏住或卷起昆虫;捕蝇草是夹子夹住昆虫;瓶子草和猪笼草都是陷阱式,引诱昆虫滑落捕虫。

4.捕蝇草夹子关闭实验

　　捕蝇草的夹子在捕虫时瞬间关闭,夹子是怎么关闭的? 下面用实验来演示。

　　实验一:一只草蛉飞入夹子,草蛉在夹子内壁移动,突然夹子合拢关闭,总时长4秒。

草蛉进入,夹子瞬间关闭的过程

　　实验二:用镊子夹一只爬虫放进夹子。爬虫碰到刺毛,夹子不关闭,爬虫在内壁上向前爬,夹子也不关闭,爬虫爬到中间,夹子突然关闭了,爬虫挣扎,夹子越关越紧,最后爬虫一半在夹子外,一半被夹子夹住,爬虫不能动了,被捕获,再也无法逃脱,时长约8秒。

爬虫放入夹子里,夹子关闭的过程

实验三：用镊子夹3只小的黑色米虫（米袋里生的虫），放进捕蝇草夹子里。3只黑米虫在夹子内壁上来回爬动，一只米虫爬到夹子边缘的刺毛上，夹子并不关闭，等待了约3分钟，夹子还是张开不动。我用牙签触碰夹子的内壁，夹子也不关闭。当牙签触碰到夹子内部直立的一根触毛时，夹子在2—3秒内关闭了。

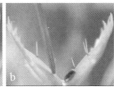

黑米虫来回爬，夹子不关闭，牙签触碰到触毛后，夹子瞬间关闭

实验结果：触毛是控制夹子关闭的机关，只有当昆虫碰到触毛，夹子才瞬间关闭。

后续更多观察和实验，得到的结果是：

15秒内累计触碰任意触毛两次，夹子就会关闭。单独一次触碰或超过15秒再触碰第二次夹子不会关闭。单个夹子只捕虫1—2次，随后触毛的激发功能失效。夹子经历1—2次完整的食虫过程（捕虫并消化）后，有的夹子不再打开，有的夹子即使打开，再去触碰它的触毛，夹子也不关闭了。这说明，触毛激发夹子关闭的功能失效了，夹子失去了捕虫能力。由此可知，单个夹子只能食虫1—2次。

四、结论

通过上述观察和比较茅膏菜属、捕蝇草属、瓶子草属、猪笼草属的食虫器官和捕虫过程，得出它们的食虫行为的共性与差异。

共性：

（1）食虫器官都是整株色彩最鲜艳的部分。

（2）食虫器官会分泌蜜汁，都会分泌消化液消化吸收昆虫。

（3）捕虫过程相同：先分泌甜汁引诱昆虫，再困住昆虫，最后分泌消化液消化昆虫。

差异：因食虫器官不同，捕获昆虫的方式不同，捕获昆虫的种类和数量也有差异。

食虫植物捕虫的差异表

	食虫器官	捕虫方式	捕食对象	单个食虫器官捕虫的数量
茅膏菜	叶子上的腺毛	黏住或卷起	蚊子、蚂蚁、小甲虫	2—3只（1个叶子）
捕蝇草	夹子	夹住	蚊子、苍蝇	1—2只（1个夹子）
瓶子草	瓶状叶	落入瓶中	食蚜蝇、苍蝇、果蝇、蜂、蜘蛛	20—50只（1个瓶状叶）
猪笼草	笼子	滑入笼子	蟑螂、苍蝇、蚂蚁、	5—15只（1个笼子）

由观察和比较可得出以下结论：

（1）捕蝇草的单个夹子只能食虫1—2次。

（2）瓶子草的捕虫数量最多，单个瓶状叶可捕虫20—50只，其中以蝇类为主。如：食蚜蝇、果蝇、苍蝇。

五、创新点

本文的创新点是收集并栽培了150种食虫植物，为观察食虫植物准备了条件。

关于捕蝇草的夹子，有以下3个结果：

（1）用实验演示了触毛是控制捕蝇草夹子关闭的机关。

（2）实验和观察结果：在15秒内累计触碰任意触毛两次，夹子就会关闭；单独一次触碰或超过15秒再触碰第二次夹子不关闭。

（3）观察结果：捕蝇草单个夹子只能食虫1—2次。

比较4种食虫植物的结论之一：瓶子草的捕虫数量最多，单个瓶状叶可捕虫20—50只，捕获蝇类为主。

六、进一步设想

本文中，还有一些问题值得进一步研究。

（1）捕蝇草的触毛被触碰后，夹子为什么瞬间关闭？食虫1—2次后触毛为什么失效了？

（2）植物食虫后，昆虫的营养吸收去哪里了？食虫器官的成分有什么变化？

（3）瓶子草和猪笼草的笼口为什么特别光滑？它的结构有什么特点？

这些问题有待进一步深入研究，才能找到植物食虫的最终答案。

参加创新大赛，我经历了整理照片、分类、查资料、写论文、演讲等工作。这促使我深入学习，把原来分散的观察结果，科学的组织起来，以专业的方式展示，这个过程令我提高了表达和写作能力，更帮助我理解以后研究食虫植物的方向。我的感受是任何一个现象的背后，都有原因，寻找原因的过程，就是学习探索。

七、致谢

感谢父母亲为我买第一棵食虫植物，开始我的种植与观察。感谢辅导老师引导与帮助，让我的观察以专业论文的方式呈现，启发我继续研究的方向。感谢所有参与本次大赛工作的老师，让我有一个平台学习展示锻炼。

参考文献

［1］胡松华.另类奇特花卉［M］.北京：中国林业出版社,2005.

［2］张彦文,王海洋.食虫植物研究的现状和趋势［J］.广西植物,2000(1):88-93.

［3］张水成,田蓝波.浅谈食虫植物［J］.天中学刊,1999,14(2):13-15.

［4］汪劲武.趣话食虫植物［J］.植物之美,2008(7):49-51.

［5］叶水英.食虫植物的开发利用［N］.景德镇高专学报,2005,20(2):12-13.

第31届上海市青少年科技创新大赛一等奖、

第31届全国青少年科技创新大赛一等奖

刘卓成

指导作品

绿色、环保、安全的植物源杀虫剂

摘要

　　区别于一般的植物源杀虫剂，本人从桔皮、辣椒、大蒜等天然可食用植物中提取有效成分进行杀虫的可能性进行了探究，制备出了一种绿色、环保、安全的杀虫剂。验证了它对菜青虫、猿叶甲幼虫等常见害虫的灭杀有效性，同时通过对小仓鼠喂食和对植物的喷洒，检验了该杀虫剂对动、植物的安全性。并且，通过查询文献对该杀虫剂的经济效益及杀虫机理作了初步探讨。

关键词　杀虫剂；可食用植物；安全

一、引言

　　中国是一个农业大国，杀虫剂的使用必不可少。它在有效保障粮食及经济作物产量的同时，也给我们的环境安全带来了巨大威胁。比如频繁的老人、小孩误食农药导致的恶性中毒事件；农药中有毒有害成分在食物链中的残留也给我们人类带来了致癌等慢性危害。我在家里吃水果的时候，奶奶也总是告诫我水果要清洗干净，防止农药残留。

　　因此，我经常问自己一个问题，我能不能发明一种绿色的安全的杀虫剂，既能杀灭害虫，又不会对人体造成伤害。

　　正巧，我养的盆栽植物长了红蜘蛛，我用小区的酸桔子榨汁，有效地杀死了它们，这就更鼓舞了我的信心。我要从日常可食用的植物中着手，研制出一种绿色、环保、对人体安全的杀虫剂，在确保对常见植物害虫有效灭杀的同时，不会对人体造成毒害。

二、材料及方法

1. 研制材料:

（1）市场上购买的桔子、蒜头、小尖椒；

（2）农村菜地收集的常见害虫（菜青虫、猿叶甲幼虫、豆天蛾幼虫）；

（3）常见蔬菜（小青菜、萝卜苗）；

（4）花鸟市场购买的小仓鼠。

2. 实验器材:

（1）普通蒸馏、分液设备；

（2）烧杯、量筒、玻璃滴管等；

（3）普通家用粉碎机；

（4）注射器、化妆水喷雾瓶。

3. 研制方法:

（1）原料筛选：选取可食用的、有刺激性的植物（桔皮、蒜头、小尖椒等）作为原料。

（2）有效成分提取：用粉碎、加热、蒸馏等方法分别提取其中的刺激性成分，制备出多种试剂。

（3）样本测试：对样本害虫进行测试，筛选出最为有效的试剂。

（4）有效性验证：对收集的多组菜青虫、猿叶甲幼虫、豆天蛾幼虫进行喷洒，测试杀虫剂的有效性（记录适用害虫种类，灭杀时间）。

（5）动物安全性实验：用注射器把配制的0.5 mL杀虫剂对小仓鼠（体重20 g）进行喂食，该剂量相当于60 kg的成人一次喝入300 mL杀虫剂。

不同实验动物与人的等效剂量比值表（注：剂量按mg/kg算）

动 物	小鼠	大鼠	豚鼠	兔	猫	猴	狗
剂量比值	9.1	6.3	5.42	3.27	2.73	1.05	1.87

（6）植物安全性实验：用配制的杀虫剂在对幼小蔬菜（盆栽小青菜、萝卜苗）进行喷洒，测试杀虫剂对植物生长发育的安全性。

三、制备过程

1. 桔皮精油

剥取多只桔皮，剪碎，放入粉碎机中，加水 200 mL，搅拌粉碎，把粉碎后的混合物放入蒸馏中进行蒸馏、分液，获得桔皮精油。

 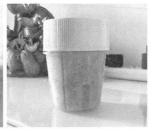 

取皮　　　　　　　　　粉碎　　　　　　　　蒸馏、分液

桔皮精油的制备过程

2. 辣椒水

取六只小尖椒，切碎，放入铁锅中，加入 40 mL 水，煮沸，过滤，装入小喷雾瓶中。

粉碎、加水　　　　　　　　　煮沸　　　　　　　　过滤、装瓶

辣椒水的制备过程

3. 大蒜汁

取三瓣大蒜，放入粉碎机中，加水 40 mL，粉碎，取得大蒜汁。

4. 桔皮精油和辣椒水(1∶1)混合剂

用滴管和量筒配制(1∶1)桔皮精油和辣椒水混合剂。

从样本测试表一可看出,三种植物提取液对害虫的灭杀效果都不显著,研究陷入了困境。这时新闻中报道的获得诺贝尔奖屠呦呦提取青蒿素的经历启发了我,青蒿素的发现是由于屠呦呦找到了一种更有效的方式来提取青蒿中的青蒿素,避免了提炼过程中有效成分的破坏。如果我能到植物中的杀虫成分更加有效地作用于害虫,也许我就成功了。经过几天的思考,我想到了"伤口上撒盐",1∶1(4 mL∶4 mL)混合桔皮精油及辣椒水制成混合剂,喷洒时机械摇匀,桔皮精油破坏害虫皮肤保护层,导致害虫伤口,辣椒水进一步攻击,灭杀害虫。

四、实验结果

1. 样本测试

(1) 样本测试(一)

不同植物提取液的对样本害虫的灭杀效果记录表

植物汁液	样本害虫	有效性
桔皮精油	菜青虫	大量喷射后,12小时死亡
辣椒水	菜青虫	害虫逃逸
大蒜汁	菜青虫	无效

(2) 样本测试(二)

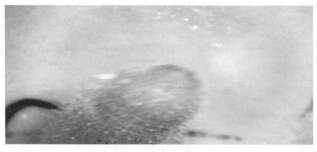

1∶1桔皮精油和辣椒水混合剂灭杀样本害虫

2.有效性测试

（1）有效性测试（一）

1∶1桔皮精油和辣椒水混合剂对害虫的灭杀效果记录表

灭杀时间记录						
害虫种类	样本1	样本2	样本3	样本4	样本5	样本6
菜青虫	9分钟	2分钟	1分钟	1分钟	3分钟	2分钟
猿叶甲幼虫	1分40秒	1分10秒	1分50秒	1分10秒	1分30秒	1分30秒

喷洒前　　　　　　　　　　　　　　喷洒后

1∶1桔皮精油和辣椒水混合剂对菜青虫的灭杀

 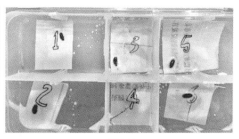

喷洒前　　　　　　　　　　　　　　喷洒后

1∶1桔皮精油和辣椒水混合剂对猿叶甲幼虫的灭杀

（2）有效性测试（二）

1∶1桔皮精油和辣椒水混合剂对长、大害虫的灭杀效果记录表

害虫种类	样本1
豆天蛾幼虫（长5 cm，直径1 cm）	3分钟
不知名毛虫（长3 cm，直径6 mm）	2分钟

喷洒前   喷洒后

1：1桔皮精油和辣椒水混合剂对豆天蛾幼虫的灭杀

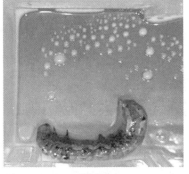

喷洒前   喷洒后

1：1桔皮精油和辣椒水混合剂对不知名毛虫的灭杀

3. 动物安全性测试

给小仓鼠喂食0.5 mL 1：1桔皮精油和辣椒水混合剂

　　由于是通过口腔强制喂食，喂食后，两只仓鼠都在辣椒刺激下出现了不适感，不停地挠嘴巴。一个小时后就恢复了正常进食，第二天也神态正常，没有出现异样。

4. 植物安全性测试

2016/1/16每盆植物两揿　　　　　　　　　　2016/1/23植物正常生长

植物喷洒前后对照

五、分析与结论

　　本课题的研究目标是绿色、环保、安全的杀虫剂。首先,该杀虫剂由桔皮精油和辣椒水1∶1配制而成,所有原料都来自于天然可食用植物,有充分的环保性;其次,从有效性测试可看出,该杀虫剂对常见害虫(菜青虫、猿叶甲幼虫等)能够快速有效灭杀,有效率高达100%。同时,小鼠喂食实验以及植物喷洒实验都能充分证明该杀虫剂对人、畜以及植物的安全性,其中的辣椒水还能对人、畜起到警示作用。综上所述,本次课题达到了预期目标,研制出了一种绿色、环保、安全的杀虫剂。

六、进一步思考

1. 杀虫机理初探

　　成功验证桔皮精油和辣椒碱的有效性和安全性后,我又对它的杀虫机理做了进一步了解和思考。通过查阅文献得知:桔皮精油的主要成分是柠檬烯,柠檬烯具有快速挥发和渗透性能,能破坏害虫体表蜡质防水层和真皮细胞层,导致害虫严重脱水,体液外流阻塞外气孔,使害虫窒息、失水死亡;辣椒水中的有效成分是辣椒碱,具有强烈的刺激作用,通常可以对人体可口腔和皮肤产生灼烧,在柠檬烯已经破坏害虫皮肤保护层的情况下,辣椒碱可以更直接的作用于害虫的神经和身体，杀死害虫。更深的杀虫机理有待进一步的研究。

2. 经济效益

随着人们对环境及食品安全的关切程度的不断提高，人们越来越愿意花费更多的金钱来购买及食用有机蔬菜。根据统计，中国有机农产品的种植面积达30.1万公顷，相当于450万亩。假如每亩每年花费100元来购买安全杀虫剂来减轻病虫害，提高产量，整个市场潜力可以达4.5亿元。除此之外，都市里的人们也非常喜欢在阳台上种植蔬菜、花卉。5—10元的家用杀虫剂在淘宝上每月都有很高的销量。本文研究的这款杀虫剂采用桔皮和辣椒做原料，桔皮可以从果汁加工厂回收，辣椒可以用农民种植多余的辣椒或从食品残渣中（川菜馆中废弃的辣椒）回收。这样可以很好地提高农民的经济收益，促进循环经济。

3. 不足及下一步设想

由于条件所限，从有效性上看，只在实验室条件下测试了杀虫剂对菜青虫、猿叶甲幼虫、豆天蛾幼虫等几种常见害虫的有效性。下一步可以在野外条件下，对植物进行喷洒，进一步测试功效。从使用的角度，我们还可以进一步研究该杀虫剂的适用害虫种类、有效浓度。从安全角度，我们只测试了它对哺乳动物的急性毒害的安全性，我们还可以进一步研究该杀虫剂对土壤微生物的影响，以及对动物繁殖遗传的影响，充分认证它的安全性。

七、心得与体会

我这次的课题能入选科技创新大赛，使我体会到了科技的创新来自于瞄准人们的需求进行大胆的设想；杀虫剂研制过程中的多次实验与野外采集害虫的经历也磨炼了我的耐心；初期实验的困难和后面的突破更是鼓励了我克服挫折的意志。另外专家悉心指导我科学地设计实验，详细记录和整理实验数据也让我感受到了科学的严谨。科学研究是一个马拉松，我要继续培养我的科学技能，大胆设想，小心求证，争取早日为社会做贡献。

参考文献

［1］徐叔云.药理实验方法［M］.北京：人民卫生出版社,2002.

［2］瞿新华.植物精油的提取与分离技术［J］.安徽农业科学,2007,35(32)：10194-10195,10198.

［3］高占先.有机化学实验(第四版)［M］.北京：高等教育出版社.

［4］何翠娟、张颂函.d-柠檬烯生物增效杀虫剂在农业生产上的应用和开发前景［J］.世界农药,2008(08).

［5］陈永福,赵宇虹,苏群.中国有机蔬菜的生产现状和市场分析［J］.蔬菜,2006(01).

第31届上海市青少年科技创新大赛一等奖

李旻恒

利用化学学科优势指导学生
创新型课题探究

王　海

摘要

　　本文就指导学生进行创新型课题探究的选题入手，结合笔者工作实际和化学学科优势，总结了三种常见的选题切入点，并结合大量实际案例，拟提供一些指导学生进行创新探索的新思路。

关键词　指导；学科优势；创新型课题

前　言

　　青少年科技创新大赛、明日科技之星评选活动、科技启明星等评价学生创新型探究类课题的活动正越来越受到学校师生们的关注。学生探究类课题对学校指导教师来说，最重要的一步是课题的选题。课题选题难度过高，超出了学校教师的指导能力；选题难度过低，往往很难达到培养学生能力的目的。作为应用化学学科来说，可选择的范围就更小了，作为历届创新大赛13个参赛学科之一，化学一直是小学科，且参赛学生集中在高中阶段。笔者十余年来，一直作为学生课题的指导教师，参与各届学生课题的组织和指导工作，现将历年指导学生的经验总结如下，与各位同仁探讨交流。

　　长宁区在校外科技教育指导成果上，一直处于上海市的领先地位，其得益于区域内有一批专注于科技教育工作的优秀教师团队。长宁区的科技教育工作注重从小抓起，从小学、初中阶段广泛普及科技教育工作，引导学生进行科学探究，以参与学校范围广，学生数量多，课题选题新颖，难度适中等特点在全市享有盛名。在历年的青少年科技创新大赛上，化学项目的课题一直是各区高中学生角逐的战场,但长宁区却屡屡有初中甚至小学项目引人眼球,且屡创佳绩。作为校外应用化学项目,在选题方面,结合学科优势,主要有以下几个特点:

一、求"实"——从增加学生知识与实践能力入手

在探究性课题选题的过程中,注重结合校外科技教学实际,针对初中、小学的兴趣课学生,主要选择重复性的实验成果、普及性的化学知识或可基本预知的实验结果,辅以科学的探究方法和繁重的实验过程,以求达到培养学生正确的科学探究方法、探究思路的目的。

案例1

《白砂糖结块问题的原因及处理方法探索》 摘要如下:白砂糖在贮存过程中容易发生结块现象,严重影响了我们在实际生活中的使用。本文展现了我在以家庭正常使用为基本出发点,解决这一问题所做的工作。在大量查阅数据的基础上,我先学习了白砂糖生产、加工、性能方面的知识,并研究了在工业生产中专家们对白砂糖结块问题的看法和解决方法,通过自己的探索,研究在家庭中解决这一问题的途径。我先简单探索了在家庭环境中白砂糖结块的条件,发现在温度和湿度较高的情况下白砂糖变潮湿,温度和湿度降低后白砂糖就会结块。在老师的指点下,从白砂糖结块的原理出发,我确定以家用微波炉加热的方式解决白砂糖结块的问题,同时也从微波加热时间、加热挡位、白砂糖块大小等方面对加热条件做了探索,研究出了比较好的解决白砂糖结块问题的方案。

分析:研究者对象为小学生,课题来源为生活中常见的白砂糖结块现象,学生从一个生活小窍门出发,结合科学的探究过程,完成了一篇不错的探究成果。选题难度较低,但操作方式(微波加热)与众不同,最终实践效果较好。

案例2

《醋在生活中的应用与探究》 摘要如下:醋不仅能够调味,还能开胃。平时吃鱼时,如果有人被鱼刺卡到,边上的人总会让他赶紧喝醋,醋真的能立刻把鱼刺软化吗? 于是我对醋产生了很大的兴趣,它究竟有多少作用呢? 通过实验证明醋的软化作用并不明显,但醋腐蚀铜制品的效果比较明显;它可以改变物

体的性质；在日常生活中，利用醋和小苏打交互作用产生二氧化碳的原理，可以制作简易灭火器。

分析：研究者对象为小学生，课题来源为生活中的醋的妙用，同样来自生活中的化学常识，学生通过大量的探究实验，综合分析了醋在生活中可能产生的各种用途，得到了评审专家的肯定。

案例3

《电脑键盘的细菌调查及其研究》 摘要如下：本课题主要研究了电脑键盘上的常见细菌计数与其日常的清洁方法。在实验准备阶段，查阅相关实验资料并对校内老师、同学的电脑使用情况进行调查，得出目前电脑使用的普遍性和电脑对人体健康的关键性。在老师的协助下，在不同场所的电脑键盘常用键上进行细菌采样，并涂抹在培养皿表面，培养后，在显微镜下观察并进行菌落计数。对具有保护膜等不同防菌功能的电脑键盘，用不同消毒试剂消毒后，在不同时间后的菌落计数进行采样及培养并比较，得出了常用电脑键盘的清洁方法与人们应该使用电脑的习惯。

案例4

《空调系统对室内环境的污染调查》 摘要如下：空调是一种特殊装置，主要用来对空气的温度湿度进行调整。在空调广泛普及的今天，空调使用过程中所引起的居室环境污染问题日益引起人们的关注。本项目从简单的实验出发，细致地研究空调系统和室内环境污染之间的关系，用有力的数据验证了空调系统对室内环境的污染程度，并通过实验验证，寻找家庭中快速、有效减少空调污染的举措并加以推广。本项目模拟网络视频上的实验手段，通过多台不同型号、规格的空调在不同环境下进行检测，将取样纸置于出风口，监测不同时间后取样纸上的污染情况，并得出结论。在实验的后期，我们采用专家建议的手段，测试定时通风、出风口清洁、空调定时清洗等方式对空调出风口污染情况的改善效果，在得到较好的测试效果后将结果加以推广。

案例5

《消除你随身携带的"细菌弹"——关于学生手机细菌污染的调查及实验研究》 本课题针对学生手机细菌污染状况与学生对手机污染问题了解状况，运用问卷调查分析与实验调查分析的方法，针对初高中学生对手机细菌的认知程度进行了问卷调查与分析,并分别设计了十个实验,先后针对不同类型的手机所滋生的细菌数量、同一手机不同部位的细菌分布状况、同一手机使用了消毒器杀菌前后的手机细菌数量、触屏手机贴上"抗菌膜"前后的细菌数量等进行比较。实验与调查显示:手机的品牌、类型、使用时间长短、通话频率与通话时间长短等对手机污染情况的影响与改变并不明显。同一手机不同部位的污染情况相差很大,手机的污染尤其以屏幕、键盘、外壳、电池板部位为高,而我们通常认为容易积聚灰尘的手机凹槽、USB接口、耳机口等部位反而污染程度较低。而定期的清洁外部或增加完善的保护套可以有效降低手机受污染的程度。可见手机污染主要源于与环境的接触污染。学生们对手机细菌污染相关状况的有所了解,并不完全正确,且不够深入。所以本课题对于青少年正确使用手机、保护身体健康提供了重要参考。

分析:上述三篇课题取材类似,都是兴趣实验中关系细菌调查的操作,只是针对不同的对象,辅以大量的前期调查工作,这类题材对学生的实际操作能力培养很有好处。

案例6

《不同饮料对铝制易拉罐的腐蚀情况调查》 摘要如下:传统的易拉罐大多使用铝制材质。但铝制材质有可能通过液体溶解等方式进入人体从而造成危害。本研究针对饮料中所含之铝离子及饮料对铝罐的侵蚀程度做了探讨。为了验证铝罐中有铝离子进入饮料中,实验中使用丁烯二酸钠来沉淀铝离子,经过对照实验证实,不同饮料对铝罐都会有明显的腐蚀现象,在测试前后铝罐的重量方面除了啤酒与运动饮料外,其余铝罐明显普遍减轻;而饮料中铝离子略有增加,连蒸馏水都会溶解小部分的铝。在影响溶解的因素方面,温度高、时间长、强酸强碱都将增加溶解的程度,但接触空气与否则对溶解程度影响不大。

分析:上述课题选题较简单,但实验工作量大,操作要求高,对学生实验的细致程度和数据处理能力均有一定的培养。

综上所述,从增加学生知识与实践能力入手,可以选出一些不错的题材对学生进行科学能力的培养。此类课题来源广泛,只需要学生对生活中的常见现象加以关注,实验操作难度也先对较低。但受到内容的限制,一般只能取得中等的成绩。

二、求"新"——从拓宽学生化学领域的视野出发

在探究性课题选题的过程总,新奇的题目永远是最受人欢迎的。最新的科技前沿、最热的社会焦点、最奇的言论看法都可以作为探究的课题,让学生进行这方面的探索。

案例7

《用鸡蛋合成仿象牙材料》 摘要如下:本实验的研究目的是制作一种与象牙有相似硬度和光泽的仿象牙材料。通过这一途径从根本上解决对野生象的大量捕杀的问题。本实验初步探索出用日常生活中最普遍的材料——鸡蛋与钙盐合成仿象牙材料。实验对磷酸钙的形态进行了实验对比,实验结果发现,直接使用市售的磷酸钙成品,由于固体颗粒大小有区别,不利于磷酸盐分子与蛋清的相互融合,实验最后采用经过80目筛选的磷酸钙作为反应基料。鸡蛋中的大量蛋黄中富含各类物质,加入会使产品不均匀,呈灰色,而蛋清经过磁力搅拌器搅拌的下层清液均匀,粘接能力强。在其他辅助的基料中,选用聚醚,既可以起到消泡的作用,又可以增强成品的光泽度,使其在手感上与象牙接近。

分析:该课题来源于日本最新的科技前沿介绍,用天然鸡蛋参与高分子物质合成,学生利用夸张的选题和大量完善的实验数据、结论征服了评委。

案例8

《废旧光盘廉价回收的可行性方案初步探索》 摘要如下:废旧光盘是近年来随着电脑普及产生的一种新型垃圾,数量正逐年增加。生产光盘使用的聚碳酸酯作为一种紧缺型的材料,价格昂贵且进口量巨大。而目前在国内尚没有完善的、合理的、大规模的回收和再利用的方案和实际行动。本文针对这种不合理的现象,通过自己实验考证,验证了废旧光盘廉价回收的可行性,有针对性地提出了自己的初步可行性方案,并发出倡议,希望社会能够重视这个问题并加以实施,达到资源合理利用、节约利用的目的。

分析:该课题是得益于当年关于废旧材料回收的热门讨论话题,学生用一种精简的方式完成了实验要求,取得了很好的成绩。

案例9

《维生素C与亚铁离子自组织现象的探讨》 摘要如下：在自己操作的兴趣实验中发现了维生素C和亚铁离子之间存在着特殊的自组织现象，经过反复实验，摸索出了出现自组织现象的基本条件。并通过对比亚铁离子与维生素C之间络合关系，发现自组织现象的出现与络合现象存在对应关系，就此本文大胆提出一个假设，自组织现象作为自然界合成中的一种常见现象，可以解释维生素C对缺铁性贫血的治疗作用。

分析：该课题来自于学生的自己实验观察，其内容涉及化学前沿—混沌化学的内容，受到了专家的关注。

案例10

《隐形杀手——三手烟的存在与危害初探》 摘要如下：人们在密闭室内吸烟后，即便二手烟的烟雾已经散去，仍有相当一部分可吸入细微颗粒沾染在吸烟者的衣服、头发和室内的家具、沙发上等，这些包括重金属、致癌物等有害物质在内的烟草残留物便是三手烟。本课题用简单的方法设计了部分实验，模拟密闭的吸烟环境，通过自来水溶解了各类吸附了三手烟的材料上的有害物质，通过浑浊度直观地反映了身边三手烟的存在，并测定了其浑浊度与其中部分有害物质的对应关系，还通过初步实验证明了三手烟具有非常强的危害性。在上海无烟世博来临之际，本课题研究的成果能直观地对广大市民宣传吸烟的危害性并提醒人们提高对三手烟的重视。

分析：该课题成功取决于三手烟这个对国内非常陌生的课题选题，学生在报纸上偶然发现了这个名词，经过自己的简单探究完成了这篇课题。

案例11

《食品"美容师"——发色剂和发色助剂对肉类制品发色效果的影响》 摘要如下：发色剂和发色助剂在现代食品工业，尤其是肉制品的生产、运输和储藏中具有不可或缺的地位。本文在调研了肉制品发色剂和发色助剂的概念、分类、发色机理、研究现状的基础上，尝试研究了发色剂（亚硝酸钠）和发色助剂（维生素C、柠檬酸、烟酰胺）对肉类制品发色效果及亚硝酸钠残留量的影响。所选发色助剂对制品色泽影响的显著性研究的结果表明，维生素C的助色作用最为显著，相对的柠檬酸显著性次之，烟酰胺的显著性最低；而对制品中亚硝酸钠残留量影响的显著性研究的结果则表明,维生素C的作用是最为显著的,柠檬酸的作用效果次之,烟酰胺的作用效果最小。依据此结果得到较优的发色剂及发色助剂配比,使用的效果显示使用该配方的肉制品比市售午餐肉具有更好的色泽,且其亚硝酸钠残留量也远低于国家标准。

案例12

《试纸法快速检测食品中残留焦亚硫酸钠》 摘要如下:目前,在中国食品工业中,焦亚硫酸钠是一种广泛使用的食品添加剂。焦亚硫酸钠又称虾粉,其能有效地防止海产品发黑变质。渔民捕捞后,常在渔船上对海捕虾直接洒虾粉。其漂白原理是焦亚硫酸钠被解离成二氧化硫,二氧化硫遇水生成亚硫酸,亚硫酸具有还原性,能有效地控制水产褐变,因而具有漂白、脱色、防腐和抗氧化作用。世界卫生组织规定每人每日允许摄入量为0.7 mg/kg(以二氧化硫计),过量摄入则会引起剧烈的胃肠障碍,造成严重腹泻、头痛,产生的二氧化硫可与血中硫胺素结合导致肝、脑、脾等脏器病变,此外二氧化硫对呼吸道有刺激作用,引发黏膜炎症、水肿、破坏红细胞。因此,我们生活中非常需要一种能方便地检测日常所购买的食品中是否含有二氧化硫的方法。我们在实验中采用淀粉碘酸钾试纸,通过颜色变化设计了一种可快速检测食品中焦亚硫酸钠残留量的方法,相比于溶液检测方法,试纸法具有更高的灵敏度,同时速度快、简单方便、容易操作,可以为生活中绝大多数普通市民所掌握。我们还对市场上出售的豆芽、牛百叶、虾仁、银耳、海蜇头等进行了测定,证明了我们所用的试纸是可行的。

分析:上诉两个课题均来自近年对食品添加剂的广泛关注,学生从社会热点问题出发,实验过程翔实细致,容易得到专家的认可。

综上所述,大多数指导教师都认可新颖的课题选题是成功的捷径,但往往很难找到很好的课题,从长宁区多年的经验来说,结合校外科技教育灵活性和前瞻性的特点来说,引导学生自发关注身边的新奇事物,可以收到事半功倍的效果。

三、求"变"——从培养学生科学的思维变化开始

在没有大量新颖课题的时候,我们还可以尝试通过实验手段的迁移、应对

对象的迁移、应用功能的迁移等手段,通过改变一些现有成果的某些条件,让学生尝试进行课题探索,往往也能收到不错的效果。

案例 13

《微波加热淀粉接枝丙烯腈共聚反应制备吸水性树脂的研究》 摘要如下:本实验从微波化学和微量实验的角度出发,对原先的大学高分子化学实验课中的"淀粉接枝丙烯腈的方法制备高吸水性树脂"实验进行微波合成的改进研究。本实验旨在探索淀粉接枝丙烯腈制备高吸水性树脂的最简易且有效的方法,以便在实验课中加以应用。在前人所做的基础上,将淀粉投料缩减为 1 g,从淀粉糊化、淀粉接枝和皂化等诸多步骤中,就反应物浓度、引发剂浓度、反应时间和微波炉加热控温档选择等方面进行了探索。

分析:本实验通过利用微波加热的方法,替代了传统的加热方式,在节能和高效方面取得了很好的效果。

案例 14

《聚乙烯醇碘盐试纸的制作与结果分析研究》 摘要如下:本文以聚乙烯醇为主要原料,碘化钾和磷酸为辅料,尝试制作了测试碘盐含碘量的试纸。在大量文献汇总的基础上,参考前人的经验,从聚乙烯醇、碘化钾、磷酸的配比,试剂准确度和试纸准确度等方面对本产品进行了探索研究,并和其他相关试剂做了对比。结果表明,用聚乙烯醇试纸能定性和半定量地测定食盐中的碘酸钾含量,本方法快速,操作简单,试纸携带安全,无毒,具有一定的推广价值。

分析:该课题是一个迁移,试剂法的丁碘盐的成果已经有了,但在试纸上效果不佳,学生利用已有的成果,进一步研究在试纸上的显色效果并取得了成功。

案例 15

《我的天然暖宝宝》 摘要如下:通过网络查询了解到市面上的取暖设备现状:相关产品五花八门,无论是传统型取暖器、电热毯、热水袋,还是新型暖宝宝、USB 手套、USB 拖鞋、USB 靠垫等,分别在用电安全性方面、产品质量、产品标识、售后服务等方面都存在不少问题和隐患,我又从网上查到国外已经开始尝试用食物作为制造暖宝宝的材料,所以我通过自己的实验设计制作了以黄豆为材料的天然环保的暖宝宝。

分析：该课题是一个非常有意思的迁移，学生从炒黄豆烫嘴想到了保暖，从而制作了一个天然暖宝宝，让各位评委大感有趣。

案例16

《用小麦麸皮制备木糖醇的研究》摘要如下：小麦麸皮是农业生产的废料之一，主要用作饲料使用。但其成分中含有大量的可用物质。目前市场上用麦秆等原料制备木糖醇已经有了比较成熟的技术，但还没有见到小麦麸皮的相关报道。本文尝试了以小麦麸皮为原料提取木糖醇的实验流程并对其主要的实验条件进行了探索。小麦麸皮处理的方法有酸法、碱法等，本文主要尝试了目前较先进的碱法并对不同碱性提取液对提取得率的影响做了研究，探索了液料比、碱浓度、提取温度、提取时间对提取效果的影响，得出了适宜的木糖醇提取条件。本文探索发现，使用碳酸钠比使用氢氧化钠具有更高的提取率（30%左右），也更符合食品添加剂的安全要求。

分析：本篇课题来自于用麦秆等原料制备木糖醇的成果的进一步探索，在实验课上利用小麦麸皮提取纤维素的实验的基础上，学生进一步提出了改进建议，取得了不错的效果。

案例17

《脱排油烟机中的宝贝——废弃油脂制备聚酯水泥黏结剂的研究》 摘要如下：家庭烹调时会使用大量的食用油，每天在脱排油烟机中都收集到少量的废弃油脂，这些油脂回收利用，成本很高。在某次家庭装修时，无意中发现这些废弃的油脂倒在剩余的水泥粉中，生成了非常坚硬的固体，因此产生了用这种废弃的油脂来掺入到普通水泥中，制备新型水泥的想法。在父母和老师的帮助下，我用废油脂和普通水泥尝试混合，发现得到的新水泥应用于家庭装修等方面，具有黏结性更好，更坚硬，耐酸性更好等特点。本文通过实验的真实记录，探讨了这一现象出现的可能原因并希望能通过这一实验使废弃的油脂能够得到最大限度的利用。

分析：本课题原本的设计是关于地沟油和油脂回收的问题，后来结合另一个课题水泥的黏结剂问题变成了现在这样，迁移后效果让人惊喜。

综上所述，求"变"的要求远远低于求"新"，但也需要教师对学生进行正确的引导，让学生能有求"变"的意识，敢想，能想，会想，才能取得良好的效果。

结束语

指导学生进行探究性小课题是一项非常有意思的工作,开拓学生的思维,引导学生从不同的角度看待问题,挑选符合学生学识水平、动手能力的选题,让学生在其过程中真正做到"想玩""能玩""坚持玩"这三个要素,是非常具有挑战性的,同时,对教师自身的发展也具有较强的反哺作用。希望能有更多的同仁能加入到这个行列中来,本文介绍了部分个人在指导学生方面的做法与心得,希望能给各位同仁带来启示。

指导作品 **1**

厨师必备技能——勾芡液的黏度控制探索

摘要

使用水淀粉勾芡是中国菜系中的特色技法之一。但很多妈妈对于勾芡的比例总是调整不好，为了不再做妈妈烧菜失败的小白鼠，我们决定自己探究一下勾芡液的黏度如何控制。通过问卷和前期资料检索，我们发现针对勾芡的说明都没有具体的操作配方，一般都是"少许""少量"等词汇，不同水淀粉的成分也没有区分。因此，我们针对勾芡液的浓度问题进行了自己的实验，通过测量不同水淀粉的颗粒大小、直链淀粉的含量、糊化程度、不同温度和加水量下黏度的变化等，我得出了以下结论：在同等条件下，黏度由高向低排列依次是：木薯淀粉、马铃薯淀粉、玉米淀粉、小麦淀粉。制作烂糊肉丝建议使用玉米淀粉或马铃薯淀粉勾芡，玉米勾芡液冷却后不易有变化，由于烂糊肉丝的原材料大白菜含有大量水分，所以实际烹调时建议勾芡液的粉、水配比为 $1:10$。鱼香肉丝之类的炒菜建议可以使用小麦淀粉勾芡或玉米淀粉勾芡，相对口感比较滑。如配菜为水分较多的蔬菜（如：莴笋），建议勾芡液的粉、水配比为 $1:10$，如配菜为水分较少的蔬菜（如：茭白），建议勾芡液的粉、水配比为 $1:15$。希望我们的这次研究能帮助更多的妈妈能做出更美味的菜肴

关键词 勾芡；糊化程度；黏度变化

一、课题来源

这个项目来自于生活，自从妈妈接过奶奶的锅铲，正式接掌厨房大权以来，做出的菜色问题不断。比如我最喜欢的烂糊肉丝和酸辣汤，做的时候一般要在里面加一点薄薄的勾芡，做出的菜和汤略微有些黏黏的，吃起来味道好极了。但是妈妈每次勾芡总是掌握不好配比，要不加入水淀粉量太多，做好的菜黏成一大团，像

果冻一样,要不加入得太少,根本看不出有勾芡。为了不再做妈妈烧菜失败的小白鼠,我决定自己探究一下勾芡液的黏度如何控制,希望通过我的实验能得到相对比较容易操作的实验结果,给类似我妈妈这样的人群一种简单的烹饪技巧。

二、研究背景及方法

1. 网络检索资料

在网络上,通过百度等搜索引擎,我以勾芡+浓度、勾芡+配比等关键词进行了相关检索,得到了大量关于勾芡方面的知识介绍和教学视频。

结论:通过网上各种的说法,相信大家都知道勾芡是烹饪的基础技术之一,运用在日常烹调中也是很广泛的。但是,通过网络资料搜索,我仅仅能看到在描述中使用"少量""少许""一勺""半碗水"之类的描述,于不同品种的淀粉和水配比并正确使用在相关菜品的介绍并没有一个清楚明确的说法。具体到哪种成分的淀粉,分别加水量,不同菜品使用哪种水淀粉,这些都是一团模糊。因此,这个疑问激发了我进一步的探究兴趣,我准备通过实验来自己验证。

网络搜索页面

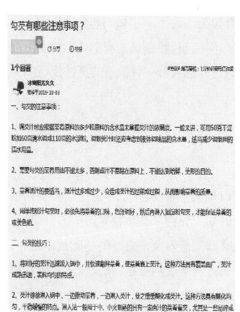

网络搜索结果

2. 调查问卷

在开始实验前,我先在网上进行了问卷统计,以家庭为单位,每个家庭选一位对这方面内容有了解的人进行调查,想了解大部分老百姓对调制淀粉勾芡液和烹饪菜肴时使用淀粉勾芡液的情况。

调查问卷1

结论1：从上述问题可以看出，我调查的对象年龄层次集中在31—50岁之间，女性居多。可以看出，在我身边人群中，家庭中掌勺的还是中年女性为主。

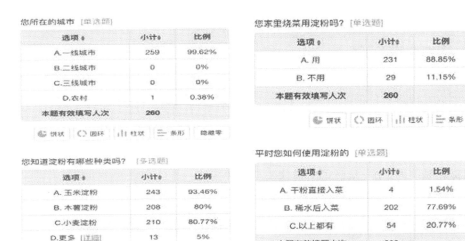

您所在的城市 [单选题]

选项 ≑	小计 ≑	比例
A.一线城市	259	99.62%
B.二线城市	0	0%
C.三线城市	0	0%
D.农村	1	0.38%
本题有效填写人次	260	

🥧 饼状 ⭕ 圆环 📊 柱状 ☰ 条形 隐藏零

您家里烧菜用淀粉吗？ [单选题]

选项 ≑	小计 ≑	比例
A. 用	231	88.85%
B. 不用	29	11.15%
本题有效填写人次	260	

🥧 饼状 ⭕ 圆环 📊 柱状 ☰ 条形

您知道淀粉有哪些种类吗？ [多选题]

选项 ≑	小计 ≑	比例
A. 玉米淀粉	243	93.46%
B. 木薯淀粉	208	80%
C.小麦淀粉	210	80.77%
D.更多 [详细]	13	5%
本题有效填写人次	260	

🥧 饼状 ⭕ 圆环 📊 柱状 ☰ 条形

平时您如何使用淀粉的 [单选题]

选项 ≑	小计 ≑	比例
A. 干粉直接入菜	4	1.54%
B. 稀水后入菜	202	77.69%
C.以上都有	54	20.77%
本题有效填写人次	260	

🥧 饼状 ⭕ 圆环 📊 柱状 ☰ 条形

调查问卷2

您知道淀粉的标准科学调配比例吗？ [单选题]

选项 ≑	小计 ≑	比例
A.知道 [详细]	3	1.15%
B.不知道	68	26.15%
C.凭经验，凭感觉	188	72.31%
D.以上都不是 [详细]	1	0.38%
本题有效填写人次	260	

🥧 饼状 ⭕ 圆环 📊 柱状 ☰ 条形

结论2：本次实验结果与我们的生活习惯密切相关，一线城市的普通人烧菜基本还是使用淀粉勾芡的，对于淀粉品种的选择也比较广泛。

淀粉稀薄度您是怎么控制的？ [单选题]

选项 ≑	小计 ≑	比例
A.用量勺或称按比例调配	29	11.15%
B.凭经验，凭感觉	230	88.46%
C.其他 [详细]	1	0.38%
本题有效填写人次	260	

怎样的稀薄度是您喜欢的？ [单选题]

选项 ≑	小计 ≑	比例
A. 稠	45	17.31%
B. 稀	204	78.46%
C. 其他 [详细]	11	4.23%
本题有效填写人次	260	

🥧 饼状 ⭕ 圆环 📊 柱状 ☰ 条形

调查问卷3

结论3：由以上数据可以发现，大多数的主妇烧菜时都和我们妈妈一样有使用淀粉勾芡的习惯，但对实际淀粉的科学调配比例和勾芡液稀薄度的控制情况都模棱两可，基本都是凭经验、凭感觉。所以后续我们更加有必要去实验了解，从而给类似我妈妈这样的人群一种简单的烹饪技巧。

3. 查阅参考文献

在老师和妈妈的指导下，我在中国知网上进行了检索，找到了一些相关文献，其中，比较有价值的包含以下几篇：

资料1：《烹调中勾芡用淀粉的物性及勾芡最佳工艺条件的研究》，这篇文章主要介绍了作者比较研究了几种淀粉糊化和老化性，以及各调味料分别及综合对淀粉糊度的影响，从而得出最佳勾芡工艺条件。

资料2：《三种淀粉的性能比较及应用》，这篇文章作者通过对小麦、玉米和马铃薯这三种淀粉原料的结构、组成成分和糊化性质做比较。他总结得出，马铃薯淀粉勾芡是烹饪的最佳选择。

结论：从文献在资料检索中可以看出，虽然有很多关于不同淀粉的比较和相关研究，但具体到哪种菜品，使用什么淀粉，淀粉配比量如何还是没有介绍，包括翻阅了很多美食指南类的书籍都没有具体的分类。为此，我决定通过实际操作来进行探究。

4. 确定研究思路

（1）确定研究目的

① 不同种类淀粉与不同水量配比的黏度测试。

② 不同种类淀粉加入到菜品1（烂糊肉丝）中的效果测试。

③ 不同种类淀粉加入到菜品2（鱼香肉丝）中的效果测试。

（2）确定研究对象

为了更全面的测定实验结果，弄清不同淀粉勾芡液黏度这一现象，我准备把4种常见淀粉作为本次实验的探究对象。

（3）研究方法

实验一：通过选取常用的4种不同品牌和类型的水淀粉，测量不同温度和加水量下各类勾芡液的变化情况、糊化程度以及通过黏度计对不同淀粉勾芡液进行测量。

不同种类的实验对象

木薯淀粉	玉米淀粉	马铃薯淀粉	小麦淀粉

实验二：根据实验一得出的数据和结论,将4种不同品牌和类型的水淀粉勾芡液应用到实际操作烹饪菜肴(汤羹类)进行对比实验。

实验三：根据实验一得出的数据和结论,将4种不同品牌和类型的水淀粉勾芡液应用到实际操作烹饪菜肴(炒菜类)进行对比实验。

三、实验材料与过程

1.实验材料与仪器

旋转黏度测试仪

电子天平秤

控温式封闭电炉

500 mL 烧杯

称量纸　　　　玻璃搅拌棒　　　　量勺　　　　100 mL 刻度量筒量杯

实验材料与仪器

2. 实验过程

实验一：在同等条件下，分别称取5 g淀粉，并分别配比100 mL、150 mL和200 mL水后进行中火加热，在液体凝结后进行黏度测量。

实验步骤：

① 在电子天平上垫上称量纸，分别称取5 g的木薯淀粉、玉米淀粉、马铃薯淀粉和小麦淀粉。

实验步骤①操作过程

② 将烧杯放在电子天平称上，分别称取100 mL、150 mL和200 mL水后加入之前称好的各类淀粉进行搅拌，变成淀粉勾芡液后待用。

实验步骤②操作过程

③ 在相同时间下，将盛有调匀后淀粉勾芡液的烧杯放到电炉上进行恒温加热，加热过程中持续搅拌直到勾芡液凝固。

④ 将凝固后的淀粉勾芡液倒入RheolabQC旋转黏度测试仪的测量罐中，随后插入搅拌器，保持恒温（25℃），在200到1 500的剪切速率下进行测定并记录相关数据。

木薯淀粉勾芡液

玉米淀粉勾芡液

马铃薯淀粉勾芡液

小麦淀粉勾芡液

实验步骤③操作过程

实验步骤④操作过程

实验二：在同等条件下，分别称取10 g淀粉并分别配比50 mL纯净水后调制成勾芡液，再导入到羹类菜肴（300 g左右的烂糊肉丝）中烹饪，对比加入4种不同淀粉勾芡液后烂糊肉丝的稀薄程度。

实验步骤：

① 在家用厨房电子秤上分别称取 10 g 的木薯淀粉、玉米淀粉、马铃薯淀粉和小麦淀粉。

② 将烧杯称取 50 mL 水后加入称好的各类淀粉进行搅拌，变成淀粉勾芡液后待用。

实验步骤①操作过程　　　　　　　　实验步骤②操作过程

实验步骤③操作过程

③ 在相同时间下，分别将碗里调匀后的淀粉勾芡液倒入即将起锅的烂糊肉丝菜肴中加热，加热过程中持续翻炒直到淀粉勾芡液凝固，菜肴成糊壮。

④ 分别将起锅后的烂糊肉丝装碗，并分别用肉眼对比和试吃口味进行比较哪种淀粉勾芡液比较适合该菜品。

使用不同勾芡液后菜肴(烂糊肉丝)黏稠度对比照片

实验三：在同等条件下，分别称取5 g淀粉并分别配比30 mL纯净水后调制成勾芡液，再导入到炒菜类菜肴(鱼香肉丝)中烹饪，对比加入4种不同淀粉勾芡液后鱼香肉丝的口感差别。

实验步骤：

① 在家用厨房电子秤上分别称取5 g的木薯淀粉、玉米淀粉、马铃薯淀粉和小麦淀粉。

② 将烧杯称取30 mL水后加入称好的各类淀粉进行搅拌，变成淀粉勾芡液后待用。

实验步骤①操作过程 　　　　　　　实验步骤②操作过程

③ 在相同时间下，分别将碗里调匀后的淀粉勾芡液倒入即将起锅的鱼香肉丝菜肴中加热，加热过程中持续翻炒直到淀粉勾芡液凝固。

④ 分别将起锅后的鱼香肉丝装盘，并分别用肉眼对比和试吃口味进行比较哪种淀粉勾芡液比较适合该菜品。

实验步骤③操作过程

使用不同勾芡液后菜肴(鱼香肉丝)黏稠度对比照片

四、分析与实验结果

通过对以上3个实验进行观察对比和记录发现,不同类型的淀粉调制出的勾芡液黏度是不同的,也适用于不同的菜肴,具体结果如下。

实验一:通过对以上实验进行观察对比和记录结果发现,同一品种的淀粉,

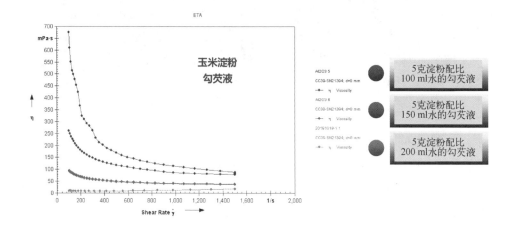

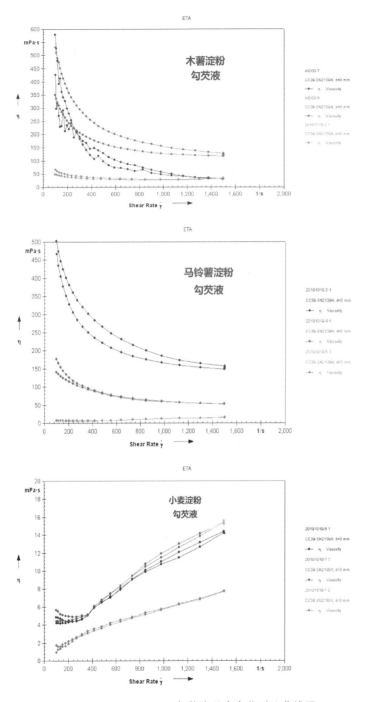

勾芡液黏度变化对比曲线图

配比不同量的水加热之后,淀粉勾芡液的黏度是不同的;而不同品种的淀粉配比相同量的水之后调成的勾芡液加热后的黏度也是不一样的。

由以上勾芡液黏度变化对比曲线图显示根据数据分析,我们以玉米淀粉勾芡液的三组实验结果为例,曲线图显示随着剪切速率(转速/横坐标)的增加,样品的黏度是逐渐降低的,这是典型的非牛顿流体,变现为典型的剪切变稀行为(牛顿流体:随着剪切速率的变化,黏度或者剪切应力是不变的,比如水)。其次,以某一固定的剪切速率比较,随着固含量(浓度)的提高,浆料的黏度逐渐增大(纵坐标),说明粉体含量的增加,会增加空位排斥力和空间位阻,造成黏度变大。

因此同样的道理,我们对比剪切速率(横坐标)400 下时,不同的相同浓度淀粉勾芡液的黏度大小,数据如下。

不同淀粉勾芡液的黏度变化表

淀粉品种: 玉米淀粉	5 g 份配比 100 mL 水	5 g 份配比 150 mL 水	5 g 份配比 200 mL 水
剪切速率为 400 下时	140	60	10

淀粉品种: 木薯淀粉	5 g 份配比 100 mL 水	5 g 份配比 150 mL 水	5 g 份配比 200 mL 水
剪切速率为 400 下时	120	240	30

淀粉品种: 马铃薯淀粉	5 g 份配比 100 mL 水	5 g 份配比 150 mL 水	5 g 份配比 200 mL 水
剪切速率为 400 下时	240	240	10

淀粉品种: 小麦淀粉	5 g 份配比 100 mL 水	5 g 份配比 150 mL 水	5 g 份配比 200 mL 水
剪切速率为 400 下时	5.5	5.5	3

综上所述,在进行下一步实验时,我们主要选择了常见菜肴"烂糊肉丝"和"鱼香肉丝"的实验配比进行进一步探究。

实验二:根据上述羹类菜肴(烂糊肉丝)分别加入 4 种不同淀粉勾芡液起锅后的对比图肉眼分析,加入小麦淀粉勾芡液的烂糊肉丝汤汁稀薄,几乎与没有加入勾芡液的时候差别不大,口感清爽。加入玉米淀粉勾芡液的烂糊肉丝汤汁比加入小麦淀粉勾芡的稠一点,热的时候口感不错。加入马铃薯淀粉勾芡液的烂糊肉丝汤汁厚稠,菜肴热的时候很好吃,但是冷却后汤汁会变稀,表面有一层水。加入木薯淀粉勾芡液的烂糊肉丝汤汁与加入马铃薯勾芡液的差不多稠,但汤汁里略有白色晶体状,可能是下锅加热时没有迅速调匀造成,菜肴冷却后汤汁更加厚稠。

综上所述,在烧制烂糊肉丝时,我们建议可以根据自己的口味选择玉米淀粉勾芡液或马铃薯淀粉勾芡液,由于烂糊肉丝的原材料大白菜含有大量水分,所以实际烹调时勾芡液的粉、水配比为1:10。

实验三:根据上述炒菜类菜肴(鱼香肉丝)分别加入4种不同淀粉勾芡液起锅后的对比图肉眼分析,加入小麦淀粉勾芡液的鱼香肉丝,汤汁并没有挂在食材上,几乎与没有加入勾芡液的时候差别不大。加入玉米淀粉勾芡液的鱼香肉丝汤汁都黏在食材上,口味浓郁。加入马铃薯淀粉勾芡液的鱼香肉丝,食材几乎都黏在一起,有点影响口感,不太适合用于滑炒和酱爆的菜肴。加入木薯淀粉勾芡液的鱼香肉丝比加入马铃薯勾芡液的更加不适合,食材起锅前有点黏锅,起锅后食材完全黏在一起并伴有白色晶体状,口感很差。

综上所述,在鱼香肉丝烧制时,我们建议选用玉米淀粉勾芡液烹调,如果配菜为水分较多的蔬菜(如:莴笋),那实际烹调时勾芡液的粉、水配比为1:10,如果配菜为水分较少的蔬菜(如:茭白),那实际烹调时勾芡液的粉、水配比为1:15。

根据以上勾芡液的黏度特点,结合其实际作用,总结归纳如下表。

不同淀粉特性表

淀粉品种	总　　结
玉米淀粉	吸水性强,不如土豆淀粉性能好,但勾芡液冷却后不会有变化。适合在滑炒、酱爆、煎炸等烹饪技法中勾芡
木薯淀粉	黏度高,糊化温度低,糊液透明度高,更适合需要精调味的食品,如甜品羹、西点
马铃薯淀粉	黏性足但吸水性差,勾芡液冷却后会变稀,所以更适合汤羹类勾芡
小麦淀粉	黏度比较低,不适合勾芡用,更适用于用来做一些广式点心

五、实验的进一步展望

1. 关于实验的过程中的一些不足：在这次实验中很多实验数据因为条件的限制，可能会不太准确，比如，家庭材料和灶具使用，相信火候对于不同食材和不同淀粉勾芡液的黏度也有影响。其次，实验数据处理上的问题，毕竟我们是小学生，在具体烹饪操作上水平不足。再次，选择材料上的区别，同一种材质的淀粉可能成分也有区别，不同家庭用水也有区别；包括淀粉勾芡液加入的方式，先加或者后加，由于时间的关系来不及实验。最后成品的鉴别，因为实验设备上的局限，再勾芡液加入菜肴烹饪后，我们只能通过肉眼判断和嘴巴品尝，结论比较主观。

2. 今后我们将选取更多材料并尝试运用到更多菜品进行再实验。同时，我们也会找专家使用更精密仪器进行实验结果的分析。有时间还会去咨询更多的厨艺大师，相信他们在这方面应该也有一套科学的配比方案。

六、体会和致谢

在这次的探究中，我们收获很多，在老师的指导下我们学会了如何看黏度分析曲线图，在实验中让我们感受到做实验是需要非常认真而又谨慎的态度，来不得半点马虎，特别是加热勾芡液的时候，时间和搅拌都要控制好，否则实验结果就会受到很大的影响，也会失去可信性。

之所以想到做这个课题是我们在平时的生活中都会遇到的问题，因为使用烧菜使用淀粉勾芡液已经成为大多数人的日常习惯，因此很有必要去探究勾芡液黏度的控制，这样对菜品的口感提升是非常有帮助的。通过对这个课题的探究，让我们也增加了部分烹饪的相关知识，我们可以用我自己做出来的实验结果去告诉妈妈、亲戚和老师同学，大家一起借助科学的力量提高美食的品质。同时，通过这个实验研究，更加让我们对科学和实验产生了很大的兴趣，也学会了如何去查阅文献和资料帮助自己的课题研究，同时也非常感谢在课题研究中很多老师给我们提供的指导与帮助，在此表示诚挚的感谢！

参考文献

［1］ 霍力,杨铭铎.烹调中勾芡用淀粉的物性及勾芡最佳工艺条件的研究［J］.食品科学. 1997(01): 63-65.

［2］ 俞峥怿,杨玉明.三种淀粉的性能比较及应用［J］.扬州大学烹饪学报.2001(03): 43-46.

［3］ 朱丹霞.影响菜肴勾芡效果的主要因素［J］.无锡商业职业技术学院学报.2003(02): 47-48.

［4］ 周亚东.探析中式烹饪中常用的勾芡技术［J］.食品安全导刊.2017(11X): 113.

［5］ 王建斌.许桂荣.中式烹饪科学上浆挂糊与勾芡的技能分析［J］.赤子(上中旬).2014 (09): 233.

［6］ 张晓光.菜肴烹饪中勾芡的技术要领探讨［J］.黑龙江科技信息.2013(12): 51.

第35届上海市青少年科技创新大赛一等奖

李欣怡　李欣安

指导作品 **2**

利用果蔬汁中天然荧光物质制作隐形墨水的研究

摘要

蔬菜水果是我们人类每天不可缺少的营养来源,它们不仅能当作食物,其实还有更多的用途,比如它们含有天然的荧光物质,本研究就从这个特别的角度重新认识了蔬菜水果。

按照颜色对蔬菜水果进行分类,把叶绿素、维生素和柠檬酸作为三种主要研究对象,运用酒精溶解、色拉油溶解、微波加热等实验方法,比较不同天然物质的荧光亮度,了解荧光发光背后的能级迁跃原理,通过实验结果总结出提取荧光物质的规律,提取出一种发光亮度最高的天然荧光物质——硫、氮掺杂的碳量子点溶液,可以作为安全无害的隐形墨水来使用。

用这种隐形墨水书写的字迹在日光下不可见,只有在蓝紫色激光的照射下,才会显出明亮的蓝色字迹,所以既可以用来在朋友之间传递秘密的信息,又可以用来制作防伪的记号。

关键字 荧光;果蔬汁;隐形墨水;碳量子点

一、课题来源

记得我曾经看过一集动画片《科学小兄妹》,里面说用柠檬汁和卷心菜汁可以制作一种神奇的隐形墨水,用来给朋友们写秘密信件,于是我也一直想要试一试制作隐形墨水。

在小学三年级的自然课上,老师在讲述到光的知识时,提到天然的水果和蔬菜中含有荧光物质,这引起了我的好奇。我们每天吃的水果和蔬菜真的会发荧光吗? 又有哪些水果和蔬菜中含有荧光物质呢? 平时使用的文具中,荧光笔是我最爱的文具之一,可以利用它完成很多任务,比如记笔记、划重点等,但是爸爸不让我多用荧光笔,说其中含有化学物质,对健康不利。

如果我能利用水果和蔬菜中的天然荧光物质,提取出来后制作一种全天然的隐形墨水,这种墨水平时是无色的,但可以在特殊情况下显现出字迹,而且又是完全无毒无害的,那岂不是很酷吗?在请教了老师之后,这个想法得到了老师的认可,并鼓励我按这个想法自己进行相关的实践。

二、资料检索

网络检索结果

通过以上网络检索，我知道了原来所有的物质都有可能会发荧光，只是有些物质发射的荧光是不可见光，而有些物质发射的是可见光。可见的荧光也有强弱之分，某种物质发出的荧光强度比较高，就被成为荧光材料或荧光体。

荧光 （发光现象） ✎编辑 💬讨论 ¹⁰

荧光，又作"萤光"，是指一种光致发光的冷发光现象。当某种常温物质经某种波长的入射光（通常是紫外线或X射线）照射，吸收光能后进入激发态，并且立即退激发并发出比入射光的波长长的出射光（通常波长在可见光波段）；很多荧光物质一旦停止入射光，发光现象也随之立即消失。具有这种性质的出射光就被称之为荧光。另外有一些物质在入射光撤去后仍能较长时间发光，这种现象称为余辉。在日常生活中，人们通常广义地把各种微弱的光亮都称为荧光，而不去仔细追究和区分其发光原理。

叶绿素荧光 ✎编辑 💬讨论

叶绿素荧光，作为光合作用研究的探针，得到了广泛的研究和应用。叶绿素荧光不仅能反映光能吸收、激发能传递和光化学反应等光合作用的原初反应过程，而且与电子传递、质子梯度的建立及ATP合成和CO2固定等过程有关。几乎所有光合作用过程的变化均可通过叶绿素荧光反映出来，而荧光测定技术不需破碎细胞，所作活生物体，因此通过研究叶绿素荧光来间接研究光合作用的变化是一种简便、快捷、可靠的方法。目前，叶绿素荧光在光合作用、植物胁迫生理学、水生生物学、海洋学和遥感等方面得到了广泛的应用。

中文名	叶绿素荧光	首次发现时间	1834年
首次发现者	传教士Brewster	作　用	光合作用研究的探针

细胞内的叶绿素分子通过直接吸收光量子或间接通过捕光色素蛋白吸收光量子得到能量后，从基态（低能态）跃迁到激发态（高能态）。由于波长越短能量越高，故叶绿素分子吸收红光后，电子跃迁到最低激发态；吸收蓝光后，电子跃迁到比吸收红光更高的能级（较高激发态）。处于较高激发态的叶绿素分子很不稳定，在几百飞秒（fs, 1 fs=10−15 s）内，通过振动弛豫向周围环境辐射热量，回到最低激发态（图3.2）。最低激发态的叶绿素分子可以稳定存在几纳秒（ns, 1 ns=10−9 s）。

Baidu百科 | 碳量子点 | 进入词条 | ✎

碳量子点是一种碳基零维材料。碳量子点具有优秀的光学性质，良好的水溶性、低毒性、环境友好、原料来源广、成本低、生物相容性好等诸多优点。自从碳量子点被首次发现以来，人们开发出了许多合成方法，包括电弧放电法、激光销蚀法、电化学合成法、化学氧化法、燃烧法、水热合成法、微波合成法、模板法等。碳量子点的应用广泛，在医学成像技术、环境监测、化学分析、催化剂制备、能源开发等许多的领域都有较好的应用前景。

"自下而上"合成法与"自上而下"合成法相反，利用分子或者离子状态等尺寸很小的碳材料合成出碳量子点。用"自下而上"法合成碳量子点，多采用有机小分子或低聚物作为碳源，常用的有机物檬酸、葡萄糖、聚乙二醇、尿素、离子液体等。常见的"自下而上"合成方法有化学氧化法、燃烧法、水热/溶剂热法、微波合成法、模板法等。

天然柠檬酸在自然界中分布很广，天然的柠檬酸存在于植物如柠檬、柑橘、菠萝等果实和动物的骨骼、肌肉、血液中。人工合成的柠檬酸是用砂糖、糖蜜、淀粉、葡萄等含糖物质发酵而制得的，可分为无水和水合物两种。纯品柠檬酸为无色透明结晶或白色粉末，无臭，有一种诱人的酸味。 [5]

很多种水果和蔬菜，尤其是柑橘属的水果中都含有较多的柠檬酸，特别是柠檬和青柠——它们含有大量柠檬酸，在干燥之后，含量可达8%（在果汁中的含量大约为47g/L）。在柑橘属水果中，柠檬酸的含量介于橙和葡萄的0.005mol/L和柠檬和青柠的0.30mol/L之间。这个含量随着不同的栽培种和植物的生长情况而有所变化。 [6]

网络搜索结果

通过以上网络检索，我了解了荧光发光原理，并找到了两种容易产生荧光的天然物质——叶绿素和柠檬酸，而蔬菜水果里正好含有大量的叶绿素和柠檬酸。这样看来，蔬菜水果里真的可能会有荧光！

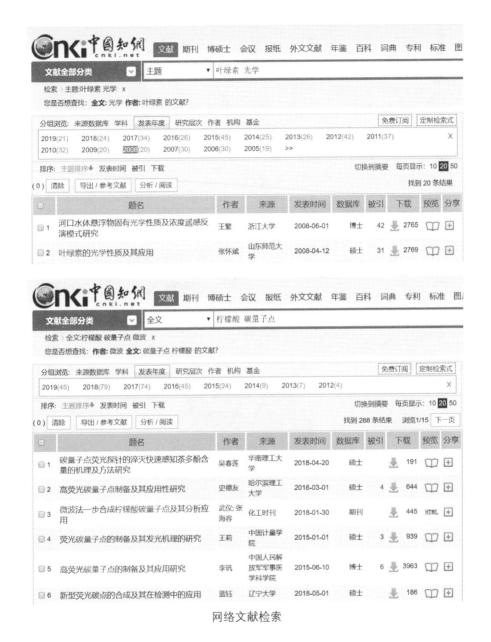

网络文献检索

通过文献检索,我了解到叶绿素和柠檬酸这些天然物质产生荧光背后的科学原理和实验方法,而且它们可以从绿色无害的食品中提取,具有很强的应用前景。比如可以从厨余垃圾中提取出叶绿素和柠檬酸,再制作成有价值的荧光材料。

三、研究目的

希望通过调查问卷，了解大众对荧光物质的认知普及程度，并进一步分析天然荧光物质的应用前景。

调查问卷结果如下（共收到258份有效回答）。

1. 您的孩子用含荧光物质的文具（如荧光笔）吗？

选　项	小　计	比　例	
用	166		64.34%
不用	76		29.46%
不清楚	16		6.2%

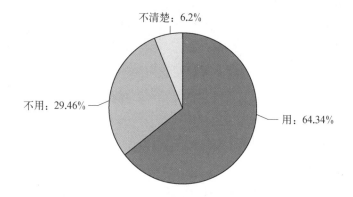

2. 目前市场上销售的荧光文具大多使用非天然的化学原料制作，您是否赞成孩子使用？

选　项	小　计	比　例	
赞成，应该问题不大	58		22.48%
不赞成，禁止孩子使用	69		26.74%
不赞成，但还是买了	131		50.78%

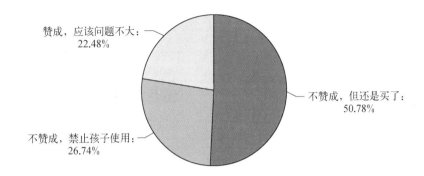

3. 日常生活中有些东西也能发荧光,请您从下列中选择可能有荧光的物品(多选)。

选 项	小 计	比 例	
猕猴桃	38		14.73%
柠檬	66		25.58%
猪肉	36		13.95%
茶叶	29		11.24%
大米	40		15.50%
以上都不是	148		57.36%

4. 除了用作文具,荧光物质还有其他用处,请您从下列中选择您认为正确的用途(可多选)。

选 项	小 计	比 例	
照明	155		60.08%
验钞	223		86.43%
DNA 测序	85		32.95%
检测疾病	110		42.64%
刑侦取证	188		72.87%
油气勘探	73		28.29%

5. 如果有一款天然绿色的荧光笔文具,您是否会考虑购买?

选 项	小 计	比 例	
会买	164		63.57%
不买	22		8.53%
看价格而定	72		27.90%

对调查结果进行数据分析发现:通过对比第1题和第2题,发现大多数家长都给孩子购买了荧光文具(占比64.34%),但同时大多数家长并不赞同孩子使用(占比26.74%)或觉得现有荧光文具存在较大缺陷(占比50.78%)。通过对比第2题和第5题,发现原本禁止孩子使用荧光文具的家长(占比50.78%),转为支持购买天然绿色的荧光文具(占比60.75%),仅剩余小部分家长表示不会购买(占比8.53%)。通过第3题和第4题的回答,发现大多数人并不了解食品中也含有天然荧光物质(占比57.36%),而大家对于荧光非常广泛的应用领域也所知有限。

以上结果说明,本课题所研究的绿色天然的荧光文具,是同学们确实需要的产品,通过研究也能增进大家对荧光的了解,存在着比较大的实用价值和科普价值。

四、实验准备

实验材料

根据不同颜色来划分蔬菜或者水果,有利于探究荧光性强弱和蔬果颜色之间的关系。

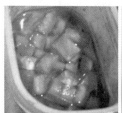
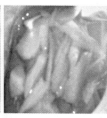

红色(番茄)　　　　橙色(胡萝卜)　　　　白色(萝卜)

黄色（柠檬）　　　　紫色（葡萄）　　　　绿色（猕猴桃）

实验材料

荧光剂检测笔　　　荧光剂检测笔　　　一次性塑料吸管　　　紫外线激光笔

超纯水　　　　　电子秤　　　　　塑料盒　　　　　毛笔

聚乙二醇　　　　搅拌机　　　医用酒精75%乙醇　　100 mL刻度量筒量杯

微波炉　　　　　剪刀　　　　　过滤网　　　　　塑料碗

研钵　　　　　色拉油　　　100 mL烧杯　　N-乙酰半胱氨酸（食品级）

实验器材

五、研究过程和方法

我决定分以下三个步骤来探究这个课题：首先研究哪些蔬菜和水果含有荧光物质；其次探究提取荧光物质的条件；最后尝试制作隐形墨水。为此我设计了以下四种实验。

1. 叶绿素溶液实验

实验方法：通过酒精把蔬菜水果中的叶绿素溶解出来，然后用蓝紫色紫外线激光照射，观察溶液是否发出荧光，来判断该蔬果是否含有荧光物质。

叶绿素荧光的基本原理是能级迁跃：细胞内的叶绿素分子在被激光照射后，吸收了光子的能量，从低能态跃迁到高能态，处于较高能态的叶绿素分子很不稳定，会很快发出光子回到低能态。为什么叶绿素在蓝紫色激光照射下所发出的荧光颜色是红色的呢？因为荧光的波长比激光的波长更长，而波长越长的光颜色越靠近红色。

以下是我和爸爸一起制作的叶绿素分子"能级迁跃"示意图。

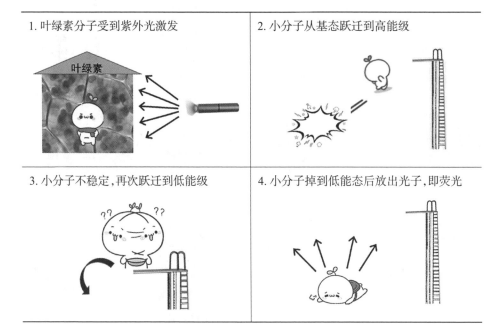

叶绿素分子"能级迁跃"示意图

实验过程：把蔬果削皮切块，放入容器中，在容器中加入100 mL的医用酒精（75%乙醇），刚好浸没蔬果碎块，把容器放入热水中加速荧光物质的解析，放置20—30分钟。观察酒精溶液的变化，用紫外线激光笔照射溶液，观察光的颜色变化，发现溶液在蓝紫色激光照射下发出红色荧光。

切块

倒入酒精

放入热水中
实验过程

实验结果：在乙醇溶解实验中，我分别使用了红、橙、黄、紫、白、绿等六种不同颜色的蔬果。结果发现，当使用猕猴桃、芹菜这类绿色蔬果作为原料时，有许多叶绿素析出，使酒精溶液变为绿色。用紫外激光照射绿色溶液，会产生红色荧光，说明叶绿素确实含有荧光物质。

环境较亮

环境较暗

未照射紫外线时　　　　　　　　　照射紫外线时

不同环境下实验结果

在使用猕猴桃作为原料时,还能够观察到果皮和果肉上产生较为明显的荧光反应。

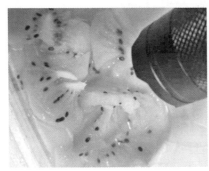

猕猴桃果肉　　　　　　　　　　　猕猴桃果皮

猕猴桃果肉和果皮荧光反应

但是,当把叶绿素溶液涂在纸上时,再用紫外线激光笔照射,却无法观察到荧光现象。通过查资料发现,这可能是由于叶绿素在发出光子释放能量时,还会通过其他的方式(如光化学反应)来释放能量,所以减弱了荧光的强度。因此,不能把叶绿素溶液用作隐形墨水。

2. 维生素溶液实验

实验方法:水果蔬菜中除了含有叶绿素,还含有什么物质呢? 还富含各种维生素。维生素可以分为水溶性(如维生素B和C等)和油溶性(如维生素A、D和E等)两种。为了探究维生素是否是荧光物质,第一步要从蔬果中提取维生素。我通过在蔬果泥中添加水和油后，在锅中搅拌加热，尝试提取水溶性和油溶性的维生素，最后用紫外线照射观察是否有荧光反应。

实验过程：用研钵将蔬果磨成果泥，约100 mL，加入100 mL纯净水，加热并搅拌20分钟，加入100 mL色拉油，再加热10分钟，静置一晚，用滤网过滤去除杂质，用紫外激光笔和荧光检测笔照射水层和油层，观察是否产生荧光。

| 研磨果泥 | 加水加热 | 加油加热 | 静置一晚 |

过滤　　　　　　　　　　照射

实验过程

实验结果：在维生素溶液实验中，我主要使用了一种红色的蔬果——柿子，因为柿子含有各种丰富的维生素，其所含维生素和糖分比一般水果高1—2倍。但是结果发现用这种方法制作出来的溶液，在紫外线照射下，它的水层和油层都没有出现荧光反应。而且检索网络后并没有找到维生素会发荧光的相关资料，因此基本可以排除维生素作为荧光物质的方案。

3. 碳量子点溶液实验A

实验方法：我在爸爸的帮助下查阅论文，找到了一种新型纳米碳材料及其制作方法。碳量子点（Carbon Quantum Dots，简称碳点）是由分散的类球状碳颗粒组成，尺寸极小（在10 nm以下），具有荧光性质。碳量子点和叶绿素分子一样，在激光照射下也会发生能级迁跃，而且它发出的荧光比叶绿素分子更加明亮，光学稳定性也比叶绿素分子更好。

　　碳量子点可以通过加热酸性物质得到，而果蔬汁正含有大量酸性物质，因此在加热后能产生碳量子点。在碳量子点溶液实验A中，我们就尝试利用微波加热的方法制作这种能发光的"碳量子点"溶液。

　　实验过程：用搅拌机打出蔬果汁并过滤，取10 mL蔬果汁，加入10 mL聚乙二醇用来增稠，搅拌10分钟，放入微波炉中高温加热3—5分钟，用紫外激光笔和荧光检测笔照射物质，观察是否产生荧光。

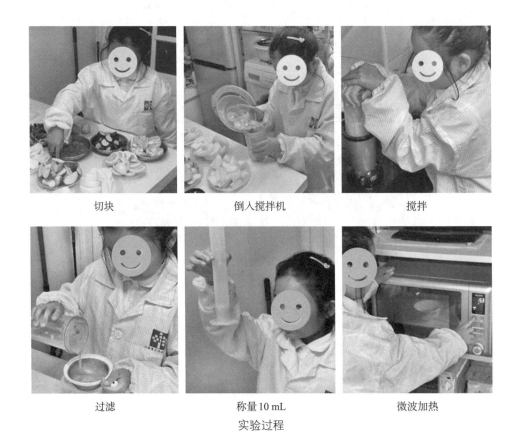

切块　　　　　　　　　倒入搅拌机　　　　　　　　　搅拌

过滤　　　　　　　　　称量10 mL　　　　　　　　　微波加热

实验过程

　　实验结果：在碳量子点溶液实验A中，我们分别使用了红（苹果）、橙（橙子）、黄（柠檬）、紫（葡萄）、白（梨）、绿（黄瓜）等不同颜色的蔬果。通过微波加热后，好几种蔬果溶液都变成了干胶状，还散发出淡淡的焦味。当用毛笔沾一点溶液写到纸上，并用紫外线照射后，能看到字上发出较为明显的蓝色或红色荧光，特别是苹果、葡萄这类比较酸的水果。

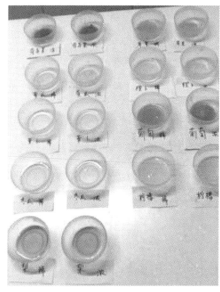

紫外激光照苹果溶液

微波加热后成胶状　　　　　　紫外激光照葡萄溶液

实验结果

　　但是当纸上的字迹干掉以后,再用紫外线照射时,则无法看到荧光。这可能是由于单纯用蔬果里的酸性物质制作出来的碳量子溶液,发光强度还是比较低,因此也不适合制作隐形墨水。

4. 碳量子点溶液实验B

　　实验方法:在之前的实验中,单纯碳量子点溶液的发光强度不高,导致墨水字迹干了以后就不再发光。通过继续反复实验和检索资料,我们找到了一种比之前所有实验看到的荧光发光强度都要高的隐形墨水制作方案。

　　它是以柠檬和食品级N-乙酰半胱氨酸为原料,制作出来的一种多元素掺杂的碳量子点溶液。使用柠檬是因为它富含大量柠檬酸,而N-乙酰半胱氨酸是一种食品添加剂,安全无害,一般用在西点如面包蛋糕中,能够改善口感和风味。通过查阅参考文献得知,N-乙酰半胱氨酸中含有硫和氮元素,把它们掺杂到柠檬汁,再加热后产生的碳量子点表面后会氧化,就形成了一种特殊的原子团,这种原子团有非常强的荧光效应。

　　实验过程:用电子秤称取2 g的食品级N-乙酰半胱氨酸,并放入100 mL烧杯把柠檬挤出汁并过滤,取20 mL柠檬汁放入烧杯,搅拌10分钟,放入微波炉中

149

高温加热3—5分钟,一旦溶液变干出现焦味就停止加热,用紫外激光笔和荧光检测笔照射烧杯里的剩余物质,观察是否产生荧光。等烧杯冷却后加入10 mL超纯水,和剩余物质一起搅拌后过滤出溶液,用毛笔蘸一点溶液后写在不含荧光的纸上,用紫外线激光笔照射,观察荧光。等字迹干后,再用紫外线激光笔照射,观察荧光。

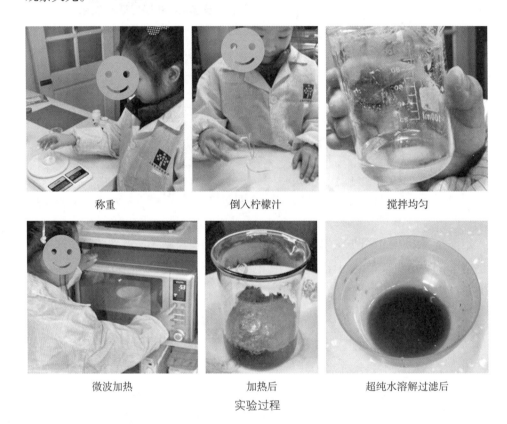

称重　　　　　　　　　　倒入柠檬汁　　　　　　　　搅拌均匀

微波加热　　　　　　　　加热后　　　　　　　超纯水溶解过滤后

实验过程

实验结果:在碳量子点溶液实验B中,使用了柠檬和食品级N–乙酰半胱氨酸作为原料,用微波加热3—5分钟后,溶液变成了焦黑色的固体胶状黏附在烧杯底部,用超纯水溶解后的溶液呈咖啡色。

把溶液写在不含荧光的紫色纸和牛皮纸上,一开始还能看到字迹,但是等到字迹干了以后在日光下基本不可见。当在紫外激光(波长为365 nm)的照射下会发射出明亮的蓝色荧光,字迹清晰可见。即使过了两周,字迹发出的荧光仍然明亮。

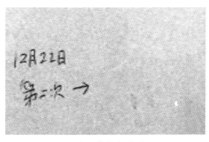
日光下紫色纸字迹

紫外激光下紫色纸字迹

日光下牛皮纸字迹

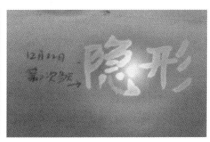
紫外激光下牛皮纸字迹

实验结果

5. 实验数据及分析

以下对4个实验中收集和观察到的结果进行对比和分析。注：对荧光强度的精确定量分析需要用到荧光光谱仪和紫外分光光度计等专业实验室仪器，但因为我是小学三年级学生，能力和条件有限，因此在下列分析中还是以主观的肉眼观测为依据。

（1）不同天然物质的荧光强度对比

在实验1"叶绿素溶液实验"中，观察到叶绿素溶液在紫外线激光照射下产生红色荧光，但是荧光的亮度较弱；

在实验2"维生素溶液实验"中，没有观察到维生素溶液的油层和水层在紫外线激光照射下产生任何荧光；

在实验3和4"碳量子点溶液实验A和B"中，观察到碳量子点溶液在紫外线激光照射下产生蓝色荧光，而且荧光的亮度相对更明显。

可见，在各种蔬菜水果中，按照荧光从强到弱排序，首先是柠檬酸含量较多的蔬果（如柠檬、葡萄等），能够提取出最强亮度的荧光物质；其次是叶绿素含量较多的蔬果（如猕猴桃、菠菜等），能够提取出微弱亮度的荧光物质；最后是维生

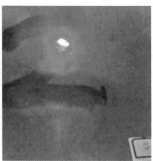

叶绿素溶液(荧光弱)　　　　维生素溶液(无荧光)　　　　碳量子点溶液(荧光强)

实验结果对比

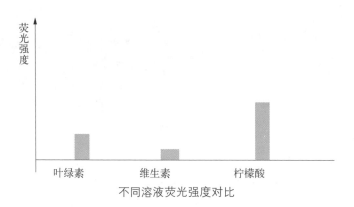

不同溶液荧光强度对比

素含量较多的蔬果（如柿子），基本提取不出荧光物质。

（2）相同天然物质、不同处理方式的荧光强度对比

即使是同一种天然物质，经过不同的处理方式后的荧光强度也会有很大差别。比如实验3和4都以柠檬为原料制作碳量子点溶液，但结果并不相同。

在实验3"碳量子点溶液实验A"中，观察用柠檬汁添加稳定剂聚乙二醇后、微波加热制作成的碳量子点溶液，在紫外线激光照射下产生微弱的蓝色荧光，而且字迹在纸上晾干后荧光不明显，说明荧光的亮度和持续性都较差；

在实验4"碳量子点溶液实验B"中，观察用柠檬汁掺杂了含有硫和氮元素的N-乙酰半胱氨酸后、微波加热制作成的碳量子点溶液，在紫外线激光照射下产生明亮的蓝色荧光，而且写在纸上的字迹即使晾干仍然非常明显，不会随着时间而变淡。

可见，掺杂了硫、氮元素后的柠檬酸比单纯柠檬酸的荧光强度更大。

实验3：单纯碳点溶液

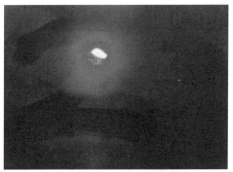
实验3：在紫外激光下字迹

实验4：掺杂碳点溶液

实验4：在紫外激光下字迹

实验结果对比

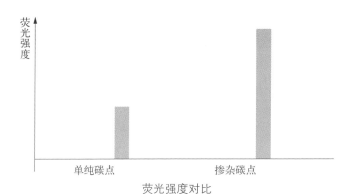

荧光强度对比

（3）相同天然物质、相同处理方式下加热时间对荧光强度的影响

即使是同一种天然物质、相同的处理方式，通过改变加热时间，产生的荧光强度也会有明显差别。

在实验4"碳量子点溶液实验B"中，观察用柠檬汁掺杂了含有硫和氮元素的N-乙酰半胱氨酸后、微波加热制作成的碳量子点溶液,当微波加热时间过长(超过5分钟),导致碳量子点溶液变成膨胀的焦炭状时,荧光亮度反而明显降低。

可见,加热时间并不是越长越好,比较理想的加热方式是逐步加热:先加热1分钟,当闻到有轻微焦味时就停止加热,否则就再次加热1分钟。用这种方法得到的碳量子点溶液具有最强的荧光亮度。

加热时间过长(>5分钟)　　　　加热时间过长的字迹:荧光比较淡

加热时间适中(4分钟)　　　　　加热时间适中的字迹:荧光很明亮
中间图为激光照射后发出荧光

不同加热时间下实验结果

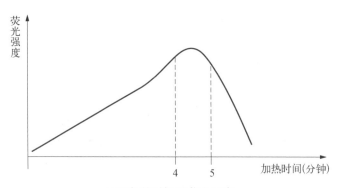

不同加热时间下荧光强度

6.实验结论

通过实验,比较了各种蔬菜水果中天然物质的荧光性,并发现了一些提取荧光物质的规律。以下做一个总结:不同天然物质的荧光强度各有不同。在测试用到的各种蔬菜水果中,按照荧光从强到弱排序如下:

首先是柠檬酸含量较多的蔬果(如柠檬、葡萄等)能够提取出最强亮度的荧光物质,即碳量子点溶液。其次是叶绿素含量较多的绿色蔬果(如猕猴桃、菠菜等)能够提取出微弱亮度的荧光物质,即叶绿素溶液。最后是维生素含量较多的蔬果(如柿子)基本提取不出荧光物质。

相同天然物质、使用不同处理方式的荧光强度存在差异。比如实验中掺杂了硫、氮元素后的柠檬酸制造出来的碳量子点溶液,比以单纯柠檬酸为原料的荧光强度更大。

相同天然物质使用不同处理方式下,改变不同因素后的荧光强度存在差异。比如微波加热柠檬酸制作碳量子点溶液的实验中,加热时间并不是越长越好,而是应该找到最佳的临界时间,才能使荧光的发光亮度最大。

六、讨论与进一步展望

本研究的一个创新点是把蔬菜水果和看似无关的荧光、隐形墨水联系在一起。从生活中每天吃的食物,联想到会发荧光的天然物质,并通过各种实验探究荧光发光原理和提取荧光物质的方法及其规律,进而制作出可实际应用的隐形墨水。用这种隐形墨水书写的字迹在日光下不可见,只有在蓝紫色激光的照射下,才会显出明亮的蓝色字迹,所以既可以用来在朋友之间传递秘密的信息,又可以用来制作防伪的记号。

想不到一日三餐吃的蔬菜水果中含有的天然物质,竟然可以产生如此意想不到的用途!那么蔬菜水果除了能够用来制作发荧光的隐形墨水,是否还有其他奇妙的用途呢?我们每天会消耗大量的蔬菜水果,也会丢弃大量的菜叶果皮,在今天这个崇尚绿色环保的时代,能否有更多的方法把这些天然物质变废为宝呢?这些问题的答案都等着我们去发现。

如前所述,实验中一个留下遗憾的地方是缺乏对荧光强度的精确定量分析,因为银光的定量分析需要用到昂贵的荧光光谱仪和紫外分光光度计等专业实验室仪器,但因为我是小学三年级学生,能力和条件有限,因此在实验数据分析中还是以主观的肉眼观测为依据,留待将来有条件时再取得定量数据作更精确的分析。

七、实验体会

本研究在实验设计、数据分析等环节还有许多有待改进的地方,在实验进行的过程中也遇到了许多意想不到的困难。比如我一开始用了许多种蔬果做实验,但始终找不到一种会发荧光的。多亏了指导老师的提醒,教我要先了解荧光发光的原理,聚焦哪几种容易产生荧光的物质,这样才能少走弯路。又比如激光笔的光线集中在一点,导致只有一小部分字迹能被覆盖、发出荧光,于是我和爸爸想出了一个好办法,把喝药用的小塑料杯遮盖笔头,使透射出来的光线范围增大不少,整个字迹都在紫外线照射下发出荧光。

我发现在科学研究的过程中,一个人会经历许多意想不到的失败。曾经有几次当我做完实验,看到令人失望的结果,我甚至有放弃的冲动,怀疑这个课题是否还要继续下去。但正是这样一次次锲而不舍的实验经历,让我真正明白科研的艰辛和不易。而当我在坚持之后的一次偶然成功的实验,又让我感受到那种来之不易的喜悦,我想这就是科学研究的魅力吧。

八、致谢

在本项目的开题和准备过程中,我得到了指导教师的耐心指导,在资料检索和实验前期操作方面对我进行了培训,在实验设计方面给予了宝贵的意见。另外,在进入实验研究阶段后,我得到了科学社专家的悉心指导。在此对各位老师表示真挚的感谢和敬意!

参考文献

[1] 张怀斌.叶绿素的光学性质及其应用[D].济南:山东师范大学,2008:1-11.

［2］ 朱延彬,吴燕燕,等.天然叶绿素荧光特性研究［J］.光谱学和光谱分析,1995(2): 5-8.

［3］ 王珊珊,米渭清,等.一步微波法合成碳点及其荧光性质研究［J］.光谱学和光谱分析,
2012(10): 2710-2713.

［4］ 王胜达,袁楠,等.荧光碳点的合成性质和应用［J］.影像科学与光化学,2016(3):
203-218.

［5］ 颜磊,喻彦林,等.微波辅助荧光碳量子点制备及其在防伪墨水中应用［J］.中国刑警学
院学报,2018(6): 112-116.

第35届上海市青少年科技创新大赛一等奖

朱思言

始于兴趣　重于设计　忠于数据　归于启迪

杨长泓

作为一名校外教育科技教师，笔者注重学生科学思维、创新意识的提升，培养适应时代发展、具备科学精神的新时代学生。上海市青少年科技创新大赛是面向中小学生开展的一项综合性科技竞赛，应将竞赛作为学生开展科学探究的平台，学生可在课题探究过程中，增加知识储备，培养探索兴趣，锻炼基本技能，提升科学素养。自2016年首次辅导学生参与上海市青少年创新大赛至今已5年有余，笔者将辅导学生参与竞赛总结为16个字："始于兴趣，重于设计，忠于数据，归于启迪。"

一、始于兴趣

青少年创新大赛的参与对象是学生，他们的视角与成年人不同，小学阶段的学生对事物的数量、颜色、气味、形态等较为敏感，初中阶段的学生则对新闻热点、课堂知识与生活的联系兴趣更浓，部分高中生已初步具备自学、实验、数据分析的基本方法，在实验条件允许的情况下，可开展科学性更强的探究课题。针对不同年龄段学生兴趣差异，在选题过程中应区别对待，从兴趣点出发，激发学生探究兴趣。

《海洋哺乳类表演动物在乐园生存状态的调查》课题的由来是学生观看纪录片《海豚湾》时，被主演Richard O'barry叙述驯养的有关海豚明星卡西因为乐园生活太痛苦而憋气自杀的故事深深触动，开始走访各大海洋公园了解表演动物情况；《低浓度一氧化碳对小鼠影响的研究》源自学生在烧烤店用餐2小时后，略感头晕，提出一氧化碳会影响生物记忆及行为，进而以小白鼠穿越迷宫时间为依据，判断低浓度一氧化碳的影响。

二、重于设计

如果将科学探究过程分解为课题选题、查阅资料及思考、科学实验、撰写报告四个阶段,你认为花费时间最长的是哪个阶段? 与一般的认知不同,科学实验并非耗费精力最多、耗时最长的探究阶段,查阅资料及思考的时间则占到科学探究全部工作时间的一半以上。课题指导过程中,教师应引导学生自行查阅与课题有关的概念及科学进展,需要时提供可靠的资料来源,从中进行归纳并设计实验。

《城市宠物狗粪便问题的改善方案探究——以中山公园周边为例》首先围绕狗粪便在不同用地区域的分布情况进行分析,调研区域内的遛狗人士,使用废旧材料制作狗粪便收集器,并将中山公园附近的主要遛狗点进行排摸,作为放置共享狗粪便收集器区域的依据,并考察收集器的回访效果;《向谁看齐——不同光源对向日葵向阳性及生长影响初探》采用彩色有机玻璃框罩住向日葵,检测不同光质下向日葵的生长差异情况,并记录向日葵转向情况,再通过购买同功率、不同色彩的LED灯作为控制光源,定量认知其对向日葵的转动影响。

三、忠于数据

无论社会科学类、自然科学类或是工程类课题,教师指导学生参与课题的基本原则是尊重事实。一方面教师不能越俎代庖,应给予学生充分时间去进行实验,另一方面在数据处理过程中,不论是否符合预期,都应如实反馈结果。只有教师以身作则,才能让学生在探究过程中提升科学素养,坚定实事求是的态度。

《上海市高中学段校园欺凌现状、成因及防治策略探究》课题的问卷调查结果显示,身高高、成绩好的学生受到校园欺凌的比例要大于身材稍矮、成绩中等的学生,让学生产生疑惑,经过深入访谈及探讨,他发现身高高、成绩好的学生相对而言性格内向的比例较高,容易让周边同学觉得冷漠,在学校竞争压力下,部分成绩好的学生易被嫉妒遭到孤立,并会被成绩不理想的同学要求提供作业用于抄袭。虎毒不食子,但在《父爱如山,母爱如水? ——亲代小龙虾照看子代情况探究》课题探究过程中,学生发现抱虾组在有亲虾护理的情况下,存活率会高出5%,但是一旦剥离母体后,会出现明显的食仔现象,速率约为1.5只/天。探讨后,我们将小龙虾食仔分为食物不足情况下的特殊行为或一般情况下的无差别行为,经过再次实验,明确小龙虾无法区分幼虾,无论食物是否充足,均会无差别进行摄食,从而提出小龙虾育苗过程中,在抱虾阶段将父本、母本与幼仔共同放置,自脱离母体后,应及时移除父本母本。

四、归于启迪

辅导学生参加青少年创新大赛的初衷应该是提升学生敢于质疑、实事求是的科学精神,能获得高奖自然是对师生的肯定,但也不用一味追求奖项,在探究过程中激发探究兴趣,提升探究能力,启迪科学思维,为其终身发展打好基础更为重要。

指导作品

低浓度一氧化碳对小鼠影响的研究

摘要

烧烤店是我和朋友常去的聚餐地点,但每次吃完会感到有些头晕,查阅资料后认识到这可能是烧烤时使用的碳未充分燃烧所致。于是,我们使用便携式一氧化碳检测仪进行了现场检测,表明烧烤餐厅的一氧化碳平均浓度为24 ppm。

本课题目的:研究烧烤餐厅排放的35 ppm以下平均值为24 ppm低浓度的一氧化碳对小鼠的影响。

方法:取ICR小鼠25只,2小时平均值为24 ppm一氧化碳染毒后,进行迷宫穿越测试,对比染毒前和染毒脱离后、脱离后1小时和2小时的时间。

结果:染毒后比染毒前时间增加显著,脱离染毒后1小时恢复显著,脱离染毒后2小时和染毒前时间差异不显著。

结论:烧烤餐厅内排放低浓度的一氧化碳对小鼠运动影响显著,其影响在脱离染毒2小时后恢复。

关键词　一氧化碳;小鼠;迷宫

一、引言

遍布商场和街头的烧烤餐厅是我们喜爱且经常光顾的餐厅。我们日常选择的烧烤餐厅,以韩式或日式特色烧烤餐厅为主。就餐时,注意到此类烧烤餐厅通常使用木炭为燃料,木炭直接放置在餐台面下的炭盆,点燃后上面隔一层金属网来烤制食物。众所周知,木炭点燃后未充分燃烧后会生成一氧化碳,一氧化碳排放在空气中被吸入人体可能会有影响。但也观察到,餐厅在烧烤台面的上方安装了排风装置并在就餐时开启。

我们的疑问是:这样的烧烤方式和排风装置的共同作用下,烧烤时一氧化碳的排放浓度是多少？如就餐时吸入这样的一氧化碳浓度，对人体的影响是多大呢？

我们搜索了网站，得知使用气体检测仪是可以检测到空气中一氧化碳的浓度。咨询了气体探测行业专家后，使用INDUSTRIAL SCIENTIFC公司的M40多气体检测仪，在烧烤餐厅实地进行测试。

餐厅外，一氧化碳0 ppm

烧烤台上方排风

餐厅空气中一氧化碳7 ppm

餐厅环境和木炭点燃前测试

一氧化碳21 ppm

一氧化碳最高值35 ppm

一氧化碳最低值17 ppm

木炭点燃后测试

由上图可知，上方排风的炭盆在木炭燃烧后，在烧烤时有17—35 ppm/平均值24 ppm的一氧化碳排放在烧烤台附近空气中。烧烤餐厅内的空中环境中也有7 ppm一氧化碳存在。使用这样的烧烤排风装置无法避免17—35 ppm/平均值24 ppm浓度一氧化碳扩散到空气中并会被就餐顾客吸入人体。同时餐厅空气环境中7 ppm一氧化碳也会被餐厅内服务人员长时间吸入。

　　一氧化碳浓度对人体的影响,50 ppm是成年人允许接触的最高浓度。餐厅实际17—35 ppm/平均值24 ppm浓度低于50 ppm,此类低浓度一氧化碳是否对短时间就餐顾客的影响,目前研究现状如何? 带着这个问题,我们搜索了网上资料,发现以小鼠代替人体进行一氧化碳染毒研究普遍以50 ppm以上浓度进行,35 ppm以下的低浓度并在2小时内短期染毒研究未见报道。

　　因此,我们决定以35 ppm以下的低浓度一氧化碳对小鼠进行短时间染毒后的实验,研究低浓度一氧化碳前后对的影响,以获得烧烤餐厅排放一氧化碳对人体影响的参考。

二、材料和方法

1. 实验材料

实验用小鼠来源:国家啮齿类实验动物种子中心上海分中心——斯莱克公司。

品种:ICR,15—20 g,雄性;数量:25只。

小鼠来源地

小鼠在饲养箱内

25只小鼠分4组分别饲养

2. 实验方法

（1）染毒用一氧化碳气体

使用AIR LIQUID公司CALGAZ品牌的用于测试和检定用途的标准物质一氧化碳气体，有效物质浓度不确定度小于等于2%，浓度为100 ppm，填充气为空气。

（2）实验装置

染毒箱为封闭亚克力箱体，有气体管道和开关。和气瓶管道连接后，先打开染毒箱气体管道开关，再打开气瓶调压阀开关即可往染毒箱内输送一氧化碳混合气。染毒箱内放置INDUSTRIAL SCIENTIFC公司的M40多气体检测仪，读取箱内一氧化碳浓度并实时调整调压阀，来维持气体浓度在24 ppm 平均值附

气瓶和染毒箱连接

多气体检测仪放置在染毒箱内实时读取一氧化碳和氧气浓度值

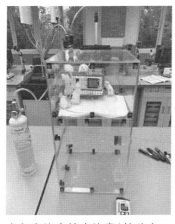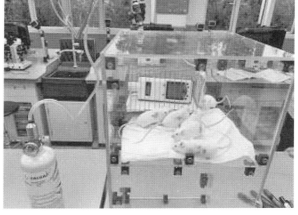

小鼠在染毒箱内染毒（箱外右下角放置一氧化碳气体探测仪，检测泄漏气体浓度值）

多气体检测仪放置在染毒箱内，实时读取小鼠在染毒箱内一氧化碳和氧气浓度值

近。小鼠在箱内染毒时会消耗氧气，为避免氧气低于19.5%以下导致小鼠窒息或缺氧，当氧气读数降低至19.5%时，开启染毒箱另一气体开关通空气。

　　染毒时，箱外右下角（靠近染毒操作员的位置）放置INDUSTRIAL SCIENTIFC公司的T40单气体检测仪，读取箱外一氧化碳值，避免因气体微量泄漏后对实验操作者的潜在风险。

　　（3）迷宫装置

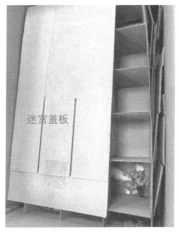

小鼠放入起点格子，终点格子放置食物吸引小鼠穿越迷宫

小鼠放入迷宫后盖上盖板，小鼠穿越迷宫时不受外界干扰

（4）实验步骤

① 小鼠染毒

染毒箱在小鼠放入后，开启染毒箱进气阀和气瓶调压阀，往输送染毒箱输送一氧化碳混合气。观察染毒箱内气体探测仪一氧化碳浓度，使用调压阀控制箱内浓度，浓度目标维持在24 ppm。

小鼠放入染毒箱后同时观察气体探测仪氧气浓度，浓度接近19.5%时开启染毒箱空气进气阀补充氧气，避免小鼠缺氧。

每组小鼠染毒时间为2小时，模拟餐厅一次2小时的就餐时间。当染毒箱一氧化碳浓度到达24 ppm时，开始计时染毒开始时间。2小时染毒计时结束时，关闭气瓶调压阀和染毒箱进气阀，取出小鼠。

② 迷宫测试

将每组实验小鼠单个放入迷宫起点格子，盖上盖板后开始计时，观察小鼠出现在终点格子时停止计时。计时结果作为单个小鼠的一次穿越迷宫时间记录。同组小鼠每个进行测试并记录每个小鼠时间。

③ 实验计划

第一阶段实验：染毒前后的数据变化。研究染毒前后小鼠穿越迷宫时间的变化。染毒前和染毒后对4组共25个小鼠进行2次迷宫测试和数据分析。染毒后小鼠取出染毒箱后，即刻进行迷宫测试，实验数据使用IBM SPSS Statistics SubScription软件进行分析。

第二阶段实验：染毒后恢复情况，脱离染毒后随恢复时间的数据变化。研究脱离染毒后小鼠放置在空气中恢复，随时间变化导致的穿越迷宫时间的变化。染毒前、染毒后（染毒取出小鼠即刻实验），染毒后1小时，染毒后2小时对4组共25个小鼠进行4次迷宫测试和数据分析。染毒结束后小鼠放置在空气中，按时间间隔进行测试，实验数据使用IBM SPSS Statistics SubScription软件进行分析。

三、结果与讨论

1. 染毒前后的数据变化结果

从染毒前后的时间对比来看，染毒后时间分布明显比染毒前要加长，染毒

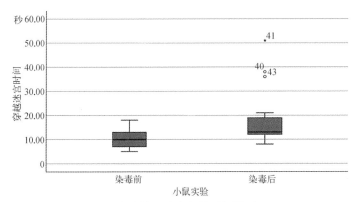

小鼠染毒前后迷宫穿越时间箱型图

染毒前后箱型图的数据分布

	染毒前	染毒后
中位数	10	13
75%四分位	13	19
25%四分位	7	13
箱型宽度	6	6

对小鼠穿越迷宫的时间影响显著。

2. 染毒后恢复，脱离染毒后随恢复时间的数据变化

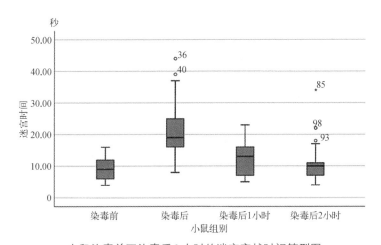

小鼠染毒前至染毒后2小时的迷宫穿越时间箱型图

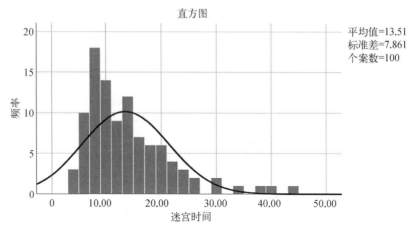

直方图

平均值=13.51
标准差=7.861
个案数=100

正态分布校验结果较符合正态分布

多重比较校验各组与"染毒前"组间数据差异显著性,显著性<0.05 为显著,显著性< 0.01 极显著。"染毒后"与"染毒前"极显著,"染毒后1小时""染毒后2小时"与"染毒前"差异不显著。

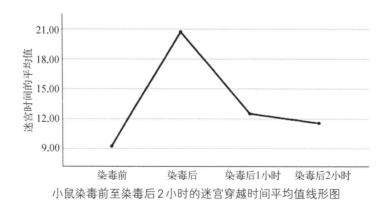

小鼠染毒前至染毒后2小时的迷宫穿越时间平均值线形图

从染毒前后四组数据分析结果,"染毒后"时间平均明显长于"染毒前"。"染毒后1小时"时间比"染毒后"减少显著,"染毒后2小时"时间接近于"染毒前"。

四、结论与展望

1. 结论

（1）平均值为24 ppm一氧化碳对小鼠染毒2小时后,对小鼠穿越迷宫的时

间影响显著,时间增加近1倍;

（2）脱离染毒后1小时和2小时在空气恢复,小鼠穿越迷宫的时间和"染毒前"比较差异不显著;

（3）脱离染毒后2小时空气中恢复后的小鼠,小鼠穿越迷宫的时间极接近于"染毒前",恢复显著。

由以上结论表明,烧烤餐厅内排放低浓度的24 ppm平均值一氧化碳对小鼠运动影响显著,其影响在脱离染毒2小时后恢复。

2. 创新点

（1）染毒前后实验数据发现2小时染毒后穿越迷宫时间显著高于染毒前,"72小时染毒,低浓度一氧化碳对小鼠的运动神经和植物神经功能以及学习和记忆功能有影响,并且表现出迟发性特点",小鼠在35 ppm以下2小时一氧化碳的染毒后,也会对小鼠的运动神经功能有影响,表现出反应迟钝。

（2）染毒后随时间恢复后的实验数据,显示脱离染毒2小时后恢复明显。"一氧化碳小鼠中毒后小鼠肺组织慢性恢复",小鼠在35 ppm以下2小时一氧化碳的染毒对器官和神经影响有限,在脱离染毒后2小时可以显著恢复功能。

3. 展望

（1）实验证实对就餐时间为2小时对小鼠有影响。餐厅服务人员的工作接触时间为8小时,8小时染毒对小鼠有何影响?

（2）餐厅工作人员如果长期处于餐厅低浓度一氧化碳环境下工作,是否对其健康有累积影响? 同样的长期染毒影响实验是否可以通过小鼠进行研究?

（3）如消除一氧化碳的影响,是否可以采取非木炭的烧烤方式来消除潜在风险?

五、建议与体会

1. 建议

上方排风的烧烤台一氧化碳排放浓度已实验证实对小鼠影响显著,是否可以改变排风的方式来减少一氧化碳排放浓度。我们走访了其他排风装置的餐厅进行测试。

采用侧吸风的烧烤台

平均值在 5 ppm，最高测得 10 ppm

使用侧面吸风的烧烤台排放浓度显著低于上方吸风的烧烤台。我们通过实验和餐厅现场测试，建议减少对就餐顾客的健康影响方法：烧烤餐厅使用侧吸风排放装置，减少一氧化碳排放浓度；加强餐厅通风条件，降低环境中一氧化碳浓度；餐厅增加气体检测仪，实时检测气体排放浓度，进行超标报警。

2. 体会

（1）创新来源于生活。此研究的立题在于平时对生活的观察和思考。烧烤餐厅的就餐时观察到木炭燃烧的不充分，结合课本和日常学习积累，引发对一氧化碳排放影响的思考。从而继续使用仪器测试确认排放浓度，再进一步查找资料和设计实验方案。能把自己的知识在生活和社会中实践运用，是实现科学创新课题的目的之一。

（2）实践和试错。研究的课题需要通过实验来得出结论，实验的设计需要在不断的实践中逐步完善，才能获得严谨的实验数据。在实验方案中，实验小鼠样本的获取，染毒装置和迷宫的设计制作，专业测试仪器和气体的选择，实验方法的调试和确定，乃至小鼠的饲养等，都需要我们在不断尝试中一一解决。问题的解绝不会是一帆风顺的，在确保安全的前提下，大胆"试错"获取经验和教训，最终才会得到满意的结果。实践出真知，"试错"才会对。

（3）团队合作

任何科学研究课题，研究团队的分工和合作非常重要。课题查新，实验的方案设计，装置制作和调试，实验的操作、记录和统计，数据处理，中期评价和文件资料等，均由我们讨论后分工或团队合作完成，同时也挑战和锻炼了我们的项目管理,社会协作和科学研究的实践能力。

本课题研究中,限于中学生的知识和社会实践有限,我们由衷感谢课外辅导老师、学校老师的指导和帮助。

参考文献

[1] 梁宏,张恒太,于芳,余秉良.低浓度一氧化碳对小鼠神经行为功能的影响[J].航天医学与医学工程,1999: 12-5.
[2] 何佳丽,邱金彭,贾敏,丛阳,王美霞.外源性低浓度一氧化碳对小鼠急性肝损伤的保护作用研究[J].北京医学,2017: 39-7.
[3] 彭道勇,王苏平,李迪,朱晓钰.一氧化碳中毒迟发记忆障碍小鼠血小板膜糖蛋白CD61的研究[J].中外医疗,2011:(13).
[4] 梁元晶,吕国蔚.一氧化碳对缺氧预适应小鼠缺氧诱导因子-1表达的影响[J].中国病理生理杂志,2002(5).
[5] 杨志军,王耀峰,文小军.急性一氧化碳中毒对小鼠心肌酶学的影响[J].新乡医学院学报,2014(001).
[6] 李珍,黄晓峰,任冬青.一氧化碳中毒所致肺组织病理改变[J].中华临床医师杂志,2013(018).
[7] 赵林岩,于家川.一氧化碳中毒迟发性脑病模型小鼠脑内血红素加氧酶1 mRNA和蛋白的表达[J].中国组织工程研究,2014(018).

第35届上海市青少年科技创新大赛三等奖

虞　越　周纪闻　于诚瑾

指导作品

上海市高中学段校园欺凌现状、成因及防治策略探究
——以长宁区某重点高中及职校为例

摘要

　　校园欺凌现象对于学生的生理和心理都会造成不同程度的危害,社会、家庭、学校应分析校园欺凌现象的成因,并制定相关防治策略,让学生获得健康成长。本文以上海市长宁区某重点高中及职校为例,通过问卷的形式,调查校园欺凌现状、成因及解决途径,结合处于不同背景的学生情况进行分析,并通过半开放式访谈的途径加深对校园欺凌的认识,最终归纳一般经验供预防及警戒校园欺凌事件。结果表明,接近3成高中学段学生受到过校园欺凌,欺凌形式比例为侮辱性绰号≈当中嘲笑≈被孤立＞拳打脚踢＞网络暴力;人缘较差及性格内向的学生最易受到校园欺凌,而欺凌者欺凌他人的主要原因是显示自身强大,获得团体中的话语权;职校生、身高较高、成绩较好且内向的学生受到校园欺凌的可能性较高;职校生、身高中等、成绩较差、班干部以及外向的学生更愿意直面校园欺凌,并帮助他人。

关键词　校园欺凌;半开放式访谈;防治策略;学生背景差异

一、引言

1. 背景

　　《少年的你》上映后,让大众的目光聚焦于校园欺凌现状,故事的背景时间线是高考期间,女主陈念是即将走上考场的高三学生。电影无论从哪个层面上都受到了来自社会的重视。但是电影揭示出来的暴力行为,它的严重程度和恶劣性质,还是超出了人们的想象,甚至包括相关专业人士的想象。这就足以引起社会、学校、家庭,包括学生自身高度的重视。

　　再来，令人吃惊的是，这类校园欺凌的暴力行为如此严重，但是与事件相关方并不知情，比如说电影中的教师和家长。这一点很真实地反映了当下现状，校园欺凌事件往往要发展到了末端，最后成为案件，有了法律问题，才被人们知晓，最后直接让警察来面对。现在社会上发生的类似事情也是这样，这很令人深思。不管是加害者还是被欺凌者，他们的家长和老师，并没有全程参与到事件中去，甚至都不怎么了解，这非常发人深省。

　　还有就是电影里一直到结束，都没有看到对事件产生原因的分析。虽然隐约对三位校园施暴者家庭的描述，但是没有看到合理和深刻的分析。当然，电影中更没有出现教育层面上解决这类问题的有效途径。虽然现实也是如此，尽管现在国家非常重视校园欺凌的问题，但确实没有找到解决这类问题的根本。

　　校园欺凌不仅存在于我们国家，世界各国对于校园欺凌的划分标准有所差异。中国学者认为，校园欺凌应具备四个要素：从主体上看，施暴者和受害人都是青少年；从时间上看，包括校内和校外时期；从空间上看，可能发生在校内和校外；从形式上看，校园欺凌包括虐待、殴打、暴力、集体疏离。本文认为，校园欺凌是指学生通过身体、语言、网络等手段，故意或恶意发生的欺凌事件。校园欺凌是指具有恃强凌弱之意，也称为"欺负"，具体表现为发生在校内或校外的学生之间一方（个体或群体）数次蓄意或恶意以肢体、语言及网络等多种手段对另一方实施欺负的行为，造成另一方的身体、财产或精神等方面的损害。校园欺凌的特征包括三方面，一是涉事主体为学生，二是欺凌者是结果主观故意的，三是受欺凌者有痛苦的感受。

　　综上所述，学者对校园欺凌的界定从经历了从主观到客观，从模糊到清晰的过程，解释及定义越来越完善。总而言之，校园欺凌具有重复性、蓄意（故意）性、伤害性等特征，研究认为校园欺凌的主体是学生，其受到另一个体或群体的故意且持续性的伤害。所以欺凌的界定为学生受到另一个体或群体的故意且持续性的伤害，这种攻击行为具有重复性、蓄意（故意）性、伤害性特征。校园欺凌与攻击行为之间的关系是包含关系，校园欺凌的主要是发生在校园的一种攻击行为，而攻击行为还包括了其他主体的打架斗殴等行为。

2.研究意义与目的

　　校园欺凌以前在我们国家很罕见，最近校园欺凌的频率越来越高，就要引起我们足够的重视,关于校园欺凌,国内外学界在这方面已经有了很多研究。在知网上搜索关键词也可以看到,近几年关于校园欺凌的研究呈现着快速增长的趋势。通过回顾文献,笔者发现大部分的校园欺凌研究都集中在校园欺凌的现状调查、分析欺凌者实施欺凌行为的原因。研究的对象也多为欺凌者,近几年出现了旁观者,但是对受欺凌者的研究还比较少。学者们在研究欺凌者的时候分析了欺凌者实施欺凌行为的归因,从他人的视角下研究归因问题。而本研究的理论意义在于对校园欺凌中的受欺凌者进行研究分析,从受欺凌者本人的视角下进行研究,从而丰富对校园欺凌领域中受欺凌者的分析。每个人都应该获得尊重,校园欺凌行为对受欺凌者和旁观者的生活和学习都造成了不良影响。青少年正处于价值观的形成时期,校园的环境及同伴群体的行为,影响着每一个人的价值观。因为青少年正处在成长时期,应对欺凌行为的自我调节能力较弱,不能较好地处理欺凌问题。如果他们遭受到欺凌,要么自己受伤,要么欺凌者受伤,两种情况都会造成不良影响。期望能够为校园欺凌的防治提供现实依据,减少遭受欺凌者数量以及减轻校园欺凌对他们的影响。

3. 文献综述

现阶段不同的学科对校园欺凌从不同的角度进行界定,没有统一的阐述,涉及的学科主要有心理学、社会学和教育学。Olweus作为校园欺凌的先驱,他认为,欺凌是一种弱小人群受到一人或多人主导的、具有重复性的攻击性行为,涉及力量的不平衡,欺凌行为具有故意、力量不均衡、重复三个典型特征。但是在后期的研究中,也有学者认为,在判断个体是否遭受欺凌行为的时,可不将重复性作为评判标准。此外,将欺凌定义为双方有力量上差异和具有伤害意图的重复消极行为,涉及身体、语言、谣言、排斥和网络五种类型的欺凌。Eriksen通过采访教职师和学生,得出校园欺凌的定义为可以为欺凌者(学生)赢得权利和地位;但是,从教师角度看,使用这个词代表权利和责任,一旦被确认,就要承担一定的责任。

（1）现实意义

第一,校园安全是学生健康成长的有力保障,校园欺凌的发生对学生、学校、家庭和社会都造成了严重的影响。校园欺凌防预的必然要求是多方合力。家校合作有助于家庭教育功能的增强,有助于现代教育制度的建立。为现代家庭和学校职能的转变提供价值思考和社会意义。

第二，通过实证研究调查校园欺凌中家校合作起到的积极作用和存在的问题，分析问题、反思问题、丰富研究的视角。

第三，校园欺凌和家校合作同属于教育学范畴和管理学问题，通过研究两者之间的联系丰富相关理论内容。同时也有利于教育资源的整合和扩大。目前引起校园欺凌的原因多种多样，如果只是单纯地依靠学校进行教育或干预，校园欺凌的干预效果会受到很大的影响。既不能关注到整个事态的发展也不利于从根源上杜绝类似事件的发生，更无法关注到学生的整体发展。校园欺凌的家校合作不仅在学校和家庭之间实现资源的整合，而且以此为纽带将社区引入整个合作的范围中来。美国、日本、芬兰等国家从国家、地方、学校、家庭、社区五个层面对防治校园欺凌提出对策。随着人们对校园欺凌的关注，我国校园欺凌防治的日渐成熟，家校合作干预校园欺凌也将最大限度的整合各类教育资源。

（2）实践意义

第一，为家庭教育、学校管理提供一个基本防治校园欺凌的范式。针对我国校园欺凌防预体系薄弱这一问题，通过研究以降低中小学校园欺凌的事件发生概率。通过分析学生卷入校园欺凌的家校根源和影响校园欺凌解决的家校根源，通过问卷调查、访谈等方式分析家校合作在防治校园欺凌中存在的问题，为校园欺凌的防治提供有效的借鉴。

第二，促进家庭职能的转变。家庭在参与学校教育和管理中具有重要的作用，然而由于长期观念的落后、制度的缺失造成了家庭参与度较低，家校沟通多流于形式，并没有真正起到合力的作用。通过研究家庭在校园防治中的角色定位有助于重塑家庭的教育功能。有利于家庭教育功能的增强。家校合作能够引领家长、提高家长的教育水平、形成良好和谐的家庭氛围。校园欺凌事件虽大多发生在学校，但是与家庭教养和家长的素质有着直接的关系，一个问题学生的背后必然站着一群有问题的家长。在家校合作的过程中，教育工作者通过传达学校的教育理念、教育目标和科学的教育方式，帮助家长反思并重建自己的教育方式。在教育子女的过程中，家长的不作为、胡作为都会影响孩子的健康成长。家校合作不仅能传达正确的育人观念也促进了家长自身的成长，进而形成理性、文明、和谐、友善的家风。学校引领家庭、家庭影响子女的成长，学校通过家校合作共育,促进了家庭教育功能的不断增强。

第三,促进学校制度的完善。家校合作凸显了学校多元主体办学的理念,拓展了教育的途径,提升了教育管理水平和教学质量。有助于学校职能的丰富和转变,为适应社会变革的学校教育提供了动力。有利于安全校园的建立。现代学校制度倡导依法办学、民主监督与社会参与。家校合作能够积极地吸取广大家长的力量参与到学校管理中来,家长也会将社会上对学校教育的一些建议带到学校并监督学校的不断完善。校园安全的建立依托于学校的管理也依赖于家庭的监督和反馈。家校合作形成反欺凌共识,让学校、家庭的反欺凌管理形成无缝隙对接,做到分工明确,才能确保安全校园建设的有效落实。

第四,有利于相关参与者的共同成长。黄河清在《家校合作价值论新探》中认为:家校合作对学生、家长和教师、学校和社会都有积极的影响。对于学生来说,通过沟通学生在家和在校的两个世界能够实现时空上的衔接和拓展。亲师行为有利于教育观点的碰撞和更新,在沟通中可以有效促进家长和学校的反思和提升,并不断完善自身的社会责任和义务。对于学校,家校共育过程中暴露出来的问题和矛盾有望推动中观层面的变革。对于社会,通过学校对家庭的有效指导,能够实现对弱势群体的帮扶,一定程度上阻断贫穷的代际传递,从而促进教育公平和社会的和谐。家校合作不仅是学校一方对家庭单向的指导,还具有实现教师与家长双向促进,共同提高的价值,更有助于学生的健康成长。

(3)校园欺凌的类型

目前研究者对于校园欺凌的判定涵盖了较为广泛的表现形式。张国平指出,校园欺凌可以根据行为方式细分为语言欺凌、性欺凌、肢体欺凌和社交欺凌等形式。孙晓冰认为,校园欺凌不局限于言语和肢体上的行为,关系欺凌、性欺凌等也应当纳入校园欺凌的范围。周永认为校园欺凌应当细分为社交欺凌,语言、肢体欺凌和性欺凌等。马雷军认为校园欺凌主要包含如下五种形式:其一是肢体欺凌;其二是网络欺凌;其三是言语欺凌;其四是性欺凌;其五是关系欺凌。林进材同样细分了校园欺凌,其分类除上述五种欺凌方式之外,他还提出反击型欺凌也是校园欺凌的一种方式。综上所述学术界普遍将校园欺凌细分为如下五大类:其一是肢体欺凌;其二是网络欺凌;其三是言语欺凌;其四是性欺凌;其五是关系欺凌。值得一提的是这些欺凌形式可能单独存在,也有可能同时存在。

二、研究方法

1. 问卷调查方法

本次研究通过问卷调查的形式了解当下高中学段学生校园欺凌情况，针对不同学校（高中、职校）、不同成绩（较高水平、一般水平、中下水平）、不同身高（151 cm—160 cm、161 cm—170 cm、171 cm—180 cm、181 cm以上）及是否担任班干部学生，了解校园欺凌情况的差异，从中归纳出成因及有效的防治策略。本课题使用问卷星软件，在长宁区某重点高中及职校分别进行发放。

2. 问卷分析方法

在剔除无效问卷后，运用Excel分析不同背景学生之间的校园欺凌情况差异，通过柱状图展示，比较不同情况。

3. 半开放式访谈

本课题选择两位高中学段班主任及改班级的两位同学进行半开放式访谈，通过对话了解班主任及学生对本班级校园欺凌情况的认知情况，从而寻找两者之间的认知差异，为预防及干预校园欺凌现象提供建议。

三、结果与分析

1. 高中学生校园欺凌情况

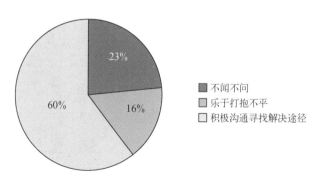

被调查者对学校或班级中发生不良现象的态度

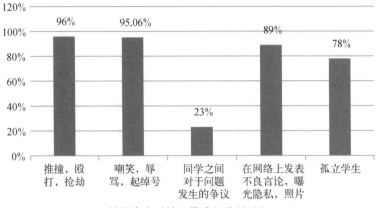

被调查者对校园欺凌行为的认知

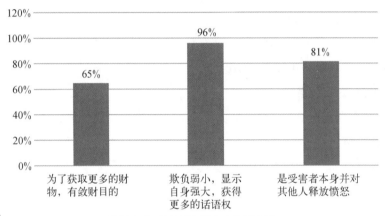

被调查者对校园施暴者心理的认知

可以看出面对学校中发生的不良现象大多数学生都希望积极沟通，并寻找解决途径。在认定校园欺凌的概念时，绝大多数同学认为抢劫、曝光隐私、殴打等属于校园欺凌，少部分认为学生之间的矛盾也属于校园欺凌。在校园欺凌的成因上，高达96%的同学觉得为了获得话语权是原因之一，少一部分的学生觉得有可能是为了敛财，还有一些同学觉得是以暴制暴。

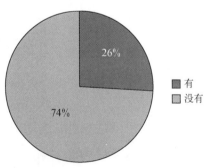

被调查者所在班级或者社团活动中是否曾经发生过孤立同学现象

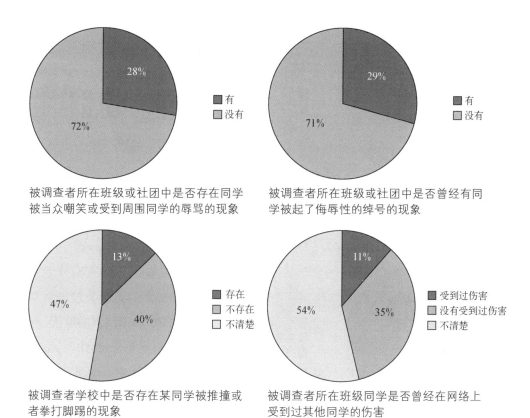

被调查者所在班级或社团中是否存在同学被当众嘲笑或受到周围同学的辱骂的现象

被调查者所在班级或社团中是否曾经有同学被起了侮辱性的绰号的现象

被调查者学校中是否存在某同学被推撞或者拳打脚踢的现象

被调查者所在班级同学是否曾经在网络上受到过其他同学的伤害

可以看到在当下高中学段学生的集体环境中,有3成左右学生遭受过各种形式的校园欺凌,欺凌形式的比例为侮辱性绰号≈当中嘲笑≈被孤立>拳打脚踢>网络暴力,这一结果表明语言性侮辱比例高于身体暴力,当面侮辱比例高于网络暴力。

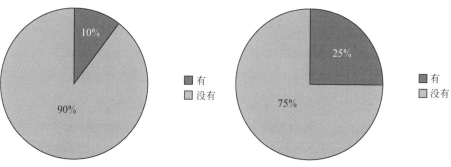

被调查者是否曾经受到过同学的威胁或恐吓,做不愿意做的事情

被调查者是否曾经有过被同学当众取笑或侮辱的经历

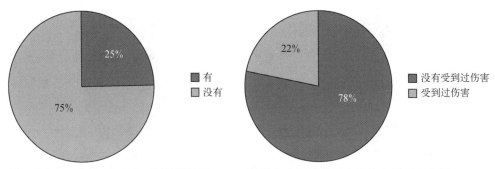

被调查者是否有被同学起侮辱性绰号的经历

被调查者是否曾经在网络上受到来自同一学校同学的伤害

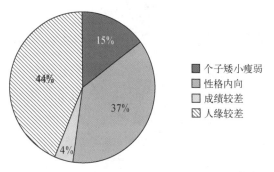

被调查者认为怎么样的同学最容易受到校园欺凌

可以看出大约有四分之一的受访学生本身遭受过来自身边同学的各种形式上的欺凌,有网络暴力、起绰号、当中嘲笑,但是被恐吓的比例还是相对来说比较少的,其他的可能都是同学间玩笑没有把握好分寸。

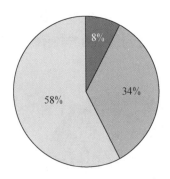

■ 担心受牵连,视作不见
■ 当众制止不良行为,给予必要的保护
□ 求助周边的同学、老师或家长

被调查者面对周边的同学正受到言语和肢体伤害时的态度

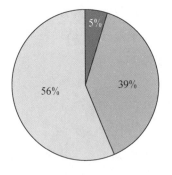

■ 默默忍受,息事宁人
■ 立即反击,维护自我权益
□ 当时先忍受,后续求助老师或家长

被调查者面对校园欺凌的反应

　　可以看到在分析什么样的同学会收到校园欺凌时，人缘较差的学生占了44%，而成绩差的只占了4%，还有性格内向的同学也会被认为是遭受校园欺凌的目标。在面对身边的校园欺凌时，无论发生在自己身上还有别人身上，很少有人会选择视而不见或者默默忍受，寻求老师的帮助占据了大多数，其次便是当场打回去，和当众指出别人的不当之处。

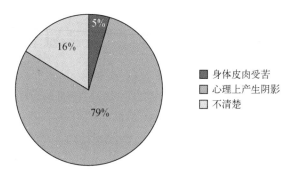

被调查者认为受到欺凌后的最大打击

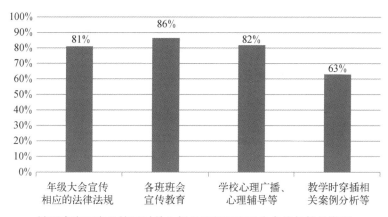

被调查者所在学校通过什么样的途径提高学生自我保护的意识

　　可以看到遭受校园欺凌后受到的最大的打击是心理上的创伤达到79%，产生皮肉痛苦的只有很少的一部分。在学校的知识普及方面，在教学时穿插的案例分析较少，但总体来说普及相对到位主要集中在年级大会的宣传，各班班会的宣传和学校心里广播的宣传。

2.学校差异对校园欺凌情况影响

　　从学校方面来分析问题，对于不同的学校，两所学校的学生都或多或少被

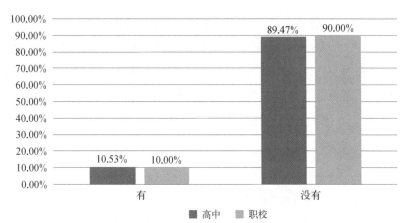

所在学校对是否曾经受到过同学威胁或恐吓的影响

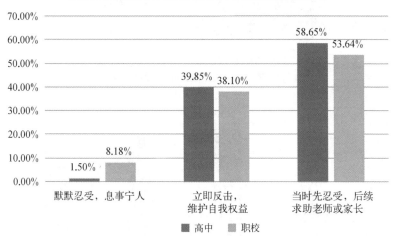

所在学校对面对校园欺凌态度的影响

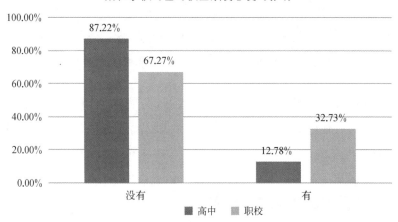

所在学校对是否曾经在网络上受到来自同一学校学生伤害的影响

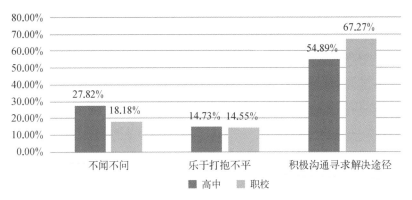

所在学校对校园欺凌不良现象态度的影响

威胁恐吓过，而且比例相差很小，说明这个现象不分学校好坏，是普遍存在的。网络并非法外之地，网络上对同学的欺凌也属于校园欺凌，但某些学生在现实中不敢肆意妄为，但在网络上就重拳出击，对同学进行伤害，这一现象在职校尤其明显，比例高达32.73%，所占比例是高中的2.56倍，但总体来说，无论高中还是职校校园欺凌在网络上的发生率比现实中高，所以加大网络保护是当务之急。高中的学习环境相对较好，气氛相对融洽，学生在面对校园欺凌这方面经验不足，在面对这种情况下，高中学生的行为更冲动，更多的学生选择立即反击，职校可能之前在身上发生过这类事情，所以选择寻找老师帮助的比例更多。也有些同学选择默默忍受，其中职校有8.18%的受访学生选择了这一项，而高中的只有1.50%，相比来说高中同学在这方面更加勇敢，不害怕所受到的威胁。在面对班级中发生的欺凌现象，更多的高中同学选择不闻不问、事不关己，这是高中一个普遍的现象，不仅仅存在于欺凌中，很多其他地方也是。所以总结而言：职校的学生更加保守，但有更多的学生默默忍受着欺凌现象，希望老师能从一些学生身上察觉到校园欺凌现象加以保护，对待网络上的欺凌应加大巡查，鼓励学生自己向可靠的人检举在网络上进行欺凌的人，来减少这些事件发生的可能。

3. 不同性格对校园欺凌情况影响

在针对校园欺凌的众多因素中，性格是非常重要的，在内向的同学中面对欺凌现象尽管有一大部分人选择了立即反击和寻找老师帮忙，但默默忍受的比例还是大于其他两种性格的人，很典型地反映出这一类同学内心的脆弱。在对

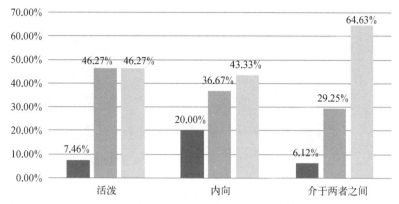

担心受牵连视而不见　　当中制止不良行为，并给予适当的保护　　求助周围的同学老师或家长

性格对于周边的同学正受到言语和肢体伤害时同学的态度影响

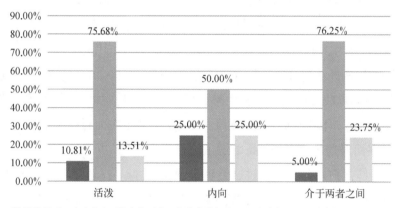

默默忍受，息事宁人　　立即反击，维护自我权益　　当时先忍受，后续求助老师或家长

不同性格的同学遇上了校园欺凌会怎样

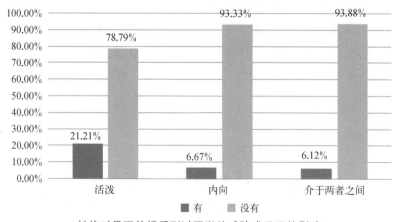

有　　没有

性格对是否曾经受到过同学的威胁或恐吓的影响

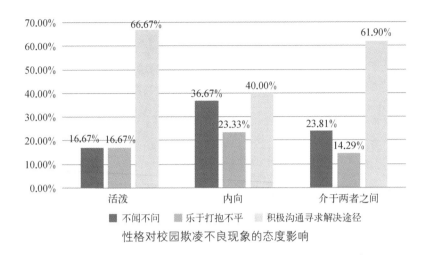

性格对校园欺凌不良现象的态度影响

于校园欺凌的对象中,性格活泼者占据了大多数被欺凌对象,反倒更让人觉得会受到欺凌的性格内向者没有发生那么多的欺凌,可能是由于欺凌者不能读出他内心中的想法,不好判定他性格是怎么样的才没有进行欺凌,性格介于两者之间的,我认为可以很好把握为人处世的方法,别人可能没有这个意向对他进行欺凌,而性格活泼的人,由于和外界有许多接触,别人很容易就能摸清他们的性格,而且,活泼的人相对话较多,容易说错话,造成别人的差印象,往往会带来校园欺凌,这个时候这些打击可能会打击他们的自信心,有大约10%的同学会默默忍受发生的一切。但性格活泼的同学在面对同伴受到校园欺凌时,往往会挺身而出,选项所占比例比内向者和介于两者之间者高出了10个和近20个百分点。总结:内向的同学在面对校园欺凌和同伴被欺凌时处于相对弱势的状态,活泼的同学更容易受到校园欺凌,但他们往往会在关键时刻挺身而出。针对这一现象,活泼的同学在释放天性的同时应该注意自己的言行,老师应该更关注内向的学生,虽然他们遇到校园欺凌的可能性很小,但是,往往他们被欺凌了也不会说出口。对于被欺凌的学生也要树立起他们的自信心,让他们重新面对学校生活。

4.身高差异对校园欺凌情况影响

对于身高的分析,不同身高给别人留下的印象有很大的不同。在一般印象中,身高较矮的青少年因体形相对较弱,受到欺凌的比例较高,但在调查后发现,身高在171—180 cm的同学最不易受到欺凌,相反身高高于181 cm的同学受到欺凌的比例高达19.23%,是所有被调查对象中受欺凌比例最高的,推测原因是

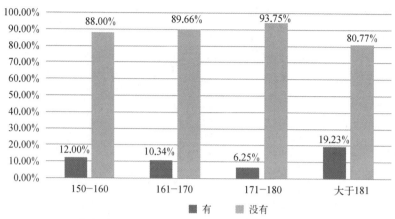

身高对是否曾经受到过同学的威胁或恐吓的影响

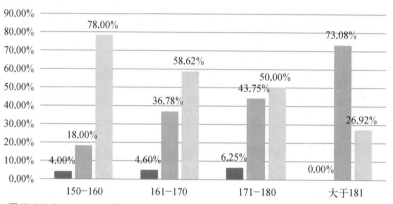

身高对面对校园欺凌的反应影响

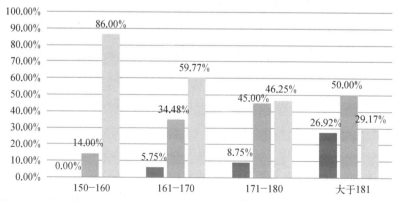

身高对于周边的同学正受到言语和肢体伤害时态度的影响

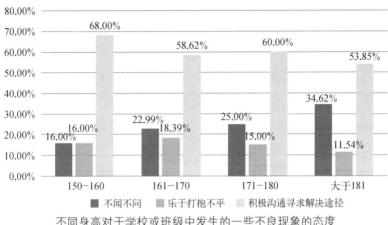

不同身高对于学校或班级中发生的一些不良现象的态度

较高的身高受到同学的嫉妒而被孤立,但同时相较于较矮的同学,身高181 cm以上的青少年受到欺凌后,选择默默忍受的比例为0,大部分选择立即反击,维护自身权益者的比例高达73.08%,在被欺凌率和立即报复率都如此之高的情况下,很容易在校园中发生一些冲突。但看上去性格猛烈的高个子在面对同学受到校园欺凌时,却有26.2%的学生选择了视而不见,在处理班级中的不良现象时更有34.62%的高个子选择了不闻不问,有可能是他们对别人身上发生的事情不关心,也有可能他们自己觉得高人一等,不屑一顾。总结:身高越高的同学更容易造成校园中的冲突,班主任需要调节好同学与同学之间的关系,增加他们的友谊,虽然不能改变学生本身对于立即反击的现状,但可以减少它们之间的冲突。面对那些对欺凌同学无动于衷的同学我们也不能做什么比较,那是他们的权力。

5. 担任班干部对校园欺凌情况影响

班级干部是班级中处于主导地位的一群人,显而易见他们和普通学生一样也会受到校园欺凌,他们在网络上受到欺凌的比例比现实中更多,原因之一他们是班主任的帮手,在现实中欺负他们可能会被处分或者收到责骂,而在网络中对他们动口,他们很难求助班主任,而施暴者则可以对他们平时施加的压力,或者让他们不舒服的管理方式重新返还给管理者。就管理者而言,对于学校里的不良现象他们大多都积极寻找解决方法。结论:应多关注班级干部身上发生的欺凌事件,由于工作要求管理班级,可能会受到一些学生的报复,加强班级干部的心理预防工作尤其重要,也可以提醒班级干部,适当调整工作模式,不要过于死板。

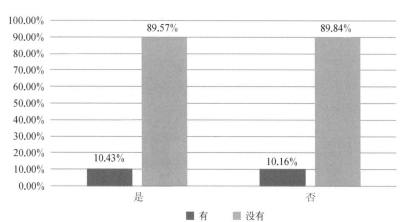

是否担任班干部对是否曾经受到过同学威胁或恐吓的影响

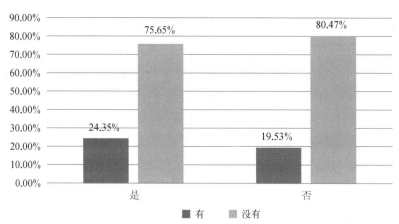

是否担任班干部对于是否曾经在网络上受到来自同一学校同学的伤害

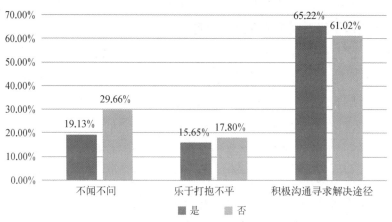

是否担任班干部对于学校或班级中发生的一些不良现象的态度

6. 学习成绩对校园欺凌情况影响

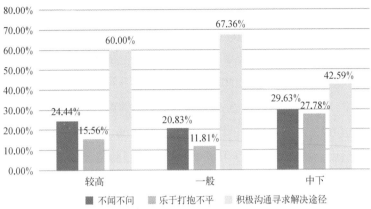

学习成绩对于学校或班级中发生的一些不良现象的态度影响

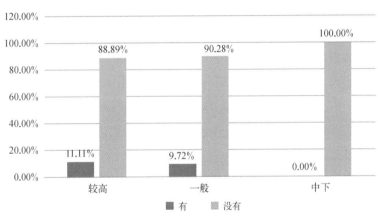

学习成绩对是否曾经受到过同学的威胁或恐吓的印象

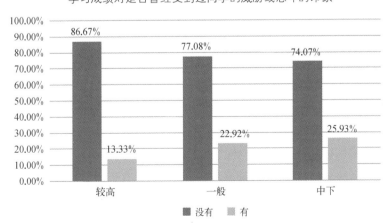

学习成绩对于是否曾经在网络上受到来自同一学校同学的伤害

关于学习成绩对于学生受校园欺凌的影响，由第一幅图可以看出学习成绩一般或较好的同学面对班级里发生的不良状况会选择积极寻找解决途径，而学习成绩相对较差的同学相比之前的两组更偏向于选择乐于打抱不平和不闻不问。成绩处于中下的学生比较不善于和老师交流，但很热心喜欢自己出手，还有的可能由于成绩不好而产生了自卑的心理，选择了不闻不问，在成绩较好的和成绩中等的组中，成绩较好的学生选择不闻不问的比例更大，可能是成绩好的学生一心只用在学习上，对旁边发生的事没怎么关心，而学习一般的而学生相对来说各项数据都适中。第二幅图是学习成绩和受到被威胁情况的分析，学习成绩越好受到威胁的可能性越高，可能由于他们的成绩相对较好，会有一些成绩差的学生威胁他们要他们的作业，受威胁的人数比例随着成绩的降低而降低，成绩最差的比例为0，可能是一些学生狼狈为奸互相勾搭，去祸害其他学生。而对于网络上受到的伤害，成绩越差的学生受到的欺凌比例更多，可能成绩越差的同学接触网络的时间越多，更容易被同校的学生在网络上欺凌，而成绩好的学生接触网络的时间相对较少，受到的欺凌方式可能也是相对集中于学校的一些琐事。结论：重点关注学习成绩没那么优秀的学生，对他们进行思想教育，减少他们对别的学生进行威胁的可能性。保护成绩好的学生，对他们进行心理建设。

7. 半开放式访谈结果

依据班主任的采访，班主任都说到要坚决杜绝这种现象不能让这些事情有所发展，在面对校园欺凌的概念上，班主任都觉得一些小玩笑，导致的问题不能算是校园欺凌，但对别人确确实实造成了伤害的包括在校园欺凌，比如说打架斗殴等。两位班主任都表示目前班级中没有出现类似校园欺凌的现象，两个班级分别是男生多和女生多，但相处得都很和谐。面对校园欺凌的解决方法，班主任与班主任没什么不同。主要是找双方同学沟通，解决矛盾，必要时还要寻找家长，或交学校处分。最后影响班级融洽的因素主要集中在家庭背景，自己生活习惯，性格不合，解决问题的态度等。

在对同学的采访中，同学承认班级中会有小团体，不是一个团体中的人就不会有非常多的交流，班级相较而言比较和谐，但没有很团结。班级中没有被完全孤立的人，只有性格比较内向的，交流比较少而且如果这样的学生受到别人的欺负，受访学生也是愿意站出来的。受访学生觉得这类事不需要大人进行接入。

目前访谈的结果可以看出,班级中的确存在一些小团体的现象,但规模没有达到有孤立等校园欺凌的地步,而且这些小团体都是学生之间的,没有汇报到班主任那边,班主任认为班级气氛非常和谐,有时候班主任这样没有充足了解班级情况,可能会使一些同学被欺凌,但好在没有这种情况的发生。有一些少交流的也是由于学生的性格问题,是自己不愿意和别人交流的,对与发生在学校里的校园欺凌,班主任都是选择对其进行批评教育,如果严重了就要对其开处为鸡蛋或校级的处分警告。班主任对于寻找班级融洽的因素集中在家庭背景、生活环境等。建议班主任更关注班级同学的氛围,帮助那些不善于和别人交流的同学建立起人际关系,走出阴影。对班级学生的背景有所了解,减少可能存在的校园欺凌发生的隐患,减少校园欺凌发生的可能性。

四、结论与建议

1. 结论

（1）高中学段学生中,接近三成学生受到过校园欺凌,欺凌形式比例为侮辱性绰号≈当众嘲笑≈被孤立＞拳打脚踢＞网络暴力;

（2）人缘较差及性格内向的学生最易受到校园欺凌,而欺凌者欺凌他人的主要原因是显示自身强大,获得团体中的话语权;

（3）56%的学生面对校园欺凌选择求助他人的帮助,能直面欺凌的学生仅为39%,欺凌对学生极易造成长期的心理困扰;

（4）职校生、身高较高、成绩较好且内向的学生受到校园欺凌的可能性较高;

（5）职校生、身高中等、成绩较差、班干部以及外向的学生更愿意直面校园欺凌,并帮助他人。

2. 创新点

（1）对比同班级的班主任及学生的半开放式访谈结果,了解班主任对校园欺凌现状的认知程度,为预防校园欺凌提供建议;

（2）本课题分析了不同身份（学校、性格、身高、是否担任班干部）的校园欺凌情况及态度差异,有助于对校园欺凌进行针对性的干预。

3. 建议

（1）班主任对本班级出现的校园欺凌现象认知不足，应注意与班干部之间的沟通，及时了解班级内校园欺凌情况；

（2）主动关心身高181 cm以上、性格内向学生的校园欺凌情况，并注重网络语言等新媒体欺凌形式；

（3）帮助那些不善于和别人交流的同学建立起人际关系，走出阴影。对班级学生的背景有所了解，减少可能存在的校园欺凌发生的隐患，减少校园欺凌发生的可能性；

（4）可以提醒班级干部，适当调整工作模式，不要过于死板，可减少普通学生与班干部之间的冲突，减少校园欺凌隐患；

（5）重点关注学习成绩没那么优秀的学生，对他们进行思想教育，减少他们为了作业等一些事务对别的学生进行威胁的可能性，保护成绩好的学生，对他们进行心理建设。

参考文献

［1］韩仁生，王倩.中小学生欺负者归因特点的研究［J］.心理科学.2010（01）.

［2］罗丽君，陈冰，赵玉芳.校园欺凌行为的理论解构与防治策略［J］.教育学术月刊.2018（06）.

［3］娄丽.受欺凌者视角下校园欺凌的原因及应对方式研究［D］.中国青年政治学院，2019.

［4］周冰馨.学校主体责任视野下的中小学校园欺凌问题研究［D］.湖南理工学院，2019.

［5］孙时进，施泽艺.校园欺凌的心理因素和治理方法：心理学的视角［J］.华东师范大学学报（教育科学版）.2017（02）.

［6］牛余婷.校园欺凌防治存在的问题及对策［D］.山东师范大学，2019.

第35届上海市青少年科技创新大赛三等奖

姚隽涛

更新理念促发展，完善指导增质量

周　静

摘要

　　随着素质教育的推行，青少年科学素质的提升越来越受到社会的关注和重视，培养合格的科技创新后备人才已成为当前青少年科技教育关注的热点问题之一。而指导青少年开展创新课题研究正是培养科技创新后备人才的有效途径之一。本文着重从更新教育理念和完善指导过程两方面对科技教师究竟该从何入手，更好地指导青少年开展创新课题研究，为科技创新后备人才的培养做出贡献进行了探讨。在更新教育理念上，本文提倡要认识到指导青少年开展创新课题研究是推行素质教育的必然要求，它要求我们必须打破学科的界限，更为关注过程而非结果。在完善指导过程上，本文认为需从选题入手，同时确保课题的正常实施才能有效地促进创新课题研究工作的开展，提升创新课题研究工作的质量。

关键词　青少年；科技创新课题；指导方式

　　随着素质教育的推行，青少年科学素质的提升越来越受到社会的关注和重视，培养合格的科技创新后备人才已成为当前青少年科技教育关注的热点问题之一。而由上海市教委、上海市科协等主办的青少年科技创新大赛、百万青少年争创"明日科技之星"评选活动等恰好为青少年科技创新后备人才的培养提供了一个实践平台，这些活动均以青少年科技创新成果的评选为载体，关注青少年开展创新课题研究的能力及其在创新课题研究过程中创新意识和实践能力的提升。因此，为适应时代发展的需要，指导青少年开展创新课题研究工作已成为科技教师的又一项重要职责。那科技教师究竟应从何方入手，更好地指导青少年开展创新课题研究呢？结合当前工作的实际情况，我们主要在更新教育理念、完善指导过程上进行了初步探索。

一、更新教育理念，促进创新课题研究工作开展

培养科技创新后备人才不是一个新的任务，但指导青少年开展创新课题研究工作对大多数科技教师来说却是一个相对较新的职责。在指导青少年开展创新课题研究的过程中，面对重重阻碍，如何从根本上消除退缩、畏难心理，首先必须转变观念、更新理念才能适应时代的需求，最终促进创新课题研究工作的开展。因此，在指导青少年开展创新课题研究之前，要建立以下三点认识：

1. 指导青少年开展创新课题研究是推行素质教育的必然要求

指导青少年开展创新课题研究不仅可以激发他们的创新意识、培养他们的实践能力，同时在总结成功经验和失败教训的基础上，也能更好地改革、完善现有的指导体系，提升青少年的科学素养、综合素质。创新课题研究过程中还可以渗透新的教育理念，让青少年体验创新的魅力，感受研究的快乐，使之能更好地适应社会、时代的需求，而这也恰是素质教育的目标之一。因此，我们要清醒地认识到指导青少年开展创新课题研究是推行素质教育的必然要求，是社会发展对我们提出的新要求。

2. 指导青少年开展创新课题研究要求我们必须打破学科界限

当今社会，科技和文化的发展日趋综合化和多元化，时代的发展需要具有多元性知识、综合性能力的复合型人才，因此，科技创新后备人才无可避免的也需具备复合型能力。简言之，复合型的实质就是打破学科或专业之间的界限，了解并掌握不同领域的知识及思维方法。要让青少年具有复合型的特质，承担指导职责的教师首先需打破自身的学科限制，具备集成性的知识、复合性的能力和全面性的素养等特征。而近年来的实践也证明，在青少年科技创新大赛中指导学生获得优异成绩的往往是那些敢于打破学科界限、突破专业限制的教师。

3. 指导青少年开展创新课题研究更应关注过程而非结果

长期以来，受竞赛指挥棒的影响，在校外青少年科技教育中，教师往往更关注比赛中获得多少奖项，简单说，也就是更关注比赛的结果。但在指导青少年开展创新课题研究的过程中，教师更应当注重过程，而不是结果。教师的着眼点不应在这个创新课题最后究竟能获得怎样的奖项，而必须深入了解青少年在创新课题研究

过程中被激发的兴趣、应掌握的方法、被提升的能力和努力程度等。从这个认识出发，才能真正促进青少年科学素养的提升，促进创新课题研究工作的有效开展。实践也证明，更为关注过程的青少年，更具有持续发展、最终获得成功的能力。

二、完善指导过程，提升创新课题研究工作质量

指导青少年开展创新课题研究是一项工作量较大的任务，因此，提升指导的质量很重要。对于这项工作，科技教师必须全程关注，而不能仅凭经验在某一阶段对青少年进行专项指导。换言之，科技教师除需指导青少年选择恰当的课题外，还应当针对课题对青少年的文献查阅、信息归纳、实验设计实施或作品设计制作、论文撰写等能力进行相关指导，以便帮助青少年在课题研究过程中获得最大的收获，实现科学素养、综合能力的有效提升。

1. 认真选题不容忽视

选题是开展创新课题研究的起点，也是培养青少年创新意识的起点，好的选题意味着课题成功了一半。此外，选题阶段也是培养青少年发现问题、提出问题能力的重要阶段。因此，指导青少年认真选题在创新课题研究过程中有着不容忽视的重要作用。

（1）选题要关注青少年的兴趣

兴趣是人对事物带有积极情绪色彩的认知活动倾向，它是个体行动的巨大动力。一个恰当的选题首先需符合青少年的兴趣。如果没有兴趣，青少年进行创新课题研究的动力就至少会消失一半，就不会主动地对课题进行探索、研究，结果往往是课题半途而废。在上海市青少年科技创新大赛中，我曾指导一位高中生开展"视频图像无线传输及保存模块"的工程类课题研究。研究初期，学生就对这个课题表示不感兴趣，希望换个方向。但当时的我考虑到探究的时间所剩不多，没有同意这个要求，学生在极不情愿的状态下虽完成了课题，但写出的论文可以说与小学生的论文都无法相比，最终只获得创新大赛的三等奖。而同届大赛中，一位小学生提出要研究醋，课题名为"醋在生活中的应用与探究"，学生的兴趣非常浓厚，自己设计实验方案，对老师提出的修改意见立即落实，课题不仅顺利地完成，还积累了大量的实验数据，得出的结论也有理有据，最终不仅

课题获得大赛一等奖,学生也在过程中激发了科学兴趣,开始坚持每年都参与创新课题研究。

(2)选题要遵循科学性、创新性、可行性的基本原则

科学性、创新性和可行性是指导青少年确立创新课题研究方向时必须遵循的三个基本原则。其中,科学性是指课题研究的方向应来自生活、符合实际,同时也符合青少年身心特点和接受能力;创新性是开展创新课题研究的本质所在,它可以是对现有事物的变革,也可以是对某一方面提出新观点、新见解或开辟新领域;可行性简言之就是可操作性,也就是说课题应切实可行,要求的结果既非不切实际,也非唾手可得。曾有学生提出要开展有关"纳米技术在模型抗油涂层中的运用前景"的课题研究,从其申报方案看,设想是借鉴壁虎的吸附原理,开发一种涂料,能让航空模型在飞行过程中通过速度的调整就可以摆脱附着在机身上影响飞行的油渍。应该说课题的设想很大胆,但要具体实施可谓遥不可及,最终学生在大量查阅文献后放弃了这个课题。

(3)选题离不开反复论证

在创新课题研究过程中,草率选题,不经反复论证与规划就进入实施阶段,极易因方案最后无法实施而导致课题半途而废。选题时的反复论证,不仅能为其后的实施阶段奠定扎实的理论基础,提供丰厚的参考材料,也能锻炼学生的文献查阅能力,为其今后课题研究工作的开展提供保障。如,曾有一位学生提出要研制手机触控屏的抗菌贴膜,在查阅大量的文献资料后,学生发现虽然可以设计出初步的实验方案,但现有条件下,无论是实验设备,还是实验材料都不支持他继续开展此项研究。是放弃,还是继续?学生选择了第三个方向,他对触控屏抗菌贴膜的研制究竟是否可行进行了探究,最终课题获得创新大赛二等奖。应该说,没有选题时的反复论证,就没有学生后来大胆的可行性探究,这个课题可能最终会走向半途而废,而不会有一个结题获奖的机会。

2. **课题正常实施需确保**

好的选题意味着课题成功了一半,而剩下的一半就依靠课题是否能够按计划正常实施。影响课题正常实施的因素有很多,实验设备、实验材料、实验时间等,各种各样意想不到的情况都有可能会对课题的正常实施产生影响。消除这些不良因素的影响,一方面需要依靠前期选题、开题过程中,尽量周全的方案设

计，另一方面也需要过程中方案的不断完善、教师的细致引导与监督，以及面临突发情况的应变能力。

（1）课题的正常实施需要时间表

这里所说的课题实施时间表，其实就是开题阶段，每个课题都会做的一份详实的计划表，其中列明了何时至何时，课题必须完成至何种阶段。一份详实的时间表，结合严格的实施，不仅能帮助青少年合理安排时间，对课题的成功也会起到事半功倍的作用。在"上海市明日科技之星"评选活动中，一位高三学生在我的指导下开展了名为"基于随动控制系统的右转盲区降低方法研究"的课题探究。高三的学业是繁忙的，而要完成课题所需学习的技能、开展的实验也是繁多的，如何处理好学业与课题的关系，对学生是一个不小的考验。值得高兴的是，经历过多届上海市青少年科技创新大赛考验的学生，在课题实施阶段主动制订了一份详实的时间表，列明了每个阶段必须完成何项任务，而其自身也严格按照预定的时间表按部就班地完成各项工作。其中，当然也遇到各类未料想到的困难，但在学生的努力下，最终课题得以顺利完成。最后，学生不仅获得当届"明日科技之星"称号，也考上了理想的大学。

（2）原始的实验记录要充分积累

实验记录并不是仅指课题实施过程中所得的各类数据或依数据而得出的各类图表。严格来讲，实验记录应该涵盖课题实施过程中，有关实验方案、步骤、结果、分析的各种文字、数据、图表、照片等原始资料。实验记录必须客观真实、全面准确，且具有可溯性。优质的实验记录不仅有助于我们在课题研究过程中保持清醒的思路，抓住重要的实验现象，也有助于我们得到创新的结果，并提高工作效率。同时，优质的实验记录也有助于我们在后期的终评展示中使课题的整体材料看起来更丰富，又具说服力。以我指导的三个小学生完成的课题为例，学生A的课题"工作状态下节能灯电磁辐射研究"以较为翔实的实验方案和紧跟时事的创新点在市青少年科学社的第一轮选拔中就获得会员资格，应该说开了非常好的头，但在随后的课题实施过程中，学生没有听取指导教师的意见，对预定的实验要重复实施多次，反而觉得重复实验费时间、费精神，每个预定的实验都只做一遍就草草了事，对结论也不反复验证，最终连大赛的终评展示环节都未能入围。而学生B的课题"有无虫眼青菜中农药残留的比较"虽然实验设计简单，在市青少年科学社的第二轮选拔中才获得会员资格,但学生在课题实施过程中,不厌其烦地挑选不同的样品进行多次的实验,积累了丰厚的实验数据,也使其结论更为可信,最终获得大赛二等奖。学生C的课题"平板电脑与小学生成长关系的初探"虽属较为枯燥的社会科学类课题,但学生没有因为枯燥而有所懈怠,面向学生和教师设计了不同的调查问卷,并在不同年级中抽取了大量的样本进行调查分析,详实的数据、丰富的图表、全面的分析最终使这项课题获得了大赛的一等奖。

(3)要教会学生正确面对失败,及时修正方案

课题的研究不可能一帆风顺,即使事前考虑再全面、准备再充分,实际实施过程中还是会出现这样、那样的小问题,遇到挫折在所难免。当学生遇到挫折时,教师必须及时介入,帮助他们正确对待实验中的失败现象,及时调整实验方案。备赛创新大赛期间,集体项目"食用油用什么装好"在塑化剂的检测上遇到了瓶颈,三位初中生在查阅大量文献后发现,要测油品中的塑化剂含量,依靠他们现有的实验技能根本是不可能完成的任务。学生感觉很受伤,觉得前期大量的准备与付出都白费了,想要放弃这个课题。在这种情况下,教师及时介入,根据学生前期收集到的材料,提示学生是否可以从这些材料中找出新的指标进行检测,但同样能达到解决课题目标的效果。最终,学生决定以过氧化值为检测指标进行各类实验,经过调整后的实验方案在实验技能上对学生有了新的要求,但又没有超出学生的能力范围,最终,课题获得创新大赛一等奖。

指导青少年开展创新课题研究工作,为科技创新后备人才的培养提供了有力的支持和广阔的平台,更新教育理念、完善指导过程都有利于我们利用好这个平台为科技创新后备人才的培养做出一份贡献,但要将其与科技创新后备人才的培养更好的融合在一起,我们仍有很多问题要思考,有很多方向需努力。

参考文献

[1] 沈春东.指导高中学生进行研究性学习的策略研究[J].中学课程辅导(教师教育),2019(23).

[2] 李建莉,姚志清.研究性学习与创新思维培养实践研究[J].安徽教育科研,2018(10).

[3] 杨颖.核心素养——青少年创新能力培养实践探索[J].考试周刊,2017(84).

[4] 袁屹,夏航.基于大学生机械设计竞赛的创新型人才培养[J].现代营销,2013(4).

[5] 曾宪菊.怎样指导学生进行研究性学习[J].学习方法报(教研版),2012(0111).

指导作品

独居老人紧急遇险求救器

摘要

目前，我国已进入人口老龄化快速发展的时期。为了解决独居老人安全预警问题，解除子女的忧心牵挂，以及帮助独居老人在遇到危险时能及时发出信号、得到救助，本课题提出了一种解决独居老人居家安全问题的报警策略。课题利用市场销售的无线遥控器、无线接收板和短信发送模块，设计了一款适用于独居老人的紧急遇险求救器。这样在老人遇到危险时，按下随身携带的遥控器按钮，就能在第一时间通过发短信或拨打电话的方式通知子女、亲戚朋友或物业保安，以寻求帮助，使遇险老人得到及时救助。

关键词 老龄社会；独居老人；遇险求救器

一、问题的提出

随着社会老龄化程度的加大，独居老人越来越多，已成为一个不容忽视的社会问题。他们大多行动不便，子女又多在外地务工或定居。虽然，对于独居老人问题，政府和社会已给予了高度关注，但面对独居老人这一日益壮大的群体，公共资源仍属稀缺，而有关独居老人死亡多日、无人发现的痛心消息也经常见诸报端，让人唏嘘不已。因此想到，能否设计一款适用于独居老人的紧急遇险求救器，帮助老人在遇到危险时能及时发出求救信号，获得及时的救助。

二、方案设计

1. 设计思路

在充分进行网络调研的基础上，又征集了家人，尤其是爷爷奶奶、外公外婆等老年人的意见。在大家的鼓励下,又请教了爸爸的同事,最终决定利用市场普及且价格很便宜的摩托车、电瓶车遥控器的收发板,外加网购的一块能发短信的GSM模块,来制作"老人紧急遇险求救器"。这样当老人遇到危险时,随手按下挂在脖子或腰间的遥控器的按钮,就能立即发送短信或拨打电话通知子女、亲戚朋友或物业保安,使遇险老人能在第一时间内得到救助,减少悲剧发生。

2. 原理图

该紧急呼救装置是由一个遥控器、一块无线接收板和一个GSM模块组成。遥控器用于挂在老年人胸前(或腰间),供紧急呼救用。

"老人紧急遇险求救器"原理图

3. 工作原理

当独居老人按下遥控器时,无线接收板就会接收到无线遥控器发来的求救信号,板子上的继电器开关就会闭合,这个闭合开关连接到GSM模块上的触发端口,此时继电器会模拟人的操作,立即自动拨打预先存在GSM模块上的SIM卡里的电话号码或发送短信,将险情信息发送出去,从而达到求救的目的。

三、制作与调试

第一步:将市场购买的无线接收模块用电烙铁焊接起来。

第二步:将市场购买的GSM模块接上天线。

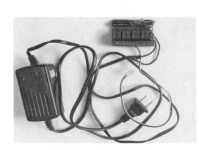

焊接好无线接收模块

GSM模块接上天线

第三步：接上电源。

第四步：将接收板、GSM模块和电源连接好。

第五步：手机显示效果图。

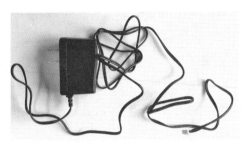

接上电源

连接好的成套设备

手机成功设置与设置后短信呼叫显示图

四、使用说明

1. 将插有手机SIM卡的GSM模块和无线接收板，放在一个塑料盒子里（金属盒会屏蔽手机信号），然后放在家里任意一个能收到手机信号的地方均可。

将紧急呼救遥控器放在独居老人身上，一旦家中老人遇到险情（可能是跌倒、或遇到危险），老人只要按下遥控器上的按钮，无线接收模块就会收到报警信号,触发GSM模块,自动发出预存的手机号码。此时,预先存在GSM模块里的家人电话号码便被接通,家人便在第一时间接到报警求救信息。

2. 手机号码设定(一共可以预设5个手机号码)。使用任意一部手机,编辑短信: 0123411138xxxxxxxx,发送到GSM模块里的手机SIM卡号码,稍等片刻,你的手机会收到"第1组号码设置成功"的提示信息。其中,前六个数字"012341"为初始密码,第七个数字"1"为预设的第一个手机号码,第八位数字开始的"138xxxxxxxx"为要设置接警的手机号码。

例如: 0123412189xxxxxxxx,则表示将第二个手机号码189xxxxxxxx设置进GSM模块里的手机SIM卡。

3. 短信内容设定。使用任意一部手机,编辑短信"设置: 报警短信内容",发送到GSM模块里的SIM卡号码,稍等片刻,你的手机会收到"报警地址设置成功"的提示信息。其中,报警短信内容,就是要设置的报警文字。

五、收获与体会

在这次的课题制作过程中,我在老师的指导下,自己动手焊接元器件,把创意变成了现实,有效地解决了老龄社会中迫切需要解决的一个问题,非常实用。作为一个小学生,我们要善于发现问题,并努力去解决它。课题的创意和制作过程让我体会到了学习科技制作的乐趣,从开始的资料收集,再到最终想出解决方案,无论是多大的困难,我都坚持自己动脑筋想办法。我想,这篇论文是我小学阶段的一个宝贵财富!

参考文献

[1] 张元欣、俞守华、许丹纯、林玉高、陈广成.基于Android的独居老人异常自报警软件的设计与实现[J].信息系统工程,2013(11).
[2] 唐明霞.独居老人无线监护系统的设计[D].哈尔滨理工大学,2007.

第30届上海市青少年科技创新大赛一等奖

第30届全国青少年科技创新大赛二等奖

夏梓霖

指导作品

餐饮企业环境友好行为转变的研究
——以油烟治理为例

摘要

　　APEC即将在北京举行时，北京外事办主任曾说过，城市大了以后，中国人习惯的烹饪方式对$PM_{2.5}$的贡献也不小。事实是怎样的呢？过敏体质、深受厨房油烟困扰的我随意问了下身边的同学、朋友，结果或多或少都遇到过餐馆油烟扰民的事。那油烟的主要源头，餐饮企业对油烟治理究竟又是怎样的一个态度和现状呢？本课题通过问卷调查法，从餐饮企业的基本情况及已采取的油烟治理措施、对油烟排放和治理的认识等方面进行了调查研究，同时面向周边居民，从油烟治理的感受和期望等方面来进行调查验证，发现具有一定规模的餐饮企业在油烟治理上，虽然会受一些客观因素限制，但都能积极面对，无论是理念，还是行为上，都在向着与环境友好的方向发展。而公众方面，对油烟治理也有一定的关注，但仍需加大科普宣传力度，在增加透明度的基础上，推动公众对餐饮油烟治理的感受向更好的方向发展。

关键词　餐饮企业；环境友好；行为转变；油烟治理

一、问题的提出

　　过敏体质的我，在家里做饭时，总是离厨房越远越好，曾经楼上的邻居未将油烟排放纳入预留的烟道，对我带来很大的困扰，最终在对簿公堂后胜诉，由法院强制执行。而APEC即将在北京举行时，北京外事办主任也曾说过，城市大了以后，中国人习惯的烹饪方式对$PM_{2.5}$的贡献也不小。事实是怎样的呢？我随意地问了下身边的同学、朋友，结果或多或少都遇到过餐馆油烟扰民的事。那油烟的主要源头，餐饮企业对油烟治理究竟又是怎样的一个态度和现状呢？于是，我想到做这样一个课题。

二、调查概况

1. 调查工具

自编"餐饮企业环境友好行为转变调查问卷(企业版/居民版)",用以调查餐饮企业油烟治理的现状。其中,面向餐饮企业的问卷主要从企业的基本情况、对油烟治理的认识和已采取的油烟治理措施三方面进行调查。面向周边居民的问卷则主要从居住周边餐饮环境、对油烟治理的态度、对油烟治理的期望三方面来进行。

2. 调查对象

利用问卷星平台,同时借助市相关科研机构的帮助,面向餐饮企业和居民随机发放问卷。其中,填写问卷的餐饮企业93%为饭店,7%为食堂。全部都安装有油烟处理设备,其中62.5%的企业还安装有在线监控设备。灶头数量低于2个、在3至5个间及在6个以上的餐饮企业占比分别为12%、37%、51%。近年来,灶头数量增加、减少、不变的分别占比44%、10%、46%。填写问卷的居民,年龄主要集中于36—60岁,占比57%,22岁以下的占比25%,22至35岁的占比15%,超过60岁的占比3%。这些居民的居住地附近有餐馆的占96%,其中,近年来餐馆数量增加的占55%,数量未变的占28%,减少的占17%。此外,填写问卷的居民居住地周边的餐厅类型按占比大小主要集中为饭店、小吃店和快餐店,所占比例分别为87.69%、80%和75.38%。

三、结果与分析

1. 餐饮企业油烟治理现状

96.61%的企业能定期进行维护保养,维护频率在三个月至半年间的企业较多,占比52.54%,半年至一年间维护一次的次之,占比40.68%。

94.64%的企业对油烟净化设备进行了增加和更新,拆除相关设备的企业为0。

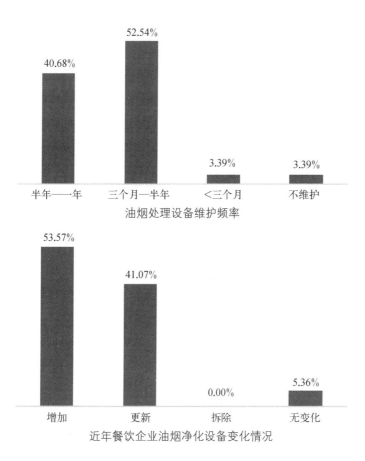

油烟处理设备维护频率

近年餐饮企业油烟净化设备变化情况

在周边居民是否对企业油烟排放有意见上，54.24%的企业自认没有意见，42.37%的企业认为偶尔才有，仅3.39%的企业认为经常有。

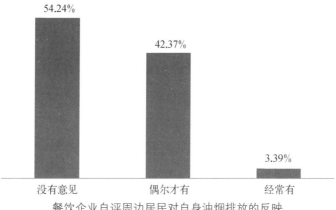

餐饮企业自评周边居民对自身油烟排放的反映

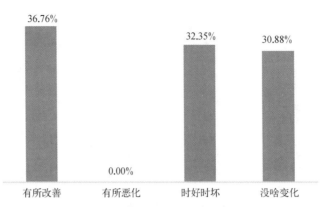

居民对餐饮企业油烟治理行为的观点

但居民在餐饮企业油烟治理行为上却仅有36.76%的人认为是有所改善的,约63.23%的居民认为企业在油烟治理上时好时坏或没啥变化。

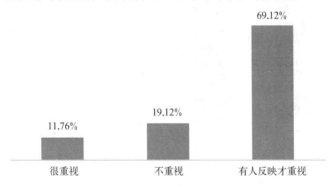

居民对餐饮企业油烟治理重视度的感受

同样,在餐饮企业对油烟治理的重视程度上,居民认为很重视的仅有11.76%,约69.12%的居民认为餐饮企业在油烟治理上要有人反映才会重视。

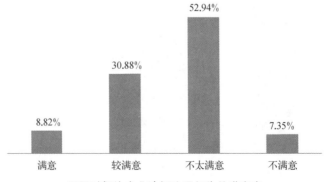

居民对餐饮企业油烟治理行为的满意度

而在对餐饮企业目前油烟治理行为满意度的调查上，满意或较满意的居民也只有39.7%，不太满意的达52.94%，不满意的约占7.35%。

2. 对烟油排放的认识

42.11%的企业认为达到标准规定的油烟去除率没有难度，现在就可胜任，19.3%的企业认为很难，标准太严，38.6%的企业则认为较难，日常维护的工作量太大。

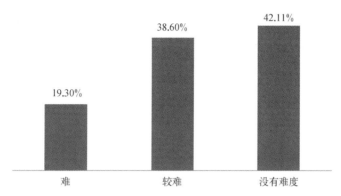

达到标准规定的油烟去除效率的难度

在餐饮企业油烟排放对环境的影响程度上，91.53%的企业认为影响大，仅8.47%的企业认为影响小或无。

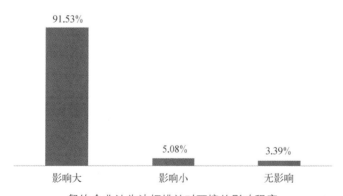

餐饮企业认为油烟排放对环境的影响程度

在对身体健康的影响程度上，认为餐饮油烟严重影响身体健康的企业和居民均超出半数，占比分别为89.83%和52.94%。但企业中，仅有1.69%的企业认为浓油烟才对身体健康有影响，这一比例在居民中却达到33.82%。而在油烟不浓对身体健康没有影响上，也有11.76%的居民认同。

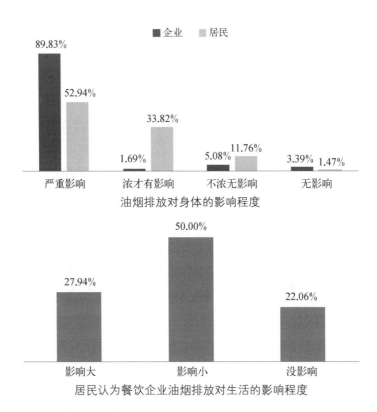

油烟排放对身体的影响程度

居民认为餐饮企业油烟排放对生活的影响程度

对于餐饮企业油烟排放对生活的影响程度,居民则有72.06%的人认为影响小或没影响,认为影响大的约27.94%。而将餐饮企业和居民厨房产生的油烟排放量相比,58.82%的居民认为餐饮企业多,30.88%的居民认为两者差不多,但也有10.29%的居民认为居民厨房多。

3.对油烟治理的认识

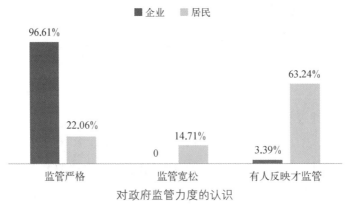

对政府监管力度的认识

在被问及如何看待政府目前监管餐饮企业油烟治理行为力度时，96.91%的企业认为监管严格，居民中只有22.06%的人认为如此。在居民中，63.24%的人认为政府是在有人反映的情况下，才会去监管企业的油烟治理情况，还有14.71%的居民认为政府的监管宽松。

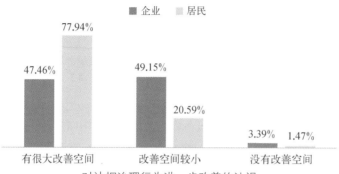

对油烟治理行为进一步改善的认识

在被问及企业的油烟治理行为是否还有进一步改善空间时，企业和居民中的绝大部分都认为有，分别占比96.61%和98.53%。不同的是，企业中认为改善空间大还是小的比例相差不大，约在2%，但居民中，77.94%的人认为有很大改善空间。

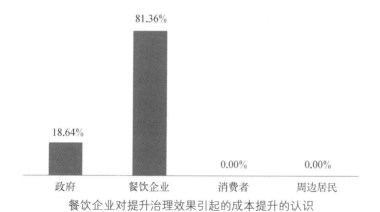

餐饮企业对提升治理效果引起的成本提升的认识

此外，企业在面对成本提升问题时，81.36%的企业选择了自身承担，仅18.64%的企业选择了由政府承担，但没有企业选择由消费者或周边居民承担。

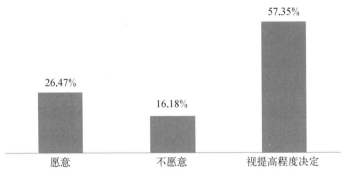

居民是否愿意承担为治理效果提升而带来的经济支出的增长

对此问题,居民中有26.47%的人选择了愿意承担由治理效果提升而带来的成本提升,例如菜价提高,也有16.18%的居民选择了不愿意承担,但超过半数的居民选择的是根据提高程度决定是否承担。

四、结论

1. 关于餐饮企业油烟治理现状

从调查数据看,近年来,餐饮企业对于油烟治理问题还是比较重视的,他们正在努力投身环境保护相关工作,对环境的行为是向着友好的方向在发展的。但我们也发现,居民对餐饮企业在油烟治理上的行为却没有相同的感受,这也许与此次参与问卷调查的居民周边有大量快餐店、小吃店,企业样本却缺乏此类类型相关,但也反映出企业在油烟治理上依然任重而道远,需要向居民加大宣传力度,展示治理效果。

2. 关于对油烟排放的认识

由调查数据可以看出,绝大多数参与调查的企业知道有关饮食业油烟排放的国家标准,并且相较居民,明显更多的认识到了危害,无论是在油烟对环境的影响,还是对身体健康的影响上,绝大部分企业都已明确餐饮油烟是具有较大影响和较大危害的,与浓度没有什么大的关系。而大多数居民对餐饮油烟的认识更多的局限于自家厨房的油烟,认为对生活影响小甚至没影响,需要政府加大科普力度,提升居民在这方面的认识。

3.关于对油烟治理的认识

由调查数据可以得出，无论是企业还是居民对油烟治理问题还是有一定关注度的，其中企业出于自身需要等各类客观因素，关注的程度要略强于居民。在政府监管问题上，企业和居民出现了相反的情况，绝大部分企业认为监管严格，但大部分居民却认为是有人反映才会监管。在进一步改善问题上，由于视角、立场等各类客观因素的不同，居民对进一步改善是抱有更大的期望。在面对经济成本提升的问题上，无论企业还是个人，都愿意量力承担。

4.综述

通过本次问卷调查，我们能发现具有一定规模的餐饮企业在油烟治理上，无论是理念，还是行为上，都在积极向着与环境友好的方向发展，也许过程中，企业还会面对人力、物力、财力、技术等各方面客观因素的限制，但都有信心能积极面对，推动自身行为向更好的方向发展。而公众方面，对油烟治理也有一定的关注，也从侧面反映了目前企业油烟治理行为的良好态势，但还是需要加大科普宣传力度，在增加透明度的基础上，推动公众对餐饮油烟治理的感受向更好的方向发展。

五、创新点与进一步改进设想

环境与我们息息相关，不经意的一个日常习惯，积少成多，就有可能对环境、对自身造成不小的伤害。本课题以餐饮企业环境友好行为转变为研究对象，以油烟治理为切入点，通过问卷调查配合居民的问卷，了解餐饮企业油烟治理现状及其对油烟治理的态度和居民对油烟治理的期望，为有效改善城市环境质量，引导餐饮企业主动担当，积极主动开展油烟治理工作提供依据。但本次问卷调查过程中，在餐饮企业的调查对象上还有所欠缺，企业的类型多集中于饭店，小吃店、快餐店的样本量为零，在今后的研究过程中要加以改善。

参考文献

［1］ 杨光、余思琦.餐饮业油烟污染治理现状及法律对策分析［J］.内江师范学院学报，2016年（05）：120-124.

［2］ 马思雨.政府环境信息公开实践中存在问题分析：以武汉市餐饮业油烟污染调研为视角［J］.科技经济市场,2015年(05)：70.

［3］ 刘从平.饮食业油烟治理中的几个典型问题及对策分析［J］.污染防治技术,2006年(03)：52-54.

第33届上海市青少年科技创新大赛一等奖

杜筱含

创新，从生活"痛点"开始

刘皂燕

本人自2018年起在长宁区少科站担任科普英语项目负责教师。文科出身的我，在刚了解青少年科技创新大赛时，还真有点摸不着头脑。指导科技创新课题，好像是件很"高大上"的事情，没点"高精尖"的科研水平，真的能做好吗？在师傅和前辈老师们的指导和帮助下，我逐渐认识到创新大赛并非是要求学生发明些令人惊艳的"高科技"产品，而是培养学生善于发现问题，善于思考，将创新落实到实践的思维习惯。

一、选题：在生活中寻找"痛点"

俗话说一个良好的开始是成功的一半，对于创新大赛来说，良好的开始就是一个找到一个值得研究的课题。课题从哪里来呢？让老师确立一个课题，学生跟着做的办法不是很好，学生的兴趣和积极性往往不如自己选课题来得高。我们不妨鼓励学生自己寻找生活中的"痛点"，看看这些问题自己是否有能力尝试解决，从中找出可研究的课题。

这类解决生活"痛点"的课题有很多优势。一是和学生生活距离近，学生有实际体会，动手实践也相对容易一些；二是这样的课题确实解决了学生在生活中的问题，通过研究实践能做好这样一件事，能带给学生正面的成功体验；三是生活的"痛点"没有国界，比如老年人吃饭手抖，疫情用手按电梯带来感染风险，U盘容易丢失这类的事情，是没有什么国别之分的。那么一旦找到了可行的解决方案，也许在全球范围都可以推广应用，让人类的生活更美好。

二、查新：站在巨人的肩膀上

在学生确立想研究的问题后，可不要急着动手探究。牛顿曾经说过，我之所以看得远，是因为我站在巨人的肩膀上。我们要去了解前人的研究。查新是教师要指导学生静下心来细致地完成的一件事。在网上查找一些相关的科技文章、科技发明，看看前人是不是已经有了比较成熟的研究成果，已经发明了能解决"痛点"的产品了，产品或者解决方法是不是已经推广了。如果已经有了，那么这个课题也许不那么值得研究。当然，也可以从前人的成果中发现不足之处，用自己的课题加以改进。

三、探究：在哪跌倒就在哪爬起来

完成了选题与查新，就是最关键的一步：探究与设计。大部分中小学生进行研究设计的能力还是比较局限的，在这一步，指导老师要进行花较多精力细致指导。尤其是及时指出学生设计中的缺陷，为避免学生畏难中途放弃，还要及时给出一些修改建议和正面反馈，帮助学生在哪跌倒就在哪爬起来。

拖延，是人类共同的弱点。指导教师还要多设一些"检查点"，监督课题的进展，避免到时间截点匆匆结题这样虎头蛇尾的情况。此外还可以要求学生定期上交课题日志，这也有利于后期论文的写作。

四、论文：研究论文是个纸老虎

对于研究论文的撰写，学生往往会产生畏难心理，好像这是大学生、研究人员该做的事情，和中小学生沾不上边。作为指导老师，要让学生认识到论文只是一个纸老虎，它并不可怕。把自己课题的研究目标梳理清楚，把自己所做的研究记录下来，把来龙去脉呈现给别人，这件事其实谁都会做。明白了论文是什么，学生也就不会觉得那么困难了，再加上探究阶段做了充足的记录，论文就足够翔实了。

在论文修改方面，除了格式以外，要注意检查学生是不是说清楚了通过何种方式解决了生活"痛点"，有没有体现自己的创新，有没有体现实用价值，科学性方面有没有问题等。

最后作为一名科技教师，要时刻记得指导学生参加创新大赛，搞科技教育的初衷不是为了让学生获奖，而是培养学生发现问题，解决问题的思维习惯和实践能力。从大的方面来说，是在为国家启蒙和培育科技人才。科技教师不能带着功利性的目光去看待创新大赛，而要重视学生能力的成长和科学素养的发展。

指导作品 **1**

除湿防滑，洗手间地面广角吹风快干装置

摘要

在网络上搜关键词"洗手间摔倒"，竟然有很多人在湿滑的洗手间摔倒受伤，有老人、小孩，竟然还有很多成年人。看来，解决好洗手间地面的湿滑问题，是对于整个家庭成员的保护，对所有人都是非常重要。

市场上能找到的大多都是用于公共场所的鼓风机式吹地机，它体积比较大，不适用于对家里洗手间的地面进行吹干。平时大家也会在地上铺一些防滑的地毯或者防滑垫，但这样需要对地毯或地垫及时进行清理，操作起来也比较麻烦。

这个项目正是要发明一款小巧易用的家用洗手间地面快干装置，来避免地面湿滑所带来的危险。为了尽量减小装置的体积，必须要考虑提高吹风的能效，所以把它设计为贴地吹风。为了利用有限的装置大小，它由并排的多个小风扇组成长条形，出风口配以可以摆动导风的百叶来广角度吹风，不用的时候百叶闭合防止水汽进入。鉴于家里卫生间比较小，而且又需要经常使用快干装置，可以把它安装

百叶闭合（非运转时）

百叶摆动导风（运转时）

到洗手台盆下面，开关装在墙面上，即能节省空间又能方便使用。

关键词　洗手间地面；防滑倒；地面吹干；地面除湿；广角吹风

一、项目背景

由于洗漱、洗衣服、洗手、洗澡都是在洗手间完成，家里的洗手间地面经常湿乎乎的。每次外婆都嘱咐我们一定要随手用拖把地拖干，因为一旦忘记了，有人走进去不当心就有踩滑摔跤的危险。外婆有一次就滑倒了，腿上摔出好大块瘀青。还有年幼的妹妹也在洗手间也不小心滑倒过，让大家都非常心疼。

即使用拖把拖完，地面也不会立即干爽，还需要经常开窗透气，但夏天和冬天都不方便开窗透气，外婆也不可能每次都来叮嘱我们，这让我感觉到洗手间是家里最危险的地方。我就想，有什么办法能够随时快速地把地面的水弄干？是不是可以通过加热或者吹风之类的方法来解决？对整个洗手间地面加热估计比较麻烦，但感觉吹风应该是相对容易实现的。

于是我上网了解有没有简便易用的家用洗手间地面吹干机，可惜能找到的基本上都是鼓风机式地面吹干机，体积很大，而且只能朝一个方向吹，看起来不太适合家里空间较小的洗手间地面。

网络搜索结果

二、项目设计思路

设计的灵感来自于电风扇和空调。在夏天的时候我们会用电风扇消暑，我曾注意到桌子上有水的时候,风扇能把水吹干,这也跟干手机把手上的水吹干是一个道理。基于风扇把水吹干的原理:吹风=加快空气流动,这能够加速将水蒸发、挥发到空气中去,让地上的液体水变为了空气中的水汽,起到除去地面上的水的目的。我想,可以试着用同样的方法把洗手间地面的水也吹干。

怎么能把干地装置做的尽量小巧呢?这应该需要让风均匀地沿地面吹出,类似于空调出风口一样呈长条形,由并排的多个小风扇同时吹风。可是有限的长度也可能吹不到整个地面。我还想到了空调可以摆动的百叶出风口,这能变换风向,使得被吹到的面积更广,所以在我们的装置出风口也配以可以横向摆动导风的百叶,做到广角度吹风。背面的进风口采用可以纵向开合的百叶,打开时让气流进入,关闭时防止水汽进入。电路设计为并联电路,每个风扇相对独立运行,如果某个风扇坏了也不影响其他的风扇运转。

关于安装的位置,可以考虑把它装载到洗手台盆下面,并将开关安装在墙面上,这样不占位置还便于使用。

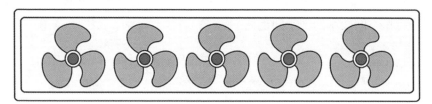

正面内部并排的小风扇

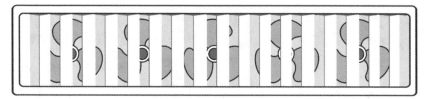

运转时正面百叶打开后摆动变换风向

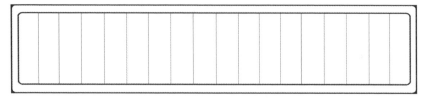

停止运转时正面百叶关闭防止水汽进入

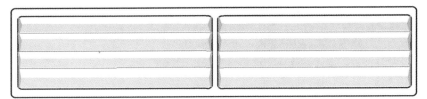

运转时背面百叶打开作为进风口让气流进入

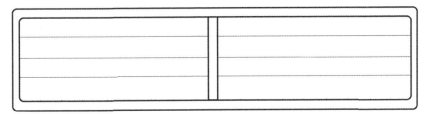

停止运转时背面百叶关闭防止水汽进入

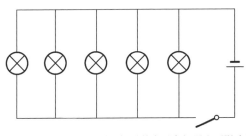

并联电路图设计,每个风扇相对独立运行,如果某个风扇坏了也不影响其他的风扇运转

项目设计图稿

三、模型展示

为了清楚展现内部结构,模型未加顶盖,实际应用中顶上应是密闭的。

正面百叶闭合(非运转时)

背面百叶闭合（非运转时）

内部细节（非运转时）

内部细节（运转时）

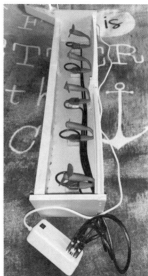

侧面（非运转时）

正面百叶摆动导风（运转时）

俯视（运转时）

背面百叶打开成为进风口（运转时）

四、项目创新点

1. 家用性：市场上用于吹干地面的鼓风机体积较大，高度高，宽度窄，只能吹到出风口宽度范围内较窄的地面。快干装置横向成长条形，由多个小风扇（扇叶连接马达轴承）并排组成，这样体积小，高度矮，宽度较宽，可以均匀地加大吹风面积；

2. 广角吹风：出风口采用可以摆动的百叶来变换风向，广角吹风，让风吹到整个洗手间的地面，不用的时候百叶关闭后还可以防止水汽进入；

3. 方便使用：可以把装置装在洗手台盆下面，即节省空间又能方便使用。

五、分析与结论

通过对风扇吹风、百叶摆动、气流进出以及并联电路的思考与分析，我们认为此装置的部件构造和工作原理是可行的。

而且在目前简单吹风的模型基础上，未来可以有更多功能的展望。比如加入电热丝增加吹风热度，使地面水分更快被吹干；将出风口做成非常狭窄的刀口出风口，集中气流增加出风的力度；通过传感器判断地面湿度，智能启停吹风；在装置底面安装隐形（直径小、嵌入式）滚轮，可移动装置用于家里的其他房间地面，甚至用到商场、地铁站等公共场合。

六、致谢

首先，我要衷心感谢我的指导师和专家们！从论文的选题、研究到最终定稿的每一个环节，他们都给了我很多的帮助和建议，让我的思路不断开阔和清晰起来，也收获了许多有用的知识和好方法。

感谢我的父母，他们非常支持我参加这个活动。在我遇到问题时，他们经常和我一起探讨并且鼓励我努力思考、探索和想办法解决问题。

感谢为我们举办此次活动的单位和人士，提供了这么好的机会来让我们大胆创新，编织自己的梦想。

最后，提前向评审我论文的专家们表示感谢！你们的批评和建议将成为我进一步努力创新和学习的动力。

第35届上海市青少年科技创新大赛二等奖

柴佳芸

指导作品

公交、地铁吊环优化改良的探究

摘要

公交车、地铁是为方便公众出行的城市交通的重要组成部分，它是城市建设的一个重要方面。但是由于公共交在乘坐舒适度上相对较差，尤其是公交车、地铁吊环的抓握不舒适问题，因此公交车吊环的改良再设计，是提升公交车市场竞争力的一个有效手段。

我和妈妈外出经常乘坐公共交通，发现公交车内，为了方便够不到高处横杆的乘客，常常会在横杆上设置一些吊环。但是，很多乘客却不拉吊环而宁愿伸手拉高处的栏杆。降低了吊环的使用率。据我观察，很大一部分原因在于拉手是晃动的。这样的设计是考虑到无人使用时，它的高度可能会碰到高个子的乘客，所以不能是刚性的。但是当有人使用吊环时，它的这一柔性特质就影响了使用，会拉的不太稳，特别是急刹车的时候，还是很危险的。乘客这时又希望吊环是刚性的。于是我想要改造公共汽车的吊环。使它刚柔并济，在有人使用时，较稳定地固定住，而在无人使用时，恢复柔性，不影响其他乘客的

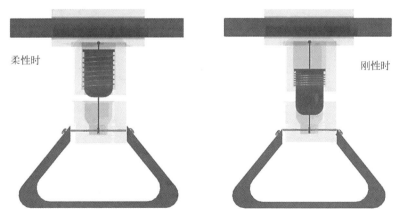

柔性时　　　　　　　　　　　　刚性时

三套管吊环改进设计刚柔转换使用示意图

安全。

我的方案四，三套环吊环改良版，希望用能够被公交公司和地铁公司采用，并广泛地应用于生活当中，以方便更多的人出行。上海是一个海纳百川的大都市，会有很多世界各地的朋友来到上海，有了这样的扶手吊环一定会让大家多一分安全、多一分安心。

关键词 公交车；地铁；拉手吊环；安全；刚柔并济

一、问题分析

在设计中是一个不能忽视的重要条件是"人的因素"。我们应该认识到现有的公交车吊环主要存在的是产品体验上的问题。因此在设计中，我们需要运用到人机学原理，另外需要结合人手的解剖学特点、人的立姿生理学特点等科学专业知识，使人机环境系统相和谐，为广大乘客创造一个安全、健康而且舒适的乘车环境。进行公交车吊环的改良再设计，使乘客抓握吊环更方便舒适，为推进公共交通事业发展做出贡献。

1. 公交车吊环的种类

市场上的公交车吊环，根据形状分可分为四方广告型、三角形、椭圆形，根据附加功能可分为"有广告型"和"无广告型"2类。

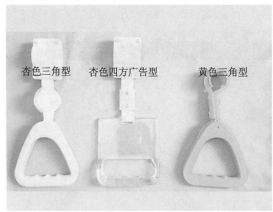

不同形状、颜色的公交车吊环

公交车吊环种类

	种　　类
附加功能	2类：无广告型、有广告型
造　　型	3类：三角形、四方形、椭圆形
色　　彩	3类：无色透明、黄色、杏色
材　　质	ABS工程塑料，即PC+ABS

2.公交车吊环的结构分析

公交车吊环由吊环织带连接限位卡和拉环，通过限位卡与无弹性的吊带连接，限位卡多呈三角形状，吊环是由限位卡固定在公交车横杆上的。拉环部分，有广告型公交车吊环吊带下连接广告卡板和手柄，无广告型公交车吊环则只有手柄。

限位卡　　　　　　　限位卡固定方式　　　　　　广告卡位

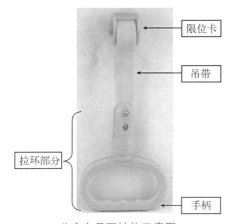

公交车吊环结构示意图

225

3.公交车吊环的尺寸

无论是三角形,还是四方广告型等,公交车吊环一般高23 ~ 29 cm,宽13 cm左右。

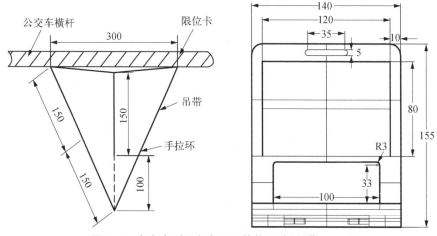

图3-1 有广告型公交车吊环整体尺寸(单位:mm)

4.现有产品存在的问题分析

现有公交车吊环主要存在的问题是不能满足各类人群的需求,尤其是健康需求、安全需求和舒适需求。同时通过调研创新的广告型公交车吊环,我们也应该看到乘客对公交车吊环的潜在需求。

现有公交车吊环除了造型乏味、色彩单调、功能单一等问题,乘客的体验问题主要有以下4点。

(1)晃动不稳定;

(2)抓握舒适感不佳;

(3)连接处易断,造成安全隐患;

(4)作为公共设施,清洁困难。

二、研究方案

1.设计基本思路

在确立了课题后,我设计了一个关于吊环的基本思路——"刚柔并济"。

"刚"指的是当人握住吊环时，吊环变得像扶手横杆那样坚固，不易晃动，提高人扶住时的稳度。

"柔"指的是当无人使用吊环时，吊环变成原来的状态，可以自由晃动，避免与人额头的直接碰撞。

2.设计的方案

根据基本的设计思路，我设计了4套基本的方案。

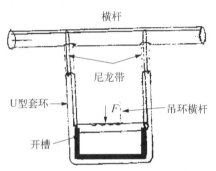

方案一：伸缩U型套管吊环结构示意图

方案一：伸缩U型吊环套管设计

在原横杆上钻两个圆形插孔，并从中间穿出两根尼龙带固定一个吊环横杆。在吊环横杆下方固定一个U型套环。

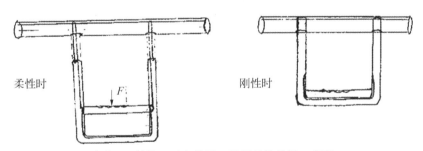

方案一：伸缩U型套管吊环刚柔转换使用示意图

当乘客握住吊环时，将吊环横杆和U型套环下方的横杆握住。使整个U型套环升起，U型套环左右两端插入上方插孔，从而固定。

方案二：卡锁结构吊环设计

在原来的吊环上方固定一个略大的套管，下方三角环处固定另一个略小的

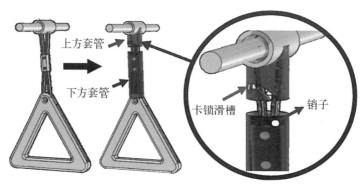

方案二：卡锁结构吊环结构示意图

套管。其中上方套管上设有卡锁滑槽,下方套管上装有销子。

在使用时,只需往上推并扭转,使下方套管插入上方套管中,并利用卡锁结构使其锁住,加以固定。在松开时,轻轻向上推开,由于重力作用,销子会从滑槽中滑下,下方套管自然落下,扶手即会恢复原状。

方案三：三套管双吊环设计

在原吊环横杆下方及吊环上方各加装一个固定套管,在上方的套管中固定两个定滑轮。下套管中放置一个活动套管,并安上弹簧。活动套管用绳子牵引,绳子绕过定滑轮连接在原吊环内的新加装活动吊环上。

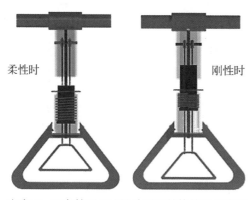

方案三：三套管双吊环设计刚柔转换使用示意图

方案三：三套管双吊环设计

在平时状态,吊环保证可以晃动,避免人走动时,与头部的直接碰撞。当人抓住时,中间黑色套管上升,连接上下两个固定套管,成为稳固状态。帮助人在车厢内保持平衡。松手后,由于弹簧的作用,黑色套管掉回下方固定套管内,吊环恢复"柔"性状态。

方案四：三套管吊环改进设计

在原有复杂的三套管双吊环设计的基础上进行改进，将原来上方的两只定滑轮改为置于下方拉手中的一只定滑轮，拉手也不需要中间的活动部分。

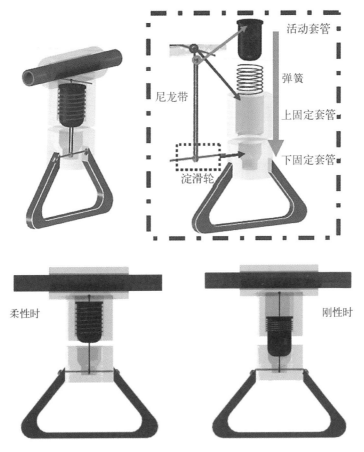

方案四：三套管吊环改进设计刚柔转换使用示意图

吊环无人使用时，在弹簧的作用下，活动套管上移，整个吊环为柔性结构，与常规吊环并无不同。当有乘客拉住吊环下端时，活动套管下移至把手的中间凹槽，只要乘客不松手，活动套管连接吊环上下两部分，整个吊环成为刚性状态，帮助人在车厢内保持平衡。乘客松手后，由于弹簧的作用，活动套管上移至吊环固定部分，吊环恢复"柔"性状态。

三、实施结果

在完成基本设计后,我就分别对这几种扶手进行了以下几项比较研究。

几种方案比较汇总表

	柔性状态比较	刚性状态比较	改装难易度	使用便捷度	安全牢固度	改建成本
传统吊环	○	×				
伸缩U型套管吊环	○	○	×	×	×	○
卡锁结构吊环	○	○	○	×	×	○
三套管双吊环	○	○	○	○	○	×
三套管吊环改进版	○	○	○	○	○	○

结论:根据实验比较,我所设计的方案四三套管吊环改进版可以基本达到 "刚柔并济"目标。并在改装的难易度、使用的便捷度、安全牢固度及改进成本 等方面在四种方案中都占有一定优势。

四、讨论总结

我期待着我的方案四三套环吊环改进版,用能够被公交公司和地铁公司采 用,被广泛地应用于生活当中,以方便更多的人出行。上海是一个海纳百川的大 都市,会有很多世界各地的朋友来到上海,有了这样的扶手吊环一定会让大家多 一分安全、多一分安心。

当然我的吊环改进还存在着不足的地方,我的设计是计划对现有的吊环进 行加装。下一步我设想改进我的加装部件,使得改进各类吊环更加方便,并且价 钱便宜。

另外吊环有多种不同的形状,目前我的设计是针对最常见的吊环。下一阶 段,我计划针对广告吊环进行设计,让它也可以 "刚柔并济"。

五、致谢

在项目的研究实施过程中，我得到了指导老师、爸爸妈妈和班主任老师的大力支持与帮助，同时还得到公交、地铁公司相关人士的支持和帮助，在此一并致以诚挚的谢意。同时，实验过程能够顺利进行，也与科学社的专家提出的宝贵意见分不开，在此表示衷心的感谢！

参考文献

[1] 汪亮,张睿.公交车辆构造与使用［M］.西安：西南交通大学出版社,2019.
[2] 张睿.城市公交车辆维护［M］.西安：交通大学出版社,2019.
[3] 马新亭.生活公交车［M］.北京：地震出版社,2013.
[4] 冯希.城市无障碍公交车站设计及使用行为研究［M］.天津：天津大学出版社,2019.

第35届上海市青少年科技创新大赛二等奖

方奕涵

善于发现、敢于吃苦、勇于求助、乐于创新

张美莲

中国科学院怀进鹏院士在世界顶尖科学家论坛上指出,青少年科技创新人才第一要有"胆识",指出问题、提出问题比解决问题更重要,要从学知识、用知识到创造知识;第二要有"能耐",有面对问题的能力,解决问题的耐心;第三要有"道"和"理",道是价值所在,"理"是用科学的方法解决问题。在学生中广泛开展科技创新活动,可以培养学生的好奇心,开发学生的智力,敢于思考,勇于实践。培养学生的创新兴趣,培养创新是推动力,兴趣是最好的老师,有了兴趣,学生才会积极学习,主动学习,会认真思考,大胆假设,大胆实践,实践出真知,同时会获得成功的喜悦。引导和鼓励学生敢于质疑,善于质疑,使学生不迷信传统的经典理论,敢于向传统经典理论挑战,不敢越雷池一步,就谈不上有自己的创新。在近二十年指导一百余名学生参加上海市青少年科技创新大赛和百万青少年明日科技之星评选活动过程中积累了些许经验,曾被戏称为"明日科技之星之母"。现将辅导经验做一下简单总结:

一、善于发现并提出身边的问题是创新课题的开始

教师要不断鼓励学生敢于打破常规,冲破传统观念的束缚,善于发现问题,敢于提出问题,鼓励学生尝试解决问题,从而提高学生解决问题的能力,这往往就是创新的开始。因此在平时的培训活动中注意观察哪些学生具有问题意识,哪些同学喜欢动脑筋,从中找出一些能够并且喜欢课题研究的学生。让学生在生活中多观察,多思考,多跑出去看看,多发现一些新的创意,征集创意金点子。有了创意以后和学生一起探讨创意的可行性,课题的难易程度不要超出自己或

者合作伙伴能力范围太多，否则以后的制作会出现很多问题。有了课题要认真写好类似于开题报告的申报材料，申报材料撰写要让课题看起来有创意、有亮点，能实现。比如：有个学生家里喜欢养些花花草草，但经常因为忘记浇水或浇水太多导致花草枯萎，通常花卉植物对肥水等栽培条件要求都比较严格，浇水不足时，易导致干旱，使叶子枯萎、脱落；浇水过多时，通气又不好，容易引起根系腐烂、死亡。因此他提出了土壤湿度传感器控制自动浇水系统的研究，设计了一种自动浇水系统，它不仅能够自动对这些花花草草进行浇水，而且在适当的时候，还能发出危险警报（譬如周围的温度过高而不适合培养花草），提醒人们要对这些花草进行适当的管理和对温度的调节。这样的话，种植的花草就不怕会枯萎了，从而使人们免除照料花草的烦琐，省时又省心。该课题在第33届上海市青少年科技创新大赛中获一等奖。

再如：有个学生的爸爸喜欢做中国菜肴，炒菜时经常会厨房里烟雾缭绕，满屋子油烟味。众所周知，厨房的烟雾是会损害到烧菜人的健康，在烧菜的时候一定要尽量减少厨房烟雾。中国菜肴的烹饪特点是"急火炒菜"，很多时候非要将锅里的油熬得腾腾欲燃，直到冒烟，才将菜下锅。现已知道，油锅里腾起的烟雾中，含有多种能致癌的化学物质，经常吸入这些能致癌的化学物质，势必会增加这些人患肺癌的可能性。经调查研究后，专家们认为这是脂肪氧化物毒害的结果，与厨房的油雾有密切关系。所以他设计智能感应油烟机的研究这个课题，开发一种可通过烟雾浓度既可以报警又可以自动控制抽烟机和燃气灶的设备。它可以根据油烟浓度的大小，把油烟机调到合适的风量，并控制火量的大小，并实时显示油烟浓度状态（红黄绿）。一旦发现油烟浓度仍无减弱情况下，可以切断燃气开关，从而阻止着火的可能性。这个感应器的感应浓度为 2.0 mg/m^3，当超过这个浓度时会报警。如烟雾没有去除，它会一直报警，直到符合标准。该课题在第33届上海市青少年科技创新大赛中获一等奖。

……

这些都是从观察身边的生活中存在的小问题，并想办法去解决这些问题，从而形成了一系列的课题研究。如能经常坚持下去，就能不断提高学生的创新能力。

二、坚韧不拔和吃苦耐劳是学生进行创新活动必备的心理品质

要培养学生的创新能力,还要培养学生具有坚韧不拔和吃苦耐劳的优良心理品质。坚韧不拔和吃苦耐劳是中华民族的优良传统,我们应该继承和发扬光大,特别是在大力推进素质教育和创新教育的今天,要培养学生的创新能力,坚韧不拔和吃苦耐劳是学生进行创新活动必备的心理品质。任何事业的成功,都不是一帆风顺的,必定要遭受无数次的失败和挫折的考验。如果不具备坚韧不拔和吃苦耐劳的心理品质,在困难面前,就会被困难吓倒,丧失斗志,最终以前功尽弃而告终;反之,如果具备坚韧不拔和吃苦耐劳的心理品质,在困难和挫折面前就会不怕困难,不怕挫折,敢于面对困难和挫折,经受困难和挫折的考验,越挫越勇,这样就会不断增强战胜困难和挫折的信心和意志,最终将会战胜困难和挫折走向事业的成功。因此在指导学生做课题的过程中,鼓励学生要知难而进,要能将书本上学到的知识灵活运用,发现自身的不足和需强化的知识点,从而激发探索知识的积极性。

比如:有个同学,把家里的垃圾袋扔到楼下的垃圾桶一直是他的家庭任务之一。滴臭水的厨余的垃圾一直是他们家的烦恼。妈妈洗碗碟时,厨余的垃圾有时会堵塞下水道,还要用手去捞;倒垃圾时,如果垃圾袋有漏洞,恶心的垃圾水就会一路滴着走。在楼道里、电梯里我们经常能看见厨余的垃圾的脏水渍。厨余的垃圾滴水是很多家庭的烦恼。他希望设计一个在家庭厨房使用的厨余垃圾脱水装置,可以达到以下目的:1. 能有效去除一部分厨余垃圾的水分,既能改善家里厨房的卫生状况,又能为垃圾减量。2.能帮助家庭进行干湿垃圾分类,同时也能减少小区环卫工人的工作量。3. 简单、方便、实用,容易被大家所接受。

他一开始设计了挤压式脱水桶和甩干式脱水桶,经过反复试验,发现两种方式都能去除一部分垃圾水分,挤压式脱水比甩干式脱水效果更好。但是,当厨余垃圾中含有硬物较多较大时(如骨头),挤压式脱水效果并不理想;在总结了前面实验的经验后,他决定放弃使用挤压式脱水器,同时对现有的水槽进行改造。为了达到充分利用现有空间,不影响水槽原有使用功能的目的,决定把原来

水槽下水口挖大,然后把脱水器外胆安置在水槽的下方,最后再把下水管接到脱水器外胆的下方,制作成了下沉式厨余垃圾脱水水槽。使用下沉式脱水水槽,水槽的空间利用率提高了,原来水槽的功能也不受影响。使用下沉式脱水水槽处理厨余垃圾更节省时间。使用下沉式脱水水槽,清理水槽更容易了。与传统水槽不同,使用下沉式脱水水槽时厨余垃圾都集中在内胆中,而不会"四处乱跑"和堵塞在下水口。

要没有吃苦耐劳和不怕脏、不怕累的精神,这种反反复复与厨余垃圾打交道,并且反复实验改造实验装置是无法完成的。该课题参加第30届上海市青少年科技创新大赛获一等奖。

所以说,要培养学生的创新能力,同培养学生具有坚韧不拔和吃苦耐劳的心理品质是分不开的。

三、培养创新能力要让学生学会求助

通过创新活动让学生懂得:从生活中发现问题,从实践中汲取经验,从师长中寻求帮助。面对自己能有把握解决的问题,要去克服自己的惰性,积极地参与其中,大胆实践,积极探索。在面对能力之外的事情时,要学会求助,求助专家、求助老师、同学,或者通过互联网、图书馆查阅资料。要保持一颗探索的心和独立思考的能力,对一些事情要有自己的观点,之后用实践实验去验证它,去完善它,在实践中巩固知识。

比如:曾经辅导的一位同学,她通过生活中观察思考发现,外出坐飞机有救生衣,轮渡船上也配有救生衣。生活中常见的大多是航空救生背心和轮船上的浮力救生背心,发现没有专用防火救生服。市场上的防火穿戴用品多是面罩和玻璃纤维毯。常规火灾逃生也多是使用湿毛巾捂鼻,或是打湿被单覆盖身体等,没有多功能家用防火救生服。于是她就想设计一款多功能家用防火救生服。

首先是材料选取,在咨询了硅酸盐研究所材料方面的专家后,开展专项调查,了解市场上现有的隔热阻燃材料,选取环保无毒材料。在对家用常见隔热材料分类测试研究后发现单一材料并不能满足所需多样化的功能需要,现成的单一材料无法实现既隔热又环保的目的,进而创新思考采用"三明治"式的复合材料制作防火衣,结合防火线缝合,才能真正做到健康环保。随后在辅导老师帮助下,决定将无机纤维布、铝箔和帆布三种材料通过缝合方式制作成本课题研究的家用防火衣的新型服装面料。

防火衣最重要的性能是保护身体,其穿着必须简便,火场中时间就是生命,不能过于复杂影响穿着耽误时间。通过无数次的实验,发现家用防火衣的新型服装面料材质及结构具有稳定的阻燃防火性能。它不会因日晒、雨淋或洗涤等情况而影阻燃隔热防火性能。

比如本课题中材料的性能不求助材料方面的专家自己无法弄得很明白,我也是摸着石头过河,和学生一起边学习自己专业以外的知识,与专家面对面对话,通过互联网查阅大量的资料,了解防火服目前的状况,了解防火材料的性能,为课题研究打下坚实的基础。该课题参加第33届上海市青少年科技创新大赛获一等奖并推送全国。

四、培养创新能力要让学生享受参加课题研究的乐趣

做课题一定要学生多参与,尽管学生制作的作品和撰写的论文存在很多问题。只有学生参与了,以后的讲解才会更方便。对学生来说创新大赛是一个很好的学习过程,不管得奖与否,至少享受了过程。一开始选题的时候教师对课题的理解也不是很深刻,只有在不断地辅导过程中进一步提升自己。加深对课题的认识,同时也提高了自己的水平。通过各种途径查阅资料,想办法访问专家、工程师进行作品制作、在整个论文的撰写过程中,对实验数据进行反复核实认证,课题研究论文要反复修改,斟字酌句,每一个措辞都有它的道理。经过论文撰写增强思维的活跃性,享受参加课题研究的乐趣,体味完成课题成果所带来的喜悦感。

比如:我指导的一名学生暑期去外祖父母的家度假。在临近枇杷丰收的季节,他本该喜悦的外祖父母和果农们却很烦恼:眼见着枇杷逐渐成熟,麻雀等小鸟开始不请自来频频光顾了!

小鸟们神出鬼没,"糟蹋"了好多果子,很多果子表面都有被鸟嘴啄开后腐

烂的部分,十分令人心痛,除了枇杷成熟的季节,小鸟们日常还对外祖父母的小菜园"登堂入室"地搞破坏……

于是,他就想设计一款多功能的环保型驱鸟装置,既能够赶走"捣蛋"的小鸟,护住外祖父母的辛勤成果;又尽量环保,不使用药物类驱鸟驱虫,以免对蔬果产生次生的农药危害;最后还要"赶鸟不伤鸟"。

他运用课上所学的知识,利用超声波、激光、反光等多种驱鸟"武器",不仅功能多、手段多而且利用其随机性,可有效避免鸟类对驱鸟装置产生适应性。

驱鸟装置的目的在于驱鸟而非伤鸟,药物类等驱鸟方式不仅伤鸟,本身还会对果实以及环境造成污染,属于"杀敌一千自损八百"的做法。环保的另一个方面则体现在供电方式的选用,选用的是太阳能面板供电,十分绿色环保。

驱鸟装置使用一键式开关,十分便于操作,当探测器捕捉到小鸟踪迹后便会自动触发,使整个驱鸟系统进入工作状态,完全不需要人守在边上;驱鸟装置底部装有轮子,使其可以被十分便捷地搬运和移动到"鸟患"严重地带。

整个研究过程充满了浓浓的乐趣,让他对于科创的热情更加高涨了,而且对于寻找问题解决问题的能力也有了显著提高,每次科学社专家都对他改了又改的设计图纸大为赞赏并评了高分。他的科创小发明,竟然真的可以工作,可以帮到他的家人,所以他很激动!科创不是空想,而是源于生活高于生活,能够推动生活的呢!该课题参加第35届上海市青少年科技创新大赛获一等奖。

五、追求卓越,与时俱进,加强科学研究能力

随着时代的发展,对教师的要求越来越高。面对教育的新形势,在今后的工作中将坚持以理论武装自己,主动学习新知识,接受新的教育理念,在教育教学中,追求卓越,与时俱进,加强科学研究能力,在研究中解决问题,教学推动科研,科研促进教学。进一步搞好每一年创新大赛和明日之星的评选,在发现问题和选定课题的过程中培养学生的自学能力,在选定方案的设计过程中培养学生的分析和解决问题能力,在搜集资料和实验的过程中培养学生的观察能力,在资料数据的处理和做出结论的过程中培养学生的创造性思维能力。以科技创新竞赛为载体,指导青少年在生活中开展科学探究,全面提升青少年的创新

能力。增强专利意识,力争将辅导学生制作的作品申请专利,转化为产品,服务于社会。

作为一名科技教师要加强学习,敢于探索,摸着石头过河,既然是创新,走别人没有走过的路,没有现成的可照搬。要想获得更多的科技创新成果,科技教师有责任,要不断地收集信息,加大宣传力度,营造科技创新气氛,调动学生积极参与,发挥学生的聪明才智。

指导作品

多功能家用防火救生服的环保设计

摘要

你知道火灾中80%以上的死亡是怎么造成的吗？国内外大量火灾实例统计表明，因火灾而伤亡者，大多数由烟雾所致。一旦发生火灾，时间就是生命。通过观察思考发现，生活中常见的有飞机上的航空救生背心和轮船上的浮力救生背心，但却没有现成的防火防烟雾衣服，因而我就想做一个多功能家用防火环保救生服。传统防火材料如石棉、玻璃纤维等有毒性，不适宜做成衣物，而市售灭火毯或是呼吸口罩功能单一，不具备求救功能。目前市场上没有多功能家用防火救生服。

本课题在通过对家用常见隔热材料的选取和测试基础上，通过明火及热辐射测试等试验，对不同隔热材料搭配的防火隔热效果进行了探索。经测试数据对比，结果发现单一材料不足以实现所需功能，最终采用多层搭配材料制作的衣物复合材料。进而设计隔热阻燃以及呼吸系统方案，改进优化一体式头罩和防火服样式，最终做出模型。

本课题对防火隔热材料选取方案、头罩样式和技术方案进行了研究。制作出有关家用防火救生服，具有以下创新点：

1. 隔热薄层化设计，材料环保、方便穿着。在遇到火灾险情时能够保护身体，阻燃隔热，遮蔽烟尘；同时一体化设计将头部防护、身体防护同时考虑进去，式样简便，具有实用效果好，推广可能性增大。

2. 救生纽扣操作方便，可以实现一键呼救。

关键词 防火服；多功能；家用；环保；一键求救

一、引言

你知道火灾中80%以上的死亡是怎么造成的吗？

国内外大量火灾实例统计表明，因火灾而伤亡者，大多数由烟雾所致。据国外火灾统计资料显示的火灾死亡者中，被烟熏死的高达80%，而且被火烧死者中，多数先是烟熏中毒窒息后，被大火烧死的。

1. 火灾烟雾的主要成分

火灾烟雾是火灾中产生的气和悬浮在其中的烟粒子的总称，是燃烧和热解产物的混合物。在火灾中参与燃烧的物质是比较复杂的，尤其是发生火灾的环境条件千差万别，因此火灾烟气的成分非常复杂，但总体上来说烟气是由热解和燃烧生成的气体、悬浮微粒及剩余空气三部分组成。

2. 火灾烟雾的危害性

由于组成烟雾的成分中含有大量的有毒气体，且烟气能避光、降低能见度，因此火灾烟雾对人具有较大的毒害性、减光性和由此而对人造成的恐怖心理。火灾烟气具有较高的温度，对人体也有危害性。着火房间，烟气温度可高达数百度，在地下建筑中可高达1 000℃以上。而人在温度超过体温的环境中，因出汗过多，会出现脱水疲劳和心跳加快现象。火灾现场能见度低，一般烟粒子的直径大于可见光波长，它对可见光是不透明的，即对可见光有完全的遮蔽作用，大大降低能见度，同时烟雾中的一些气体，对人眼有极大的刺激性，使人睁不开眼，从而使人们在疏散过程中的行进速度大大降低。

3. 火灾烟雾一般应对措施

采取排烟措施，控制火势蔓延。要及时逃离房间并用湿毛巾捂住口鼻，避免烟气进入人体。火灾中，人们往往是因为吸入过多的烟，导致无法呼吸。所以火烧产生的烟比火本身要致命得多，尤其在装饰过度的房间内，各种材料在遇到火以后都会放出有害的气体。因此，发生火灾时，防火、防毒、防烟雾很重要。

二、课题由来

本课题是通过生活中观察思考发现，外出坐飞机有救生衣，轮渡船上也配有救生衣。生活中常见的大多是航空救生背心和轮船上的浮力救生背心,我调研发现没有专用防火救生服。目前市场上多是面罩和玻璃纤维毯。常规火灾逃生也多是使用湿毛巾捂鼻,或是打湿被单覆盖身体等,没有多功能家用防火救生服。

从近期北京天津等地的火灾新闻,进而思考到上海高楼越来越多,随着二胎越来越多,很多家庭都是两个孩子,一旦高层发生火灾,除了依靠大人外,孩子们也要学会自救。当发生火灾的时候,小朋友会因为情况突然而紧张害怕,年龄较小的孩子更加容易不知所措。火灾中,时间就是生命。如果有一件能够阻燃隔热并能一键报警的救生衣,将能够大大增加逃生概率,在专业救助人员到来前积极自救,争取宝贵的时间。

由此想到设计一种多功能家用防火救生服。为此进行了先期调查:

(1)查证设计的防火服是否与申请专利的项目有雷同部分,并从中借鉴已用的设计亮点进一步实践创新,排除设想中的不科学因素,发现设计上的技术缺陷。

(2)收集相关资料,探索如何完美体现环保安全、便于穿着、一键求救的设计理念。

(3)从环保角度出发,查证完善的设计方案,通过组合式常用材料制作做模型,测试如何完善设计合理。

三、调查研究

1. 研究背景

目前国内市场上的防火材料很多,但逃生用材料主要是为"石棉"和"玻璃纤维"。传统的材料质地硬,火灾中遇火有毒性,无法制成衣物穿着,即使是消防口罩能够保护口鼻,但是眼睛也露在外面。紧急情况下,对于儿童来说,即时报警并不容易,缺少一键报警的产品。所以,我做了深入分析,确定没有家用防火救生服后,开始了我的创新设计实践调研。

2. 调查研究结论

通过网络搜索等各种调查研究去设计一种家用材料的阻燃隔热材料。希望新型家用防火救生衣有以下特点:

（1）环保安全：在火场中保持形态稳定，不会融滴变形，不会产生有毒物质。通过现有材料选取，测试试验等，一方面可以实现防火隔热功效，一定程度上保护机体，大大增加逃生概率。重点落在材料选取和制作测试上。

（2）便捷：材质本身环保，隔热效果好，便于穿着。与专业消防衣物相比，不会因穿着而延误逃生时间。

（3）一键求救：与传统防火逃生方式相比，由于自救需要，在逃生同时非常需要一键求救功能，而在市场上，儿童、老人定位手表普及程度高，有些设备具有双向通话和一键求救功能，即在续电情况下长按播出预设电话。因此就为实现紧急情况下拨号通话提供了技术基础。

四、方法与假设概述

（1）调查法：开展专项调查，了解市场上现有的隔热阻燃材料，选取环保无毒材料。

（2）建立模型：明确具体方案，尝试模型制作。

（3）试验测试：根据实验测试数据，修改制作方案，进一步论证。

五、方案设计与制作

1. 方案设计和选材——环保材料的复合使用

确立了目标，我就立马投入了实验，用家中可以找到的材料一次次做隔热测试，推敲如何完善设计合理又安全的防火衣材料。对常见材料进行了作为家用防火救生衣的材料选择，如下表所示，对常见家用材料进行探索。

常见防火材料特点对比表

	常见材料	性能优点	性能缺点
○	无机纤维布	抗热、抗高温和长久的阻燃性能	质地较硬
×	石棉	常见防火阻燃材料，适用广	有毒性，不适用制成衣物

（续表）

	常见材料	性 能 优 点	性 能 缺 点
×	玻璃纤维	常见隔热材料,保温性能好	有毒,手感较硬,扎手,不易燃
×	保温塑料	质地轻薄,常见	保温隔热性能较好,但遇火损坏
○	铝箔	抗热辐射性能比较好	易撕破,无法单独做成衣服
×	烤箱手套	聚酯纤维,有隔热效果	厚度跟隔热性能成正比
○	帆布、棉	牢度大,有一定的隔热性和耐火度	明火燃烧会变形

在对家用常见隔热材料分类测试研究后发现单一材料并不能满足所需多样化的功能需要,现成的单一材料无法实现既隔热又环保的目的,进而创新思考采用"三明治"式的复合材料制作防火衣,结合防火线缝合,才能真正做到健康环保。新型复合材料具有一定的应用普及性。

随后在辅导老师帮助下,决定将无机纤维布、铝箔和帆布三种材料通过缝合方式制作成本课题研究的家用防火衣的新型服装面料。

（1）防火层（外层）: 耐火无机纤维材料（无机纤维布）在市场上运用广泛,具有抗热、抗高温和长久的阻燃性能,极限氧指数高,有良好的耐熔能力和屏障效果。不会发生熔融滴落现象,具有较高的热稳定性。

（2）隔热层（中层）: 火场的情况复杂,温度高,因此隔热层材料要隔离热环境中空气的热传导,防止人员被灼伤。选择电焊隔热防闪火的铝箔。

（3）内里层（内层）: 纯棉帆布有吸湿透气性能,为家用防火衣提高牢度,以免在运动中损坏衣物影响性能,用芳纶防火线与隔热层缝合在一起。

防火衣最重要的性能是保护身体,其穿着必须简便,火场中时间就是生命,不能过于复杂影响穿着耽误时间。结果发现,家用防火衣的新型服装面料材质及结构具有稳定的阻燃防火性能。它不会因日晒、雨淋或洗涤等情况而影响阻燃隔热防火性能,满足本课题研究的功能要求。

2. 制作过程

在老师的指导下,我通过查询资料和反复完善,确定了防火救生衣方案: 多功能家用防火救生服由三层式阻燃隔热材料制成衣物、一体化头套、一键救生纽扣三部分组成。通过多次尝试,如下图所示,终于做出家用防火救生衣模型。

一体式头套
按钮式电话
外层无机纤维布
中层铝箔
内层帆布

制作过程图第一版　　　　　　　第二版　　　　　　　　第三版

多功能家用防火救生服的材料选择和功能设计,如下表所示:

材料选用和功能设计表

	防火衣		一体式头套		救生按钮	
外层		无机纤维防火布		透光面罩		可定位电话
中层		铝箔		有弹性的头套(连脖)		电话卡、电池
内层		帆布		3M防雾霾口罩		定位APP

（续表）

	防火衣	一体式头套	救生按钮
原理	复合材料使用防火线缝合,制成有袖子有帽子的中长款雨披式样。结合处用芳纶防火线缝制。	保护头面部位,阻隔烟雾,保护眼睛和呼吸系统。达到隔离烟雾废尘的功能。 测试试验中发现,口鼻呼吸容易在内层产生雾气,影响视力,可采用防雾涂层解决。	选择市面上常用的通信设备,通过对电池待机时间、形状、可以实现双向通话功能等筛选,选取了含电话卡的途强北斗+GPS+Wifi定位跟踪器,具备一键求救、快速找人、精准定位功能。

多功能家用防火救生服模型制作完毕后,我使用大功率取暖器、明火、电子秤、温度计等试验设备进行了对比试验测试。

3.测试数据记录与分析

（1）厚度和重量测试。

实验一：用电子秤对以下材料的重量进行检测。

实验仪器：电子秤。

实验材料：玻璃纤维、家用防火救生服的复合面料。

实验方法：

① 将相同面积大小的材料折叠量取厚度对比；

② 将折叠后的材料至于电子秤上称重；

③ 读取实验结果。

测试结果：玻璃纤维材质用普通棉线缝制,不防火,重量轻。家用防火救生服的复合面料牢度优于玻璃纤维,厚度及重量较大。

读取实验结果

（2）明火测试。

实验二：用打火机的火焰对以上材料进行燃烧测试。

实验仪器：打火机。

实验材料：普通铝箔、帆布、复合防火阻燃面料。

实验方法：

① 用同一打火机在5秒、10秒、30秒不同时长下进行对比测试；

② 观察明焰下材料变化情况；

③ 记录实验结果。

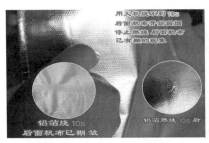

普通铝箔的测试情况（正面）

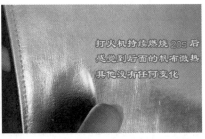

家用防火救生服隔热层的测试情况（正面）

帆布测试情况

家用防火救生服内层的测试情况

测试结果，如下表。

明火测试结果统计表

明火燃烧时长及材料表面变化	5秒	10秒	20秒以上
普通铝箔	无变化，温度高	褶皱，变硬	褶皱，收缩
帆布	冒烟	冒烟，变黑	燃烧，变黑
家用防火救生服面料	无变化	无变化	无变化

测试结论：家用防火救生服面料可用于轻微明火，无明显形态变化。

（3）防热辐射测试。

实验三：用家用大功率取暖器对以下材料进行防热辐射测试。

实验仪器：美的牌2 kW取暖器、烤箱温度计。

实验材料：市售烤箱手套（聚酯纤维材料）、保温塑料、家用防火救生服的复合面料。

实验方法：

① 用同一大功率取暖器在同一环境中对材料隔热性能进行对比测试；

② 观察温度计变化情况；

③ 记录试验结果。

防热辐射测试结果统计表

	家用防火救生服的复合面料	保温塑料	聚酯纤维（市售烤箱手套）	参照数据（无隔热）室温12℃
材料隔热测试		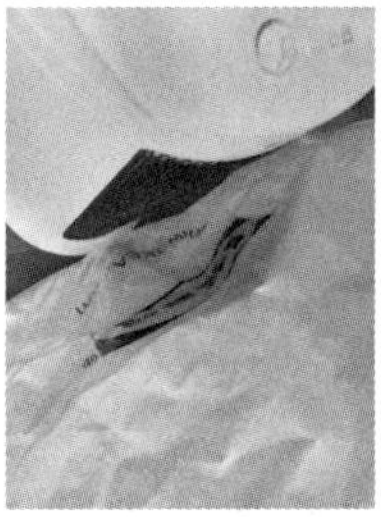		 置于室温20分钟
温度		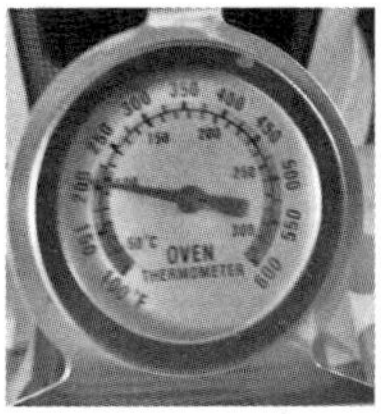		
数据	隔热效果好，无变化	在100℃左右塑料有轻微变形	在75℃左右，无变形，手感较热	温度超过100℃

测试结果：家用防火救生服的复合面料防热辐射性能优于其他两种单一材料，隔热效果较好，无明显形态变化。

（4）模拟火灾试验系统测试。

实验三：用家用烤箱对家用防火救生服的复合面料进行隔热效果的测试。

实验仪器：家用烤箱、烤箱温度计。

实验材料：家用防火救生服的复合面料两片，黄油（一组）、生鸡蛋（两组）。

实验方法：

① 用烤箱对黄油、生鸡蛋在同一环境中分不同时长对材料隔热性能进行对比测试；

② 观察温度计变化情况；

③ 记录试验结果。

模拟火灾试验结果统计表

	黄油组	生鸡蛋组	生鸡蛋组
测试时间	5分钟（不含预热）	5分钟（不含预热）	10分钟（不含预热）
测试温度	室温至120℃之间	室温至130℃之间	室温至200℃之间
实验准备			
实验过程			
实验结果	在烤箱温度达到120℃持续时间5分钟以上，对比组黄油大面积融化，而有复合面料覆盖的黄油轻微融化	在烤箱温度达到130℃持续时间5分钟以上，对比组生鸡蛋蛋白轻微凝固，而有复合面料覆盖的生鸡蛋蛋壳表面有水汽，完全无蛋白凝固	在烤箱温度达到200℃持续10分钟以上，对比组生鸡蛋蛋白完全凝固，而有复合面料覆盖的生鸡蛋蛋白轻微凝固，呈透明流动状态

测试结论：经网络查询，温度越高，黄油越软直至变为液体（通常情况下在35℃时变为液体，以此对照人体正常体温37℃）；而鸡蛋中的蛋白质凝固变性，并不需要很高的温度，通常60—87℃就可以，而沸水的温度能达到100℃。如果用沸水煮，蛋白全熟，蛋黄也完全凝固的鸡蛋需要煮10分钟，而一般6分钟就可以让蛋白完全凝固。通过烤箱模拟火灾实验室高温环境下，家用防火救生服的复合面料隔热性能好，面料形态稳定，可以用于家用防火救生使用。

4. 一键救生触发式电话的工作原理

将按键设置长按为播出首要联系人电话，在手机APP中将紧急呼救电话设置为119火警电话。

在紧急情况下，长按按钮拨通紧急呼救电话，同时在APP中能够确定拨号人位置信息。

补充说明：电池一般3 000毫安时，根据发射功率和频率，平时休眠模式待机功耗，从N6705B读取电流值167.057 μA，待机时间可达半年到2年。根据定位精度，如果要实现对讲，必须要电话卡。平时对讲模块脱机，只有长按紧急呼叫才通电。

火警电话设置

定位信息

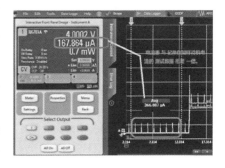

六、结论概述

环保、便捷以及一键求救，是本项研究的关键切入点，本人在研究过程中逐步完善创新。

我设计的这家用防火救生衣能一方面实现防火隔热功效，一定程度上保护身体,大大增加逃生概率;另一方面可以达到一键求救的目的,在专业救助人员到来前积极自救。通过家用防火救生衣的设计制作,并成功测试,家用防火救生服虽然不能在大火中穿行,但有效达到了隔离高温,延长等待救援时间的功能。验证了防火救生功能的可实现,通过本救生衣,可以达到有效的防火隔热和即时发送呼救信息的功能。

后续的研究目标:1.理论上,火灾逃生和时间成反比关系,在火灾现场中,时间就是生命。防火救生服的设计主旨是在发生火警后逃生自救时的同步防护。由于此次研究没能在明火试验中获得数据来验证。但初步取得了隔热数据和性能稳定的结论。计划争取明年延续此项目继续验证。进一步验证实际隔热防火效果。2.探讨进一步完善本项目的可能性。未来在物联网和Wifi环境下,提高室内定位精度,可以进一步完善救援功能,适配消防专用室内救援指挥平台的位置服务体系,进而实现专业消防人员和求生人员位置定位及实时导航的互动。

七、致谢

在进行家用防火救生衣的环保设计的创新过程中,得到了老师们的大力支持和帮助,也得到了科学社专家的指导。制作过程反复了多次,是老师的鼓励使我坚持了下来。在此对他们表示深深的感谢。

参考文献

[1] 田仁碧.青少年科普消防火灾[M].贵阳:贵州科技出版社,2017.
[2] 李东光.150种保温隔热涂料配方与制作[M].北京:化学工业出版社,2014.
[3] 王秀丽,周璐瑛.阻燃防火服及其开发策略[J].上海纺织科技,2001(4).
[4] 王乃祥.基于物联网的消防智能终端系统的设计与实现[D].合肥工业大学,2015.
[5] 王肖杰.基于聚酰亚胺纤维灭火防护服外层面料的设计与开发[J].上海纺织科技,2016.
[6] 徐强.防火服的设计因素分析[J].重庆科技学院学报(自然科学版),2010(10).

第33届上海市青少年科技创新大赛一等奖、

第33届全国青少年科技创新大赛三等奖

周家宜美

多功能环保型驱鸟装置

摘要

在上海"一心读着圣贤书"的我，难得在"摘尽枇杷一树金"的季节，去了我外祖父母的老家西山。在临近枇杷丰收的季节，本该喜悦的外祖父母和果农们却很烦恼：眼见着枇杷逐渐成熟，麻雀等小鸟开始不请自来频频光顾了！

小鸟们神出鬼没，"糟蹋"了好多果子，很多果子表面都有被鸟嘴啄开后腐烂，十分令人心痛，除了枇杷成熟的季节，小鸟们日常还对外祖父母的小菜园"登堂入室"地搞破坏……

于是，我想设计一款多功能的环保型驱鸟装置，既能够赶走"捣蛋"的小鸟，护住外祖父母的辛勤成果；又尽量环保，不使用药物类驱鸟驱虫，以免对蔬果产生次生的农药危害；最后还要"赶鸟不伤鸟"。

本课题具有以下创新点：

1. 多功能：利用超声波、激光、反光等多种驱鸟"武器"，不仅功能多、手段多而且利用其随机性，可有效避免鸟类对驱鸟装置产生适应性。

2. 环保：驱鸟装置的目的在于驱鸟而非伤鸟，这是我设计的初衷，药物类等驱鸟方式，不仅伤鸟，本身还会对果实以及环境造成污染，属于"杀敌一千自损八百"的做法，本课题不主张。环保的另一个方面则体现在供电方式的选用，我所选用的是太阳能面板供电，十分绿色环保。

3. 便捷：该驱鸟装置使用一键式开关，十分便于操作，当探测器捕捉到小鸟踪迹后便会自动触发，使整个驱鸟系统进入工作状态，完全不需要人守在边上；驱鸟装置底部装有轮子，使其可以被十分便捷地搬运和移动到"鸟患"严重地带。

关键词 多功能；驱鸟；环保型；便捷

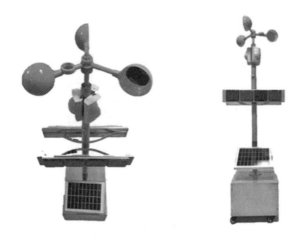

一、引言

随着生态环境的逐步改善,鸟类又开始慢慢增多,但这种现状令人"喜忧参半",喜的是,生态环境好了,生物多样性有望得到改善;忧的是,鸟类除了给航空业等重要领域带来危害之外,对我近在身边的亲人的"成果"也带来了烦扰。驱鸟装置诞生已久,专业的有驱鸟猎鹰、驱鸟车、探鸟雷达等,民间高手创作的有稻草人、充气人、爆竹弹等,各种各样的手段都起到了一定的效果,但没有一样是全能手段。我想要实现的,是在我力所能及的范围内,用尽可能多的手段,而且是环保手段,替外祖父母实现小果园、小菜园的驱鸟,并且可以普及给农户。我为此做了以下前期工作:

1. 先期调研

在网上查看文献,寻找一些合理的驱鸟方法,并选用其中几个作为多功能驱鸟器的首选。从中借鉴可以"为我所用"的设计亮点,同时排除设计中的不科学因素。

2. 资料材料的收集

从"声、光、电"等各个角度收集驱鸟材料,同时根据实际使用效果,通过和老师、专家的不断探讨,改善自己的设计方案。

根据以上前期工作,我的设计将可实现以下特点:

(1)化"单"为"多":每种单一功能的驱鸟方式都有利弊,时间久了会让小鸟产生适应性而"麻木",但多种功能一结合就可以用组合拳方式"出其不意"地吓退小鸟,保护蔬果不受小鸟糟蹋。

（2）"温柔"对"敌"：现有的驱鸟方式中,有使用农药的"野蛮"做法,有使用鸟刺等的"粗暴"做法,这些做法尽管实现了驱鸟目的,却对生态会有一定影响,我的设计旨在"环保"驱鸟,尽量不要对小鸟造成损伤或生命威胁。同时,我在供电方面也选择使用了绿色环保的"太阳能面板"。

（3）"听到"用户的声音：外祖父母上了年纪,既不会操作复杂的电子产品,又搬不动重物,为了便于操作和搬运,我的驱鸟装置使用一键式开关,底部则安装有轮子。它不像其他驱鸟器被固定在某个地方,久而久之也会对小鸟失去震慑力,它的自由移动性使它能够"神出鬼没"在各个地点,令小鸟防不胜防。

二、方法与假设概述

1. 调查法：首先调查了解市场上现有的驱鸟装置,选取与自己的设计理念相匹配的材料。

2. 实践法：在老师和专家的指导下,对设计方案进行了数版修改,最开始我的设计比较局限,一心想把驱鸟装置卡到树顶上去,并和专家就卡扣问题进行了多次探讨,但考虑到承重问题和搬运问题,最终决定从易于实现的菜园驱鸟来着手实践。

3. 实验测试：目前市场上的驱鸟装置很多,大致来说有从鸟类"听觉"着手的定向声波；有从鸟类"视觉"着手的激光器、彩色风轮；有从"捕杀"鸟类着手的粘鸟网、农药……这些驱鸟方式都比较单一,虽然在网上也搜到了一篇运用声光组合进行农田驱鸟的文献,但那款设计无论是供电,还是MP3声音模块、激光驱鸟,都与我的设计不太一样。在确定没有相同的多功能环保型驱鸟装置后,我开始着手制作模型,并进入到了实验测试阶段。

我的假设概述如下：

1. 将驱鸟器推放至需驱鸟的菜园中间,将太阳能板侧朝向太阳,打开总开关,太阳能充电不受总开关控制,接收到阳光即可充电；

2. 设备启动后,探测器便处于工作状态,但此时超声波喇叭、爆闪灯、旋转

反光镜不通电不工作;

3. 当探测器探测到有鸟类等小动物入侵时,即触发系统供电,这时超声波驱鸟配件响起,远光爆闪灯闪烁,旋转器旋转,实现多方面的驱鸟;

4. 系统触发启动后,会延时工作2分钟(具体的延长时间可设定修改)后停止,然后探测器进入探测工作状态,如再探测到入侵的小鸟等,按同样原理再次触发;

5. 当结束驱鸟时,关闭总开关即可。

三、方案设计与制作

1.方案设计

(1) 攻克的关键问题以及今后有待进一步完善的方向。多功能环保驱鸟装置是对各类已有驱鸟装置的"集大成",但目前的驱鸟方式仍然以声、光等物理手段为主,并没有"颠覆性"的发明问世,我希望通过自己的不断努力,将来能够在这一领域有重大突破。另外,驱鸟装置的传感器有时不能及时对飞入的鸟做出反应,不能区分出益鸟和害鸟,我还希望能进一步提高其识别能力,提高驱鸟效率。

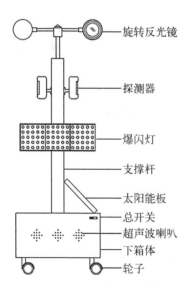

说明:

1. 多功能驱鸟器由下箱体、超声波喇叭、太阳能板、爆闪灯、探测器、旋转反光镜组成;

2. 下箱体内安装电池及超声波喇叭,电池用于整个驱鸟器的供电,超声波喇叭用于利用超声波驱鸟;

3. 太阳能板安装于支撑杆一侧,用于给电池充电,使用时,使太阳能板朝太阳方向,利于更好的接受太阳能;

4. 爆闪灯安装于支撑杆上,数量为2个,利用灯珠发出的三色强光驱鸟;

5. 探测器安装于支撑杆上,数量为2—3个,用于探测侵入农田的小动物,触发整个驱鸟器各功能的开启运作;

6. 旋转反光镜安装于支撑杆顶部,内置转动电机,当系统被触发时,电机启动旋转,利用旋转动作驱鸟,同时装于旋转器上的反光镜折射太阳光驱鸟;

7. 整个驱鸟器安装有轮子,便于移动及搬运。

设计方案说明

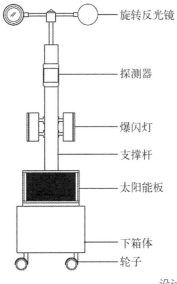

操作步骤及工作原理：

1. 将驱鸟器推放至需驱鸟的农田中间，并将太阳能板侧朝向太阳，并打开总开关，太阳能充电不受总开关控制，接收到阳光即可充电；

2. 设备启动后，探测器便处于工作状态，但此时超声波喇叭、爆闪灯、旋转反光镜不通电，不工作；

3. 当探测器探测到有小动物入侵时，即触发系统供电，这时超声波喇叭响起，爆闪灯闪烁，旋转器旋转，实现多方面的驱鸟；

4. 系统触发启动后，会延时工作2分钟（具体的延长时间可设定修改）后停止，然后探测器再进入探测工作状态，如再探测到入侵动物时，再次触发；

5. 当结束驱鸟时，关闭总开关即可。

设计方案操作步骤及工作原理

（2）经专家建议，我现在的设计更倾向于菜园驱鸟，并很好地解决了搬运问题，接下来我所考虑的是如何解决承重和卡扣问题，最终把我的成果搬上果树。

2. 选材和制作过程

在科学社和少科站老师的指导下，在反复实验之后，我最终确定了多功能环保型驱鸟装置使用如下部件：

环保型驱鸟装置部件

部件名称	图 片	作 用
风力闪光驱鸟器		每分钟旋转30—50圈，360°反射角，覆盖面积3—4 m²
超声波驱鸟器		超声波声压120 dB，频率范围16 kHz—25 kHz，有效工作半径为25 m左右

（续表）

部件名称	图　片	作　用
远光爆闪灯	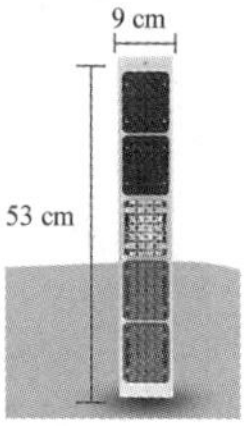	LED灯芯，耗电小，可对靠近的鸟类形成爆闪警示
探测器		融合微波与红外技术，球形透镜设计，便于广角探测鸟类靠近并触发系统供电，使各项驱鸟功能全面"打开"
万向轮		安装在箱体底部，便于搬运和移动
支撑杆		安装于箱体之上，用于各类驱鸟工具安装其上

3. 模型制作过程记录

模型制作数次改进，最终确定的模型制作过程记录如下。

模型制作过程

步骤	步骤说明	记录图片	问题点思考
1	制作下箱体		今后将驱鸟装置搬上果树时可以如何做到简单便捷

（续表）

步骤	步骤说明	记录图片	问题点思考
2	安装支撑杆及风力闪光驱鸟器		顶部驱鸟器目前采用风力,是否需要与整个触发系统关联起来
3	探测器、太阳能面板、远光爆闪灯武装到支撑杆上		如何在鸟类飞行的情况下提高探测器的探测范围和精度,如何提高驱鸟效率
4	基本模型成品		目前的设计是根据鸟类"行为"触发的,今后可否让鸟类的"声音"也触发系统

4. 数据记录与分析

实验:检测对比无驱鸟装置时和安装多功能驱鸟装置时,菜园内鸟类的飞入飞出数。

实验仪器:多功能环保型驱鸟装置。

实验方法:分别在上午和下午的固定时段,进行了下述实验。

实验一:观测无驱鸟装置时菜园的飞入飞出数。无驱鸟装置时,于上午 10:00—11:00 和下午 14:00—15:00,定点观测鸟类飞入飞出数量。

实验二:观测多功能驱鸟装置的实效性。安装多功能环保型驱鸟装置后,于上午 10:00—11:00 和下午 14:00—15:00,定点观测鸟类飞入飞出数量。

实验一 无驱鸟装置飞鸟数量

上午	10：00	10：10	10：20	10：30	10：40	10：50	11：00	均值
飞入数	10	18	15	10	17	11	14	13.6
飞出数	2	5	4	5	8	2	3	4.1
下午	14：00	14：10	14：20	14：30	14：40	14：50	15：00	均值
飞入数	6	7	4	8	5	7	9	6.6
飞出数	2	1	2	2	0	2	3	1.7

实验二 多功能驱鸟装置安装后的飞鸟数量

上午	10：00	10：10	10：20	10：30	10：40	10：50	11：00	均值
飞入数	8	12	9	15	13	7	16	11.4
飞出数	8	10	9	14	13	6	15	10.7
下午	14：00	14：10	14：20	14：30	14：40	14：50	15：00	均值
飞入数	5	6	9	8	4	7	6	6.6
飞出数	5	5	7	6	4	5	5	5.3

实验结论：

（1）从两项实验的数据可以看出，安装多功能环保驱鸟装置后，及时驱离的小鸟数量明显比没有安装驱鸟装置时飞出的小鸟数量多。

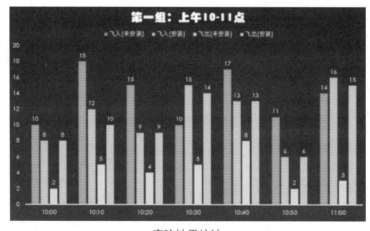

实验结果统计

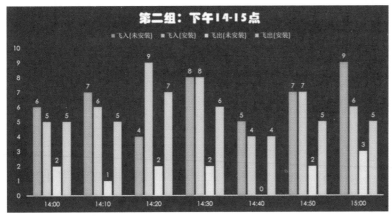

实验结果统计

（2）绝大多数情况下，当鸟进入传感器的有效探测距离内时，驱鸟装置都能及时触发系统供电，使所有驱鸟"武器"进入工作状态，但也发现有个别小鸟虽然进入了传感器有效探测范围，但驱鸟装置并未工作，这可能与传感器的敏感度和盲区有关，但这一问题应该可以通过加装传感器数量，或调整驱鸟装置的角度来加以改善。

四、结论概述以及后续研究目标

结论概述：

1. 多功能环保型驱鸟装置底部安装有轮子，可以很方便地搬运到"鸟害"严重的区域，同时太阳能面板只要将其朝向太阳，打开总开关，便能使其获得环保供电，长时间工作；

2. 设备启动后，驱鸟装置的探测器便进入工作状态，无鸟时超声波喇叭、爆闪灯、旋转反光镜不通电也不工作，但一旦探测器探测到"入侵者"，便会迅速触发以上"武器"，主动驱离小鸟。

3. 系统触发后，会延时工作数分钟后停止，直到探测器再次探测到"入侵者"并再次触发。几种驱鸟"武器"随机出手，鸟类不易产生适应性产生"麻木"感。

后续研究目标：

1. 驱鸟装置的传感器还比较"傻"，有时候不能及时对飞入的鸟做出反应，接下去需要进一步提高其识别能力，提高驱鸟效率。

2. 驱鸟装置在外祖父母的菜园获得了成功，接下去我要考虑如何将驱鸟装置搬到枇杷树上，这需要将驱鸟装置"瘦身"，并完善卡扣设计。

3. 目前这款驱鸟装置是对鸟的"行为"，即"飞入"作出反应，触发系统后进行驱赶，下一步我计划将鸟的"声音"也作为触发条件之一，且不能与超声波驱鸟的声音互相形成干扰，这样就能进一步提高驱鸟的效果。

五、体会与感悟

此次科创活动的出发点，是帮我的外祖父母解决现实问题，尽管在设计过程中，由于驱鸟装置太重，不得不先将驱鸟装置定位为菜园驱鸟，但我还是很有成就感，因为这个"胖胖的"家伙确实在菜园里"大展身手"发挥出了功效，让我对它"瘦身"成功"飞"上果树产生了很大的信心。

这是我继去年之后第二次尝试科创，虽然依然很稚嫩，但我对于科创的热情更加高涨了，而且对于寻找问题解决问题的能力也有了显著提高，每次科学社专家都对我改了又改的设计图纸大为赞赏并评了高分。

我的科创小发明，竟然真的可以工作，可以帮到我的家人，我太激动了！科创不是空想，而是源于生活高于生活，能够推动生活的呢！

六、致谢

在多功能环保型驱鸟装置的创新过程中，我得到了科学社、少科站老师们的悉心指导，他们提出的建议，令我大有启发，并最终促成了我的作品诞生。在此，我想向这些领路人表达诚挚的谢意！

参考文献

袁佳炜,石复习.新型声光组合农田驱鸟装置设计[J]. AGRICULTURAL ENGINEERING,2019(9).

第35届上海市青少年科技创新大赛一等奖

陈铭璋

立足生活，敢于担当，逐梦科学

盛　洁

作为一位校外教师辅导学生创新大赛已有些年头了，从最开始的观摩学习有经验教师的指导方法到自己开始辅导课题，慢慢积累了一点经验，现在把自己的一些不太成熟的想法和大家交流。取长补短，共同进步。

一、家校沟通，精选学生

挑选合适的学生很重要。要熟悉学生、甚至家长。一个课题学生是否具备课题研究的特质，是否能合理安排时间去参与去调查？学生愿意了，家长是否支持孩子在课题研究上花时间和精力？所以挑对学生和学生家长都很关键。那么怎么挑选呢？我选择的学生多为自己周末班级的学生。平时有意识地去观察学生，他们是不是爱学？是不是有好奇心？是不是能够专心？是否有钻研精神？他们的表达能力如何？这个可以通过课堂上学生的表现来物色，对于能力强的孩子还可以在课堂教学的过程中设置一些课题相关的小课题让其完成，观察其表现。找好学生后也不忘与家长沟通，看看家长是否能支持孩子进行课题研究？是否能在时间上给予保证。如果都可以，才能放心辅导孩子开展课题研究。

比如有一年我辅导一位孩子的课题《可检测车辆的自调整红绿灯系统》，需要不同通行状况下，通过距离红绿灯不同位置的红外探头来预判路面车流量状况，达到在几种常见路面通行状况下对红、绿灯通行时间进行智能微调，减少城市交通拥堵和车辆尾气排放等。为了做好这个课题，需要连续几个月去路口蹲点交通情况，记录大量数据用于后期分析。学生时间非常宝贵，合理安排时间离不开家长的支持。

二、直击痛点，做好孵化

课题从何而来？它来源于生活，来源于社会痛点，来源于社会热点，来源于问题思考，来自平时稍纵即逝的灵感。抓住它们，最开始可能只是一点灵感，甚至觉得有些天马行空，但记下来，你才能分析其操作的可能性，才有可能通过一些方法去完善设想。

多年前我辅导过一个学生的课题，课题就来源于生活中的小麻烦。学生的奶奶患有高血压，每天都要服用降压药，而且得分早、中、晚三次，每次服药的药物和药量还有所不同。老人记忆力下降，经常会漏服或搞错药量。在此情况下她进行了课题《定时提醒药盒》的研究，把每天三顿需要服用的药按量分开，加入定时和语音播报功能，在需要服药的时段语音提醒她按量服用正确的药物。这个作品很简单，也没有很多高大上的技术加持，但确实能够直击生活中的痛点，实实在在帮助到需要帮助的人，极具人文关怀。

三、不惧热点，最佳切入

除了自己身边的问题，我还鼓励学生多关注新闻。新闻能拓宽学生视野，在新闻中除了一些痛点问题，还能找到热点问题。有人不喜欢热点问题，热点问题意味着可能很多人会和自己选择类似的课题。但这也是一种很有意思的挑战。

举个例子，前几年垃圾分类的话题热度非常高。一位学生想做相关课题。通过问卷及走访调查发现在政府垃圾分类准备推广的前期，居民对垃圾如何分类不了解，所以造成很多情况下不能做到准确分类，且垃圾分类积极性不高。此时制作一个"具有激励功能的智能语音分类识别垃圾箱"就非常应景。当人们不确定要扔的垃圾是哪一类的话就可以通过询问垃圾箱，它会通过数据检索告诉你，你手中垃圾的类别。同时，它还具有统计功能，为做好垃圾分类的家庭进行积分，鼓励大家做好垃圾分类。

通过做这个课题，这位学生有了做课题的信心，还想继续深入研究。此时垃圾分类已经实施了一年有余，居民们基本搞清楚了如何进行垃圾分类了，但新的问题也随之产生。我带着学生通过问卷调查及实地探访，发现湿垃圾集中回收之后，虫多气味难闻，倒的过程中还会弄脏手，人们普遍对处理湿垃圾的体验极差。针对以上状况，学生又进行了深入研究。通过内外桶分离的设计来进行密封制冷，方便保持环境整洁且方便环卫公司回收湿垃圾，通过红外感应开盖等方式加强密封性，隔绝热空气和蚊虫且能自动破袋不脏手。

两个课题最终都取得了很好的成绩。因此做热点课题需要深入调查，抓准合适的切入点，那也不惧其他课题的挑战。

四、合理安排、把稳方向

除了选题应早做准备，课题也应合理规划。在决定做这个课题的时候，你就要制定计划。人有惰性，所以时间节点一定要提前一些。并不是每个学生都能很有计划性，此时指导教师的干预非常重要。我会为每位学生制作计划表，什么点完成什么事都有严格规定，计划表中的时间点之前会提醒学生准时完成。即使学生偶然未能按计划完成，但前面打过余量，后期相对轻松一些。有更多的余地应对突发状况。

学生由于知识面、年龄和经验的关系，通常一开始不明白如何进行课题研究。在做课题的时候会暴露很多问题，如动手能力弱、思路不清晰、写作没有条理等。但是教师要有耐心，不要怕麻烦。在学生课题研究过程中把稳方向，给予信心，做好保障。

举个例子，有个学生去医院吊盐水，输液室非常忙，当有的患者输液瓶排空时，会有不能及时拔除针头的情况。而有些输液的患者，因为病痛或疲倦等原因会在输液过程中睡着，也没法自己关闭输液开关，输液瓶排空就很危险。学生就想做个"输液重力检测报警装置"。学生和我讨论后，我们决定先做前期调查，调查发现这个装置已经有了，学生非常失望。看似没有继续研究的必要了，但其实还有机会。我鼓励学生去医院实地调查以后发现这种设备非常昂贵，很多医院都不能普及，别说输液室了。于是又有了做下去的信心，将课题的重点放在便捷性普及性上。然而打击还在后面，在市里课题咨询的时候发现其他区也有做这个课题的，我们不甘心放弃，一起寻找新的突破点，把"减缓滴速"作为了新的研究要点。终于成功完成课题。

一次次交流、一次次打磨。没空线下交流时,则通过线上交流。有时候邮箱里与每个学生的讨论邮件多达几十封。作为老师要做好领路人,帮助学生调节情绪,不断磨合最终完成课题,成就学生。在这个过程中,学生充分参与,锻炼能力,对自己的课题有认同感。

辅导学生课题研究真的不轻松,但学生的点滴进步不正是我们的目标吗?放松心态和学生一起努力,做到能做到的最好的,那么惊喜才有可能来到你的身边。如果没有惊喜也千万不要灰心,指导学生调整心态,每一次经历都是生活给予的宝贵经验,是成长的必然。

定时提醒药盒

摘要

很多老年人患有高血压等慢性病，需要每日服药，而且一天中不同时间服用的药物和药量还不尽相同。由于年龄的增长，老年人会不同程度地伴有记忆力减退症状，经常会漏服或错服药物。

为了防止人们漏服或错服治疗药物，设计这个定时提醒药盒，用来提醒人们吃药，并有语音提醒功能。人们可以根据自己的服药时间来设置，并可以根据自己的服药情况来设置提醒录音。以防漏服或错服药物。

定时提醒药盒是用来提醒人们吃药，并有语音提醒功能。人们可以根据自己的服药时间来设置，并可以根据自己的服药情况来设置提醒录音。以防漏服或错服药物。

用小药盒作为盛药的容器，用小闹钟作为提醒器，加上一个录音电路作为语音提醒装置，三者结合，即成了一套定时提醒药盒系统。在隔天晚上将第二天需服用的不同药物按顿按量分好，第二天的不同时间，定时提醒药盒会定时闹响，并且可以根据语音提醒核对并服用正确的药物和药量。

关键词　定时；提醒；药盒

一、设计由来

我的奶奶患有高血压，每天都要服用降压药，而且得分早、中、晚三次，每次服药的药物和药量还有所不同。随着奶奶年龄的增长，记忆力也有点下降了，经常会漏服或搞错药量。因此，我就一直有个想法，设计一种带有定时提醒装置的药盒，把每天三顿需要服用的药按量分开，在需要服药的时段语音提醒她按量服用正确的药物。

二、工作目的

为了防止人们漏服或错服治疗药物，设计这个定时提醒药盒，用来提醒人们吃药，并有语音提醒功能。人们可以根据自己的服药时间来设置，并可以根据自己的服药情况来设置提醒录音。以防漏服或错服药物。

三、课题的设计和制作

制作过程流程图

首先是寻找合适的容器，毕竟药物是要入口的，容器一定要能够存放食品或药品的，通过不断地寻找和筛选，最终我选定了小药盒作为盛药的容器，小药盒中的分隔可以区分早、中、晚三顿应该服用的药。

小闹钟

既然是定时提醒药盒，光有药盒是不够的，关键是用什么东西来作为定时提醒装置，我考虑过用小闹钟，但是闹钟的闹铃提醒设置是有次数限制的，没有办法实现一天三次提醒。一次偶然的机会，我发现爸爸有个手机，可以设置几组闹铃提醒，还能分别设置每次闹铃提醒的铃声，而且可以用自己的录音作为闹铃铃声，这不就是一个药盒定时提醒器吗？

但是如果使用手机作为闹铃装置的话，花费太大了。因此，我就和爸爸一起上网寻找合适的闹铃装置，找到一种小闹钟，可以设定4组闹铃，因为每日服药次数一般是3～4次，所以这个小闹钟正合适。

有了闹钟就解决了定时闹响的问题。但是，闹钟那种单调的"嘀嘀"声很不好听，也不能让奶奶清楚地知道该吃哪些药，每种药该吃几粒。所以，我就考虑再加上一个录音和回放的东西，在每次闹铃后能放出声音，提醒奶奶每次该吃的药和服用量。

我找到的是一种电子录音电路，可以分段录制声音，还可以分段回放。但是它只是一块线路板，还得自己接上喇叭和电源。为了能够完成我的设想，我又利用课余时间上网查询电子电路的相关资料，最终，我完成了电路板、喇叭和电源的连接，也试验成功了录音和放音功能。

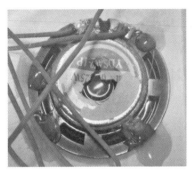
喇叭

电路板

四、课题成果

最终我设计制作的定时提醒药盒是把小闹钟、录音电路和小药瓶黏结在一起，设定好3—4个闹铃时间（比如：8点、12点、18点），并且在每个时间闹钟响起后可以播放不同的录音，比如：8点的铃声是："奶奶早上好，您该吃降压药了，现在是早上，您应该吃一粒复方降压片和一粒珍菊降压片，我爱您，奶奶。"

实物图：

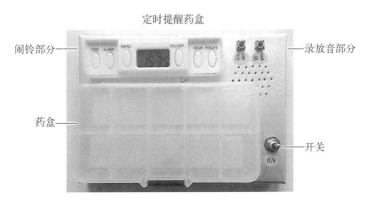
定时提醒药盒

五、使用方法

第一部分：闹钟使用方法

1. 时钟设定：按"TIME"进入时钟显示模式，数字会闪动；按"HOUR"调整小时；按"MINUTE"调整分钟；按"ON/OFF"确认所设定的时间及可设置12/24小时制转换。

2. 用四个数字键设置四组闹铃时间：按"ALARM"进入闹铃模式，屏幕上框会依次显示"1""2""3""4"，表示四组闹铃时间。在任何一组闹铃下，按"HOUR"设定小时，按"MINUTE"设定分钟，按"ON/OFF"键开启闹铃（会有闹铃符号显示）；再按"ALARM"进入下组闹铃设定；按"TIME"返回时钟模式或者无操作一分钟后自动返回。如果闹铃时间到，闹铃会持续响一分钟，按"ON/OFF"键可关闭闹铃声。第一组闹铃声为"嘀"一声，连续响一分钟，屏幕上"1"会闪动；第二组闹铃声为"嘀"二声，连续响一分钟，屏幕上"2"会闪动；第三组闹铃声为"嘀"三声，连续响一分钟，屏幕上"3"会闪动；第四组闹铃声为"嘀"四声，连续响一分钟，屏幕上"4"会闪动；

第二部分：录音电路部分说明

1. 按键说明：录音电路一共有两个按键，一个"录音"键，一个"放音"键。

2. 录音操作：按录音键一次，喇叭会发出"嘀"的提示音，同时LED灯点亮，开始录音；录音完成再按录音键，喇叭会发出"嘀嘀"两声提示音，同时LED灯灭，本段录音结束。继续操作，顺序录到下一段中，可根据需要录制多段语音。

3. 放音操作：按放音键一次，开始放音，放音中按下录音键可停止本段放音，再次按下放音键可顺序播放下一段录音。

4. 单段内容删除：先按放音键，定位到当前要删除的一段，然后长按住录音键3秒钟，喇叭会发出"嘀嘀"的提示音，提示当前的录音段落被删除。

六、成果实效及进一步展望

做完这个定时提醒药盒后，我将会在每天晚上睡觉前把奶奶隔天该吃的药,按顿按量分好,放在药盒里,这样,第二天奶奶就能定时听到提醒,再也不会忘记服药了。

进一步展望:把闹铃完成定时闹响和录音电路完成提醒做成一体化,用一套按键控制两个系统。不用每次闹响后再按一次录音电路的回放键,变为按闹铃停止键后直接播放录音提醒,这样可以简化操作过程。

七、致谢

此次作品的制作成功要感谢各位帮助过我的老师、专家,在你们的指导下,让我对电子原理有了更深的了解。谢谢!

参考文献

[1] 王南阳.单片优质语音录放集成电路应用手册[M].北京:机械工业出版社,2006.
[2] 王南阳.单片语音录放电路模块及其应用[J].电子世界期刊,1999.

第28届上海市青少年科技创新大赛一等奖、

第28届全国青少年科技创新大赛二等奖

李欣悦

指导作品 2

具有激励功能的智能语音分类识别垃圾箱

摘要

在生活中,每个家庭每天都会产生各类生活垃圾。通过问卷调研及资料查找我发现居民的环保意识正在增强,可是造成垃圾分类实施难度的原因主要有2点,一是很多居民对垃圾如何分类不是十分了解,二是垃圾分类设施不够方便。如果能在难以判断手中垃圾种类有语音提示,或有激励制度的垃圾箱出现,人们非常愿意进行垃圾分类。

本装置就是基于以上情况进行设计的。它通过智能语音系统对不确定的垃圾进行识别。识别后的垃圾,根据识别的信息放置至不同的垃圾箱内。用户扫描二维码,拍照打卡记录。系统统计积分,大致了解每个家庭对垃圾分类处理重视程度,以及是否做到位;对于积分高的家庭,可以给予一定的物质或精神奖励;对于积分低的家庭,可以了解具体原因,并对其进行指导。本装置可以提高每个家庭垃圾分类积极性,帮助人们更有效和更洁净的处理好相应的分类垃圾。

关键词 语音识别;垃圾分类;激励机制

一、课题由来

在生活中,每个家庭每天都会产生各类生活垃圾。因为很多居民对垃圾的分类不是十分了解,所以造成很多情况下,扔垃圾也是一扔了之,没有很好地将不同的垃圾扔到指定的垃圾箱内。总之,由于种种客观原因,目前很多地方的垃圾分类做不是很好。我想制作一个智能语音分类识别垃圾箱,帮助大家扔垃圾的时候更好的分类,我们不确定要扔的垃圾是哪一类的话就可以通过询问它,它会通过数据检索告诉你,你手中垃圾的类别。同时,它还具有统计功能,为做好垃圾分类的家庭进行积分,小区物业定期采取奖励措施,鼓励大家做好垃圾分类。

二、研究目的

希望能让更多社区居民，更多家庭重视垃圾分类，并提高垃圾分类的积极性，参与到垃圾分类的行为。

三、现状调研

1. 问卷调研

为了了解城市居民对分类垃圾的了解和意愿，我在老师的指导下制作了调查问卷（详见附件1），共有261人参与此次调查，收到有效问卷261份。以城市家庭居民为主，具体调查结果如下：

（1）居民知道垃圾分类有益社会，支持进行垃圾分类。

（2）人们对垃圾分类不清楚，现有分类垃圾作用不大。

（3）如果有激励制度的垃圾箱出现，人们非常愿意分类垃圾。

2. 资料调查

目前，根据网上信息，上海每天会生产约2万吨生活垃圾。上海的生活垃圾主要分为干垃圾、湿垃圾、可回收垃圾和有害垃圾四类。下面是不同年龄市民垃圾分类投放行为调查表（来源《上海市生活垃圾分类减量状况调查报告》）。

不同年龄市民垃圾分类投放行为调查表

年　　龄	总能做到	大多数能做到	偶尔能做到	完全不能做到
10—18岁	22.4%	56.3%	20.7%	0.6%
19—29岁	20.2%	62.4%	16.8%	0.6%
30—39岁	19.9%	60.4%	18.1%	1.6%
40—59岁	29.1%	58.3%	10.7%	1.9%
60岁及以上	38.7%	48.0%	10.5%	2.8%
合计	26.4%	57.6%	14.4%	1.6%

从图表上可以看出,能完全做到垃圾分类的,平均只有26.4%,还有近3/4的人还未完全做到或只能部分做到,说明垃圾分类还有很多工作可以做。

四、制作思路

刚开始我们想要用磁条或二维码条对应各类垃圾分类,但是都失败了,而且没办法产生语音对话这样的功能。有一天我听到爸爸在问小爱音箱明天的天气如何。我就在想,小爱同学怎么会知道天气的呢？爸爸告诉我小爱可以网络查询现有消息。那么我的垃圾箱能不能借助小爱的系统来进行搜索呢。通过研究我知道垃圾分类的知识比较专业,需要我自己先行录入,于是我从编辑整理各类垃圾开始,然后把这些编辑好的住处按照音箱的语音识别要求,陆续录入了这些垃圾信息,以及所归属的分类。小米音箱就可以比较准确地回答常见的垃圾分类问题,真正地做到了语音智能。

为了达到激励作用,依托微信小程序,只要有智能手机,有微信,扫描垃圾桶上的二维码,就能上传分类垃圾照片进行活动打卡。我们可以根据分享的照片和频率,进行统计积分,以激烈大家的垃圾分类积极性。

五、制作过程

1. 观察周边的分类垃圾箱的形状和布局;

常见垃圾箱

2. 制作垃圾箱草图；

3. 用废旧纸箱制作雏形；

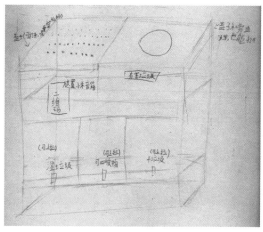

制作垃圾箱雏形

4. 输入常见垃圾及其所属垃圾类别；

设置内容信息

5. 依托微信小程序平台,设计照片上传打卡功能；

设计打卡功能

6. 为垃圾箱配置语音识别装置，将二维码放置在垃圾箱易扫描位置，进行测试。由于参考传统垃圾箱的样子，我对垃圾箱的形状做了调整，最终模型如下：

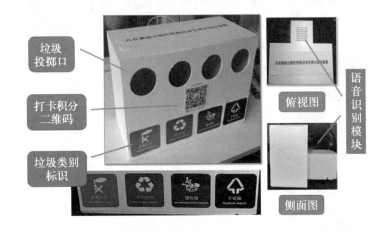

六、使用调查

为了测试这个垃圾箱是否能被居民接受，是否会使用。我和妈妈一起在楼下垃圾箱附近随机找了20个来扔垃圾的大人进行测试调查。

年龄段	人数	测试语音成功人数比例	愿意微信打卡人数比例	觉得此垃圾箱对垃圾分类有作用人数比例
20岁—40岁	2	100%	100%	100%
41岁到60岁	10	100%	100%	100%
61岁到70岁	6	100%	84%	100%
71岁到80岁	2	100%	0%	100%

通过使用调查发现，大部分人，包括一部分老年人，在智能手机普及的现在，如果有激励机制鼓励大家垃圾分类，他们也乐于尝试。

七、创新点

智能：通过联网的语音智能识别，能够准确地回复常见的垃圾分类问题。依托通过微信小程序图片打卡，能够很好地把您分类的垃圾图片，实时打卡，以获得相应的奖励。

环保：提供了不同垃圾的分类，特别是有害垃圾也有相应的存放地方。

价廉：利用现有智能语音技术，价格相对低廉，实现了智能回复。

八、进一步思路

目前激励系统由于微信小程序功能有限，还需要人工干预；本装置语音识别对问题的识别率还不够高。如果问题与设定格式相差太大，语音回复可能会产生歧义，会回复非标准答案或错误答案。

九、设计心得

灵感往往来源于生活中的小事，以实际需求出发，解决生活中的小问题，从而提高自己。不仅能帮助自己，而且可以造福社会。

十、致谢

感谢老师们在此项创新中所给予的建议及帮助，没有老师的建议和帮助，不可能这样顺利的实现原有的想法。

参考文献

[1] 陈龙,凌利,钟学洋,杨华勇.基于WiFi的新型智能垃圾桶设计[J].软件导刊,2018(09).

[2] 周慧珺,许锦标.新型智能垃圾桶的设计方案[J].广东工业大学学报,2006(03).

[3] 张晚霞,刘敏,杨成福,张东方.基于物联网的环保智能分类回收垃圾桶[J].电脑迷,2017(04).

[4] 孟竺君,仓诗建,田原源.现代城市分类垃圾桶设计研究[J].设计,2018(17).

附件1：调研问卷及分析结果

为了了解城市居民对分类垃圾的了解和意愿，我制作了调查问卷，共有261人参与此次调查，以城市家庭居民为主，具体调查结果如下：

城市家庭垃圾分类投放调查

第1题 您觉得垃圾分类对您的生活有帮助吗？ ［单选题］

选 项	小 计	比 例
有帮助	239	91.57%
没发觉得有太大帮助	22	8.43%
本题有效填写人次	261	

第2题　您认为生活垃圾 ＿＿＿＿＿＿＿ 可利用价值？　　　　　　［单选题］

选　项	小　计	比　例	
有很大的	137		52.49%
有一定的	107		41%
有一点	16		6.13%
没有	1		0.38%
本题有效填写人次	261		

第3题　家里有对垃圾分类的习惯吗？　　　　　　　　　　　　　［单选题］

选　项	小　计	比　例	
有	173		66.28%
没有	88		33.72%
本题有效填写人次	261		

第4题　请选出以下哪项属于可回收的垃圾？　　　　　　　　　　［多选题］

选　项	小　计	比　例	
玻璃	155		59.39%
废电池	141		54.02%
餐巾纸	163		62.45%
布料	214		81.99%
瓷器	105		40.23%
食物残渣	66		25.29%
本题有效填写人次	261		

第5题 请问您了解回收与不可回收垃圾各包含哪些种类吗？ ［单选题］

选 项	小 计	比 例	
基本不了解	75		28.74%
了解	173		66.28%
非常了解	13		4.98%
本题有效填写人次	261		

第6题 您觉得分类垃圾桶的设置对改善环境有帮助吗？ ［单选题］

选 项	小 计	比 例	
有	248		95.02%
没有	6		2.3%
没感觉	7		2.68%
本题有效填写人次	261		

第7题 对于垃圾分类工作，您的态度是 _____ ［单选题］

选 项	小 计	比 例	
完全反对	0		0%
反对	0		0%
一般	20		7.66%
支持	111		42.53%
非常支持	130		49.81%
本题有效填写人次	261		

第8题　您所在小区是否有分类垃圾桶？　　　　　　　　　　［单选题］

选　项	小　计	比　例	
有	195		74.71%
没有	66		25.29%
本题有效填写人次	261		

第9题　您见到所在的社区或街道边上有分类标识的垃圾桶时人们是如何做的？　　　　　　　　　　　　　　　　　　　　　　　　　　　　［单选题］

选　项	小　计	比　例	
人们都是按照分类扔垃圾	58		22.22%
人们没有按照分类扔垃圾	17		6.51%
只有极少数人按照分类扔垃圾	157		60.15%
人们不按照分类只是随便扔	29		11.11%
本题有效填写人次	261		

第10题　如果您未按类垃圾箱投放垃圾的主要原因有哪些？　　　　　［单选题］

选　项	小　计	比　例	
对分类不清楚	181		69.35%
没有激励机制	49		18.77%
觉得无所谓	31		11.88%
本题有效填写人次	261		

第11题 您认为现在投入使用的分类垃圾箱的作用如何？ ［单选题］

选 项	小 计	比 例	
非常小	49		18.77%
小	27		10.34%
一般	120		45.98%
大	36		13.79%
非常大	29		11.11%
本题有效填写人次	261		

第12题 您认为垃圾回收实施过程中的最大的困难是？ ［多选题］

选 项	小 计	比 例	
公众环境意识淡薄	192		73.56%
设施不完善	130		49.81%
宣传力度不够	126		48.28%
公众对垃圾分类回收了解较少	190		72.8%
政府宣传力度不够	95		36.4%
嫌分类麻烦	155		59.39%
本题有效填写人次	261		

第13题 如果在您小区内的分类垃圾箱带有智能激励功能，达到一定级别可领取奖励，您愿意分类投放垃圾吗？ ［单选题］

选 项	小 计	比 例	
愿意	255		97.7%
不愿意	6		2.3%
本题有效填写人次	261		

第14题 如果您小区内的分类垃圾桶可以采用问答方式告之您不确定的垃圾的种类,您愿意使用或分类投放垃圾吗? 　　　　　　　　　　　　[单选题]

选　项	小　计	比　例	
愿意	258		98.85%
不愿意	3		1.15%
本题有效填写人次	261		

第15题 您认为带有帮助人们语音识别垃圾种类,同时带有激励功能的智能垃圾箱会大大提高人们分类投放垃圾的积极性吗? 　　　　　　[单选题]

选　项	小　计	比　例	
能	245		93.87%
不能	16		6.13%
本题有效填写人次	261		

第34届上海市青少年科技创新大赛一等奖

刘一睿

用艺术之美启迪科学之光

谢 昊

一、什么是科幻画

科幻画是在理解的科学知识的基础上，通过科学的想象，运用绘画语言创造性的表达出对宇宙万物、未来人类社会生活、社会发展、科学技术的遐想而产生出来的绘画作品。科幻画是真实反映孩子对美好生活的追求一种艺术形式。科幻绘画具有以下三个特点：

1. 科学性：画面内容要具有正确的科学依据，对其有正确的理解，要求构思创意和内容的真实与准确。

2. 幻想性：它不是现实中科学技术的再现，要表现人类尚未发现及近期努力实现的科学创意和发明。

3. 艺术性：用艺术的形式表现主题，体现在画面的构图、造型和色彩的设计以及绘画技巧上要强调视觉冲击力和前沿的科技感。

二、为什么要参加青少年科技创新大赛科幻画比赛

科学幻想绘画比赛是面向少年儿童开展的科幻画作品的评比展示活动，其目的是鼓励少年儿童充分发挥想象力，用绘画的形式表现出对人类未来科学发展的美好畅想和展望，提升他们对科学的兴趣。少年儿童在科幻画的体验、构想和创作中，对于培养少年儿童的科学素养和创新意识，鼓励他们手、眼睛和脑并用以及提倡科学与艺术的融会贯通，具有非常重要的作用。同时，对于培养少年儿童走近科学、探索科学、热爱科学，提升创新能力，以及运用科

学知识,发挥想象,敢于实践,促进综合素质的提高,也具有十分重要的教育意义。

三、如何辅导学生参加科幻画比赛

1. 从比赛评判标准的角度

根据多年来全国青少年科技创新大赛及上海市青少年科技创新大赛的要求,凡是年龄在14周岁及以下的学生均可参加,比赛作品要求为4K大小的原创作品,获奖作品多为手绘。评委一般从画面的艺术性、内容的科学性、创意的新颖性等多维度进行综合评价,同时会对作品的立意有所要求,创作的作品是否积极向上,体现了家国情怀、环保意识、人文关怀等。常言道:"止戈为武",例如男生常喜欢畅想的未来武器,应引导学生其设计未来武器目的是保护生命安全而不是杀戮。

2. 从学生发展的角度

(1)保护学生天真烂漫的想法

"科学与艺术是一枚硬币的两面,连接他们的是创造性"。李政道先生的这一句名言说明了科学艺术之间的联系点为创造力。而如何创新便是科幻画的核心议题。虽然少年儿童拥有丰富的想象力,但是面对多年来科幻画比赛的举办以及网络的普及,少年儿童在没有灵感的时候倾向于寻找参考的作品,导致创作出雷同的作品,与"创新"背道而驰,面对这种状况,无论学生的创意听起来过于稚嫩还是异想天开,教师需要保护好学生独特的想法,加以适当的引导。

(2)引导学生对生活细心关注

社会的不断进步,从"嫦娥奔月"到"天宫一号",从5G应用到人工智能,无数奇思妙想,都在逐步实现。科学幻想画是指以科学为基础的想象,没有科学依据的幻想只能称为空想、魔幻或者是神话,所以科学幻想绘画是少年儿童在已掌握的科学知识和经验的基础上创作的作品。由于少年儿童的年龄特点,他们所掌握的科学知识和经验有一定的局限性,因此可以鼓励他们想象的内容不一定需要非常高大上,从少年儿童的身边入手,引导学生通过细心观察生活,激发创作灵感,启发大胆想象、确立创意主题。

（3）鼓励学生进行绘画技法上的探索

由于科幻画最终是以绘画的形式来展示的，所以绘画技法的使用是最后作品呈现效果重要的因素，除了对传统的彩铅、马克笔、水粉、水彩、素描、版画等较为常见的表现形式多加训练并精益求精以外，还要鼓励学生对绘画技法进行探索，例如综合使用各种美术工具、运用不同寻常的材料等使作品的表现力更强，使畅想的内容更激动人心。

（4）提升教师自身的综合素养

要使学生拥有"一杯水"，那么教师自己就得有"一桶水"。辅导学生创作出优秀的科幻画作品离不开教师跨学科的教育教学能力提升，如果是美术教师，需要有一定的科学精神，了解科技前沿的动态，加强科学知识储备。如果是科技教师则需要培养艺术修养，提升绘画创作的能力以及审美能力。

指导作品 **1**

飞蚊型电瓶车充电器

　　创意说明：现在马路上行驶的电瓶车越来越多啦，给城市居民生活带来了巨大的便利呢！可是无论在家还是在路上，为了使电瓶车保持充足的电量，怎么充电以及在哪充电始终困扰着叔叔阿姨们。我想未来可以有一种飞蚊型充电器，像蚊子一样会去充电站储存电能，等充满后，能自动飞向电量不足的电瓶车给它们充电，多省心啊！

第32届全国青少年科技创新大赛一等奖

罗意桦

天 行 快 递

创意说明：现在的快递员叔叔骑着电瓶车穿梭在楼宇间多辛苦呀，我想利用遥控及机器人技术，通过空中的飞行器将货物投送到每家每户，即使家里没人，房屋也装有自动收货装置，省去了因家里没人而导致物流时间的浪费，这样能大大降低物流的成本，解放劳动力，节省城市宝贵的道路资源。

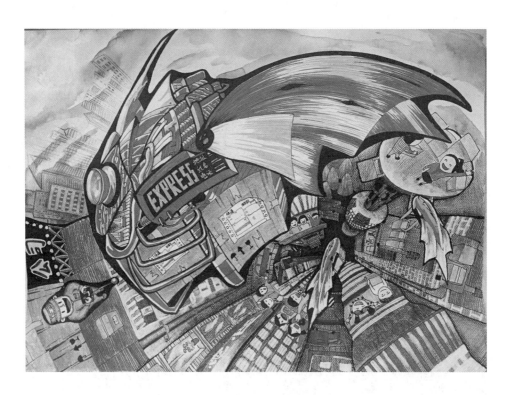

第33届全国青少年科技创新大赛一等奖

汪诗翰

跟上时代的步伐，创新育人的方法

吴为安

时代在进步，知识在发展，随着科技的日新月异，人们越来越离不开科技带来的便利，越来越体会到科技的重要性，作为少科站的一名指导学生进行科技教育的工作者，我深感自豪，但同时，我也感到了来自社会、家长和学生带来的紧迫感，在这个高速发展的时代，教育需要改革，培养人才的方式需要创新，只有这样才能跟上时代的步伐，不被大浪淘沙，只有这样才能走在时代的前列，不会落后挨打。在我看来，"创新大赛"就是这么一个有着鲜明时代特性的育人平台，学生通过参加创新大赛，通过指导老师的辅导，通过自我的探究，能收获良多，能提升自我价值，能激发创新思维。作为一名创新大赛的指导教师，我也经历了一个探究的过程：从一开始的懵懵懂懂，到之后的渐入佳境，甚至自己渐渐地摸索到一些门道，对于如何通过创新大赛来培养人才，我有话可说。

一、留心生活细节，课题源于生活

随着生活节奏的加快，能静下心来关注生活细节、品味人生百态的人越来越少，我指导的对象虽然是十几岁的孩子，但是他们的生活节奏并不比成年人慢，每天的生活被家长安排的满满的、甚至是超负荷的，这样就导致孩子们只能疲于奔命，无暇思考。针对这样的时代特性，我给孩子们上的第一课就是静下心来，留心生活中的点滴，用现有的知识来审视自己的生活，从生活中去发现问题，思考问题，寻找创新之路。在前几年，我指导学生马千瑜的一个课题《分类便利袋的设计与制作》，并获得了二等奖。这个课题的来源就是生活中的一个小细节，这位同学的妈妈在买东西时将需要冷藏的物品与带有高热量的物品摆在了一起，回家后，便利袋里当然是一片狼藉，马千瑜同学就是留心到了这一点，而产生了分类这些不同物品的想法,进而引出了《分类便利袋的设计与制作》这个课题。生活是最好的老师,科技源于生活,服务于生活,因此,培养学生的第一步就是要孩子们静下心来,学会观察,留心分析,勤于思考。

二、以学定教,团队合作

我一直认为老师在不同的学生面前要有不同的"面孔",学习的主体永远都是学生,要激发学生学习的内驱力才能事半功倍。在辅导学生进行创新大赛作品《身边的逃生防火剂——家中液体防火效果的比较研究》的设计时,我同时指导了两位学生罗中翔和罗立洁,要将这两位性格不同、思维方式不同的学生磨合在一起需要时间和技巧,经过长时间的摸索,我发现"以学定教"才能真正地发挥团队中每一个人的特长,我根据两位同学思考方式上的不同和特长方面的不同,将一个任务拆分成多个小任务,而这些小任务之间又有内在联系,需要两位同学各自发挥自己的聪明才智互相配合才能完成,这样,既完成了创新大赛的设计也融洽了团队的和谐。我想,在两位同学的眼中一定会有两个不同的我,因为我针对他们性格上的特点进行不同的角色扮演,一位同学性格内向且敏感,于是我更多时候是作为一个大哥哥的形象出现,走进他的内心,倾听他真实的想法,引导他进行有效的思考,往往只要给出一个想法,他就能完成后续的思考,之后再从设计的科学性、创新性和适用性来引导他进行探究。而另一位同学则比较"普通",既不特别内向也不特别外向,对待这样的学生,我扮演者亦师亦友的角色,不仅仅谈作品设计,也谈生活故事,渐渐地我们心有灵犀,有些探究思路哪怕还没有成熟没有完全,但我只要说出前半部分,学生就能意会后半部分,正是这种默契让我对人才培养的感悟上升到了一个新的境界。"团队合作,凸显特长",只有以学定教,学会合作,才能更好地培养适应新时代的人才。

三、创新实验器材,激发主动探究

在创新大赛的道路上,时常要进行各种实验,实验数据最能说明问题,但是实验数据的产生需要各种相对应的实验器材,有些器材并不是现有的,怎么办?

用资金购买固然是办法，一些精密仪器确实需要购买。去大学的实验室进行实验固然也是办法，一些大型的实验设备只有资深的实验室才会配备。那么，一些结构简单而现下没有的实验器材呢？是去购买还是去实验室找寻？我觉得大可不必，为什么不能自己设计呢？用着自己设计的实验器材会更加得心应手，根据实验的需求可随意的调整自主设计的实验器材，更可以提升学生主动探究的欲望。在我指导创新大赛项目《雨伞甩干器》时，我指导学生分解了项目中所需的实验器材，根据其用途和可否自制做了分类，并根据学生的现有知识和技能进行调整，降低难度，适合学生。由于实验所需的大部分器材都是自给自足，需要学生自己发挥智慧进行制作，他的积极性显得特别高，而且在获得数据后还对自制器材进行改进，进一步完善了其功能。在这样一个设计、制作、运用和改进的过程中，学生的综合能力也得到了较大的提高。

四、活用侧向思维，多角度思考

侧向思维是一个比较新的词汇，它的由来其实是当一个人为某一问题苦苦思索时，在大脑里形成了一种优势灶，一旦受到其他事物的启发，就很容易与这个优势灶产生相联系的反映，从而创造性地解决问题，是创新思维的由来。因此在创新大赛中，能活用侧向思维就是制胜的关键之一。而想要活用侧向思维，就必须引导学生全身心地投入项目中，从多角度去思考问题，多元化的去看待事物，在我指导学生时，我经常会出一些两难的问题，"逼迫"学生用尽自己的才智，全身心的投入，去从多个维度看待同一个事物，从中启迪智慧，产生创造的火花。

通过创新大赛，我深感：只有紧跟时代的步伐，进行育人方式的转型才能为培养人才做好奠基。只有随着时代的脉动，进行创新型人才的培养才能屹立于世界之林。

指导作品 **1**

雨伞甩干器

摘要

　　一到下雨天，出门时总免不了要打伞，但是一进入到室内滴着水的雨伞就成了大问题，湿漉漉的雨伞在手中不仅碍事，而且容易造成商场、学校这类公共场以铺设瓷砖为主的地面潮湿，地面一旦潮湿，就极易造成行人摔倒，存在很多安全隐患。我从洗衣机中找到了灵感，通过上网查询我发现还有一类洗衣机叫作转盘式洗衣机，这类洗衣机甩干部分的滚筒上有很多的小孔，甩干时通过滚筒高速的旋转，衣服和水受到由圆心向外的作用力，所以水可以从衣服中被甩出。那么对于雨伞而言，主要是伞面的布料上容易积留水分，我觉得和衣服甩干具有一定的相似性，因此我的初步设想就是模拟转盘洗衣机的甩干原理，利用离心力制作雨伞甩干装置。当我在超市看到一种脚踏式旋风拖把时，我又受到启发，用脚踏板带动转筒，甩干拖把，以脚踏板装置作为驱动力，比用电源作为驱动力更加节能环保、实用便捷，更符合低碳生活的理念。试制成功后，通过在学校门口的试用，同学和家长都说，这个装置很实用，而且也挺有效的，至少不会让雨伞不断地滴水。本项目发明一种能快速甩干雨伞表面雨水的装置，让雨伞不滴水或者少滴水，从而有效缓解雨天室内湿滑的问题。

关键词　雨伞；滴水；地滑；离心力

一、课题来源

　　一到下雨天，出门时总免不了要打伞，但是一进入到室内，滴水的雨伞就成了大问题，不但会把地面弄湿破坏室内的环境，而且商场、学校这类公共场所的地面现在基本都铺设瓷砖为主，潮湿的地面也容易让行人摔倒，造成很多安全隐患，尤其在上海到了黄梅雨季几乎天天要下雨，为此，我想到发明一种能快速甩干雨伞表面雨水的装置,让雨伞不滴水或者少滴水从而有效的缓解雨天室内湿滑的问题。

二、设计方案

1. 雨伞滴水问题解决方法的现状调查

首先,我对雨天雨伞滴水当前的一些解决方法进行了调查,发现这一问题其实早就引起了很多商家和学校的注意,在商场、小杂货店铺和学校这些不同的场所也都用了一些方法来解决这一问题,但是这些方法我认为或多或少的也都存在一些缺点。

（1）场所：商场、大卖场

解决方法：工作人员门口派发塑料袋用来放伞。

优点：雨伞的水不会漏出,防止了地面的湿滑。

缺点：塑料袋是一种很难降解的材料,通常我们都使用焚烧的方法来进行处理,但是焚烧的时候也会产生致癌物质二噁英,虽然效果好但是对环境造成不好的影响。

（2）场所：小商铺

解决方法：会在店铺门口放置一个水桶,可以将滴水的雨伞放在里面避免湿雨伞滴到室内。

优点：成本低廉,方便简单。

缺点：受地点局限较大,雨伞不能随身携带,面积较大的场所会对雨具管理早成困难。

（3）场所：某学校

解决方法：教学楼门口放置毛巾,在值勤队员指导下将伞上雨水擦干,尽量减少雨伞上的雨水。

优点：成本低廉。

缺点：效果一般,擦拭时雨水常会溅在衣服上。

2. 设计构想

鉴借各大商场、大卖场、小商铺以及学校的各种防止雨伞滴水措施,我觉得他们各有千秋但也各有不足,如何在成本低廉的情况下既省力又有效地防止下雨天伞具的滴水问题还对环境不造成影响呢?

　　首先我从洗衣机中找到了灵感,在家中妈妈洗完衣服常常还要用洗衣机进行甩干,她说这样在晾晒衣服的时候就不会往下滴水,不会影响楼下的邻居了。我观察家中的滚筒式洗衣机发现虽然可以放入折伞这些小型的雨具进行甩干,但是长柄伞具就不能使用,通过上网查询我发现还有一类洗衣机叫作转盘式洗衣机,这类洗衣机甩干部分的滚筒上有很多的小孔,甩干时通过滚筒高速的旋转,衣服和水受到由圆心向外的作用力,所以水可以从衣服中被甩出。那么对于雨伞而言,主要是伞面的布料上容易积留水分,我觉得和衣服甩干具有一定的相似性,因此我的初步设想就是模拟转盘洗衣机的甩干原理,制作雨伞甩干装置。其次,如果完全用电力驱动的话不但制作成本高而且我认为也不节能,因此结合旋风拖把的脚踏装置作为驱动力,这样比较节能、环保。我希望我的设计方案能靠人力就可以完成。

　　以这两点为基础,我开始设计,并在老师的帮助下尝试制作我的作品。

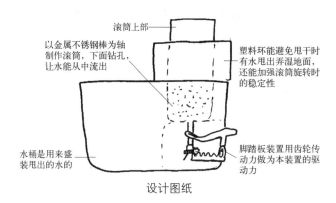

设计图纸

成品图

三、实物制作

1. 利用现有的脚踏装置，作为甩干装置的驱动力。这样既节能环保又省力，便于使用者操作。

2. 脚踏装置外部空桶作为甩出水分的盛器，用于存放被甩出的水。不用担心被甩出的水流到地面，影响环境。

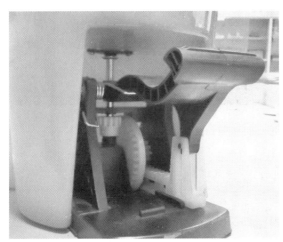

脚踏装置

储水桶

3. 以金属不锈钢棒为轴制作转筒，高度略高于二折伞，可用于各种折叠伞。

4. 在转筒外部钻孔，让水可以从孔内流出，多孔设计为了任何高度都可以均衡的甩出水。

转筒　　　　钻孔

5. 在桶外装上一层塑料外环用于避免甩出的水洒落地面,同时加强转盘在旋转时的稳定性。

6. 将转盘安装到脚踏底座中固定,雨伞甩干器完成。

加装塑料外环

安装转盘

四、使用实验与效果

将潮湿的雨伞放入到滚筒中,脚踩踏板由齿轮带动转筒快速转动,借离心力将水分甩出。作品首次完成后,在实验室,我们拿一把滴水的雨伞放入甩干器内,踩下踏板,转筒开始快速转动,数十秒后,雨伞伞面基本被甩干,伞面不再滴水。达到了我期待的效果。此后在下雨天,我们把这个装置放在学校门口,让同学试用,用过的同学都说,效果很好,不会让雨伞不断地滴水,走廊上积水也少了许多。平时,雨伞上的水会从门厅一直滴到教室,走廊上也到处是水渍,保洁的阿姨要不断地拖地,防止同学不小心滑倒。现在有了这个装置,保洁阿姨无须不停地来回拖地,避免了保洁阿姨和同学之间的碰撞,也为保洁阿姨节省了劳力。老师们也觉得使用了雨伞甩干器后教室里不再会有积水,消除了安全的隐患。到校接同学的家长使用后也称赞道,这个装置很实用,而且也挺有效的,至少不会让雨伞不断地滴水,同时安全、节能,只需要用脚踏,也省力,适合各个年级的同学使用。根据实际应用,这样装置的确可以有效地将雨伞中的水分甩出,而且通过脚踏也比较省力。

五、感想与展望

虽然我只是一个小学生，而且是我第一次尝试进行发明创造，但是我觉得小发明就在我们的生活中，我也希望这个作品可以在实际生活中得到真正的应用，这样到了下雨天，尤其在学校里就不用老是担心滑倒了。今后，我将继续改进，现在一次只能甩干一把雨伞，改进后希望能增加每次甩干雨伞的数量，这样更节省时间。在被甩干的雨伞类型方面也将进行改进，能放入长柄伞。特别是排水方面，现在被甩出的水都累计在外部空桶内，一旦桶内水满了就要去倒掉，如能直接接一根水管排水那样更加便捷、省力。

第26届全国青少年科技创新大赛二等奖

曾子珏

指导作品 **2**

两用捕蚊器

摘要

　　蚊子属四害之一,世界上最致命的动物中,蚊子排名NO.1,蚊子对我们的危害非常大,所引起的传染病很多,如:登革热、疟疾、黄热病、丝虫病、乙型脑炎……,夏天,不仅要忍受被蚊子叮咬的痛苦,而且还要担心传染病的危害。那么我们该如何免去蚊子的困扰呢?

　　市场上有许多产品,例如蚊香、驱蚊水、蚊帐等等,但人们还是不敢放心使用,怕药水里的成分影响孩子健康;认为电蚊香不环保;挂蚊帐又非常麻烦等。因此,实用又可靠的捕蚊器的发明迫在眉睫。

　　两用捕蚊器是利用蚊子的"喜好"二氧化碳这一特性,采用小苏打加白醋产生二氧化碳的方法,通过模仿呼吸的方式,释放出二氧化碳,引诱蚊子进入装置,从而"囚"住蚊子,达到捕捉的目的。为达到更好的效果,通过小型风机作用,产生漩涡,将蚊子"吸入",以提高捕捉效率,同时配合漏斗的装置,大大降低蚊子逃脱的可能性。

关键词　蚊子;危害;捕蚊器;气味

一、课题由来

　　夏天蚊子增多,不仅要忍受被蚊子叮咬的痛苦,而且还要担心传染病的危害,那么我们该如何免去蚊子的困扰呢? 于是我就想自制一个捕蚊器,用来解决这个困扰与不便。

二、当前灭蚊方法隐患探究

　　市场上有许多关于驱蚊灭蚊的产品,例如:电蚊香、驱蚊水、蚊帐、电蚊拍等等。不但效果不尽人意，还有许多隐患。

1. 蚊香：蚊香在点燃之后，虽然没有明火。只有一个很小的燃烧点，但是就是这种燃烧点，却是有着不小的安全隐患。有明火，但是又能持续燃烧而不熄灭，这种阴燃的特性和香烟差不多。同时蚊香在点燃后会产生许多烟雾，并不环保。

2. 驱蚊水：有一定的杀虫剂的成分，气味刺鼻，对人体健康危害不明，但对青少年儿童成长不利。

3. 电蚊拍：电蚊拍和杀虫剂不可同时使用。曾有实验显示，一个普通电蚊拍在按下开关的时候，将杀虫剂喷到电蚊拍网面上，并没有发生任何反应，而此时如果将一只小虫放到电蚊拍上，按下开关，只听"嗞"的一声，昆虫被电焦，网面上闪起阵阵小火花。此时，如果再喷杀虫剂，一团火苗立刻从电蚊拍上喷出，变成"喷火枪"，极其危险！

三、研究背景

据科学家证实，蚊子在白垩纪时期就已经生活在这个星球上了。蚊子属四害之一，其平均寿命不长，雄性为3 ~ 10天，雌性为10 ~ 20天。世界上最致命的动物中，蚊子排名NO.1，每年致死人数超过72.5万。假如一个人同时被1万只蚊子任意叮咬，就可以把人体的血液吸完。以血液作为食物的蚊子是传染病的媒介，所引起的传染病有：登革热、疟疾、黄热病、丝虫病、乙型脑炎……

科学家们通过研究发现，蚊子的部落中，只有母蚊子才吸血，这么做主要是保证产卵时补给跟得上。蚊子选择攻击目标，主要就是靠"气味"，它们叮咬人类和血型并没有关系。蚊子不仅叮咬人类，还叮咬猪、狗、老鼠等动物，这是因为这些动物和人类一样，都会呼出二氧化碳，这也是激发蚊子热情的气流，它们以此来判断宿主的新陈代谢状况，质量好坏。二氧化碳排得多，导致周围二氧化碳的浓度相对较高，在蚊子的视野中比较清晰，便于蚊子进行定向追踪，因此，蚊子嗅到二氧化碳后会群集而来。

前期调查中，蚊子喜欢追逐二氧化碳的特性暴露无遗，这给我的研究指明了方向。我们好似找到了蚊子的"命门"，那如何利用二氧化碳布下迷魂阵，请蚊子入瓮呢？

四、作品结构与设计思路

1. 气体设计

采用小苏打加白醋产生二氧化碳的方法,通过模仿呼吸的方式,释放出二氧化碳,引诱蚊子。"导弹"找到了,接下来要找一个发射"导弹"的载体。将小苏打放入一个马灯大小的方盒中,盒子顶端有一个天窗,将白醋滴入方盒,让其释放出的二氧化碳,从天窗飘然而出。

成品图

2. 外观设计

蚊子掉进盒子就像被锁进了一个"玲珑宝塔",塔内有一个小型风机,风扇飞转,产生一道漩涡,只要蚊子寻味而来,刚到天窗口就会被这股"龙卷风"吸入塔中。

风扇下面接着一个漏斗,卷入塔里的蚊子会直接送入漏斗里,跌落底部,永远被"囚禁",防止蚊子再次逃脱。

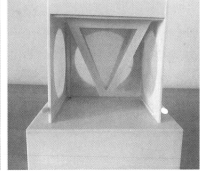

工作原理

五、效果比较

让捕蚊机与市面上最好的捕蚊灯一决高下，腾出一个20多平方米的办公室，模拟成家庭，早上8点，实验员在房中将纱布一掀，30只蚊子蜂拥而出，寻找猎物，到了晚上6点，房中寂静，蚊声不再，屋内两大杀器也高下立判，捕蚊灯只干掉3只蚊子，捕蚊机则成功擒获27只蚊子。

六、感想与收获

此次创新活动使我有了极大感悟，创新能够使我们将学到的知识灵活运用，创新能够使我们发现自身的不足和需强化的知识点，激发我们探索知识的积极性。通过这次活动我懂得了：生活中处处有学问，只要肯动脑筋，总会发现一些有趣的值得探究的现象，再加上想象的翅膀，我们也可以尝试做小小发明家。同时，发明也要贴近生活，方便人们使用。从生活中发现问题，从实践中汲取经验，从师长中寻求帮助。面对自己能有把握解决的问题，要去克服自己的惰性，积极地参与其中，大胆实践，积极探索。在面对能力之外的事情时，要学会求助，求助专家、求助老师、同学，或者通过互联网、图书馆查阅资料。要保持一颗探索的心和独立思考的能力，对一些事情要有自己的观点，之后用实践实验去验证它，去完善它，在实践中巩固知识。通过这次创新也使我了解了身边无时无刻不存在爱与帮助，科学社的专家、华东理工大学的教授的循循善诱、谆谆教诲，老师的细心指导，都让我受益匪浅。

参考文献

［1］ 陈重威.小小叮咬危害大［J］.今日中学生,2014.9.
［2］ 小草.蚊子哪里逃：激光灭蚊器的发明［J］.发明与创新,2013.9.
［3］ 点一盘蚊香＝吸烟一百支？［J］.发明与创新（中学时代）,2013.8.

第33届全国青少年科技创新大赛二等奖

杜蓓蓓

展现创意思维，领悟创新精神

陈宏宇

在写这篇文章的时候，我在想到底从什么角度入手。在带领学生参加创新大赛中，我主攻的是工程类项目，从小学工程一直到高中工程。撇开获奖率不断下降等不可控因素，主要是因为近年来参加工程类课题的项目越来越多，竞争也越来越大，课题的获奖率直线下降。如何在工程类项目中脱颖而出呢？这个一直是我思考的问题。我想从以下三个方面和大家探讨一下。

一、选题

首先就是选题，任何一个课题的开始就是选题。那么工程类的课题应该如何选题呢？

1. 贴近生活

首先我们需要的是贴近生活。因为工程类课题最后呈现的不仅是一篇论文，还有就是一个实际的作品。这个作品的作用是什么，能够给我们起到什么帮助呢？所以说工程类课题选题需要贴近生活，帮助我们解决问题。而这些问题就是来源于我们生活中遇到的。例如我有一个课题是《一种预防行人和非机动车鬼探头的智能设备》，主要解决的是路口行人和非机动车突然在两车之间冲出来，形成鬼探头造成交通事故的问题。

2. 符合学生特点

课题的选择必须要符合学生的特点，尤其是学生年龄段的特点，看看学生能否完成课题的研究，如果说课题在这个年龄段无法开展的，那么选题就是有问题。例如小学生的启蒙阶段、初中生的动手制作和高中生的独立设计，我们可以根据学生年龄特点和能力情况进行选择。

3. 个人或集体合作

项目的研究还有看是个人项目还是集体项目,如果是个人项目,那么就是比较有针对性,但是如果是集体项目的话,那么分工就非常的重要。集体项目的话,要看到学生的特点,帮助学生进行分工,给出分类的任务。

二、指导

课题的研究,教师的指导非常重要。在完成选题之后,我们就要真正的开始进行课题指导了。工程类的课题最主要的是完成设计制作,所以说我们要从以下5个部分进行。

1. 设计。首先帮助学生进行图纸设计,完成一个作品的草图,然后在草图上面先进行修改。

2. 文献查找。课题的研究还有一个重要的部分就是文献资料的查找。这里我们可能会用到很多工具书,或者是一些软件使用的书,所以我们要告诉学生,课题中会用到哪些工具或者是软件等。

3. 材料准备。完成图纸的设计就是帮助学生进行材料的准备和整理。我们尽量利用学生自己能够找到的材料,例如其在课堂中学习的时候能够获取的材料,或者比较简单能够拿到的材料。

4. 制作。在完成前面两步之后,我们就是需要帮助学生开始制作。每一位学生的动手能力不同,自身掌握的技术不同,所以就需要教授学生如何进行制作,可能会从工具的使用再到搭建的方法,或者从程序的编写到自动化控制。这些都有可能需要去指导学生。

5. 使用方法。在完成作品的制作之后,就是要告诉学生这个怎么用,如何去编写这个作品的使用方法,如何让一位从来没有见过这个东西的人,能够在你写的使用方法之后可以轻松的使用。

三、论文

工程类项目不仅需要有一个作品呈现出来,还有就是需要一篇论文。那么工程类的论文如何写呢？我整理了以下格式。

1. 摘要。论文的开始就是摘要。那么什么是摘要呢？就是简要的说明你这个课题研究的是什么，解决了什么问题，起到了什么作用，一般在500字左右。然后就是关键词。

2. 课题的由来。这个是作为正文的第一部分，主要是介绍一些为什么会研究这个课题，研究这个课题的初衷是什么。

3. 课题的准备。这里就是需要提到这个作品的一个设计以及在作品制作或者项目研究中，需要准备的材料，包括制作材料、工具、书籍以及软件等东西。

4. 制作过程。这个是工程类课题最重要的部分，就是要说明这个作品是如何制作的，记录一下你研究这个课题的中的作品制作过程。

5. 使用方法。这里要介绍一下你这个项目作品的使用方法，让人一看就知道怎么使用。

6. 创新点。这个是课题的最关键的地方，就是要告诉大家，你的创新点在哪里，真正达解决了什么问题。

7. 其他。这里你可以提一下需要改进的地方，或者说你的制作体会等。最后就是要把你课题研究的过程中查阅的书籍或者用到书本中的地方进行标注，就是参考文献。

其实工程类的课题可以说看上去比其他的课题简单，但是在研究的过程中，可能要花更多的时间。当然个人觉得工程类课题能够更好地让学生学习，让他们学习更多综合类的知识。

指导作品 **1**

一种预防行人和非机动车"鬼探头"的智能设备

摘要

　　现在路上的车辆越来越多，像上海这样的特大型城市，每天的交通压力非常的大。为了能够维护好交通秩序以及交通道路使用者的安全，上海在很多的地方都安装了摄像探头，同时机动车斑马线礼让行人的规则也实行得很好。不过我听自己的家长也说起过这个问题，他在开车的时候，遇上人行横道线的时候会减速，但是有些时候遇到对面车辆拥堵，有车子停的时候离横道线很近，突然有行车或者非机动车出来，驾驶员往往会措手不及，我们把这种现象叫作"鬼探头"。虽然有些时候速度可以控制在规定范围内，但有时还是来不及刹车，非常危险。所以我想是不是可以设计一个简单的设备，在人行横道线这里，能够提醒驾驶员，有行人会过马路了，注意减速避让，这样就能够减少事故的发生了。

关键词　横道线；"鬼探头"；提醒装置

一、课题的由来

　　在一次家庭聚会上面，我听亲戚说，现在开车越来越难，马路上面车子很多，有些时候行人过横道线的时候，被对面拥堵的车辆挡住了，我们看都看不见，有的时候冲过去，但是被违章探头抓住，未礼让行人，这个好冤枉，而有些时候根本没看到，然后就撞了上去，非常危险。我听了觉得这个问题非常严重，于是在网络上面寻找了相关的资料，发现真的有很多这样的问题。所以我想，是不是可以设计一个装置，在没有信号灯的横道线上，提醒过往的驾驶员，这里有行人即将过马路，请注意安全。

人行横道前撞上「鬼探头」-原创-高清正版视频在线观看-爱奇艺

[视频] 时长 00:12

2017年3月2日 - 「极路客Goluk智能行车记录仪」此视频为用于手机
社交分享的480P分辨率，极路客行车记录仪内为1080P分辨率视频。
www.iqiyi.com/v_19rrab1x... ▾ - 百度快照

【视频】这种鬼探头在斑马线【交通事故吧】_百度贴吧

2018年8月17日 - 这种鬼探头在斑马线.好像是宁波北仑区庐山西路附近,有家工厂辉旺铸模实
业和视频中办公楼一样,1、视频车和皮卡98012处于左转待行区,左右信号灯是红灯...
🅱 百度贴吧 ▾ - 百度快照

行人斑马线"鬼探头"被车撞 交警判定 双方承担同等责任 - 社会 -...

2018年4月18日 - 驾驶车辆遇斑马线应当减速慢行,遇行人应当停车避让。但如果斑马线上有行
人"鬼探头",司机却很难反应及时。近日,南京江宁交警大队东山中队便处理了一起...
m.people.cn/n4/2018/04... ▾ - 百度快照

监控触目惊心频发"鬼探头"违规行人被撞重伤昏迷——上海热线

2019年8月23日 - 记者在现场看到,事发地零近栖山路与龙居路的交叉口内,非机动车和行人较多,
据事发地不远就有红绿灯和人行横道线,但是该路段行人乱穿马路的现象却...
🔊 上海热线 ▾ - 百度快照

行人斑马线上"鬼探头"也要担责任|斑马线|行人|探头_新浪网

2018年4月18日 - 驾驶车辆遇斑马线应当减速慢行,遇行人应当停车避
让。如果斑马线上行人"鬼探头",司机却很难反应及时。近日,江宁东山
交警中队接到一起行人在斑马线...

新闻资料图

二、课题的设计

　　我在学校里面学习机器人的课程,知道机器人上面有很多的感应装置,这些传感器能够在主控器的控制下,起到很多的作用,所以我想,是不是可以用到这些传感器呢? 我打算在行人准备过马路的时候,当他们踏入到横道线的第一条线的时候,传感器能够将信息传输到横道线上方的某个信号提示装置,类似与现在F1赛车车库维修区的信号一样,这样驾驶员就能够看到是不是有行人或者非机动车要出来了,然后做好防护工作。

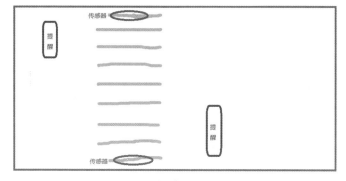

设计图

三、材料准备

首先需要的是一段模拟的马路，这个比较的简单，只需要使用一块非常普通的板就可以了。

接下来就是传感器和控制器了，我这里使用的是机器人课程中的RCJ控制器和传感器，这个我已经学习过了，所以制作起来就会方便很多。

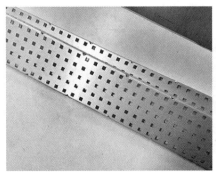

金属平面板　　　　　　　　　　　控制器和传感器

四、制作过程

首先我将金属板连接起来，然后模拟成为一个人行横道线。

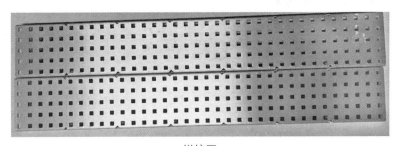

拼接图

然后我再把传感器安装在板子的两侧。

接下来就是连线，这个很简单，只需要把线连接在控制器上面就可以了。

传感器安装图

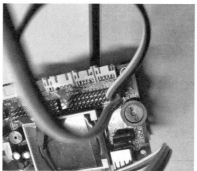

连线

然后在制作一个小架子，上面安装一个提示的灯，当有行人走过的时候，灯会亮起来。小灯上面还安装了太阳能板，可以为我们的装置充电。

最后就是编程了。

小灯安装图

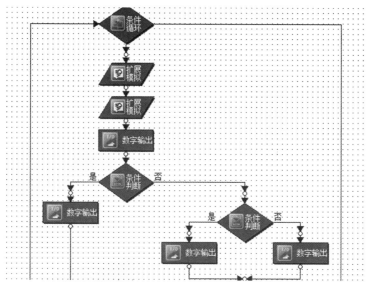

程序图

五、使用说明

这个装置使用起来非常简单，当行人或非机动车进入横道线第一格的时候，提醒信号灯亮起来，提醒车辆有行人或非机动车将要通过，同时在没有人穿越的时候，灯是不亮的。

效果图

六、创新点

这个课题能够解决在横道线的位置发生的鬼探头安全事故，同时我也查找了相关的资料内容，没有发现有相关的介绍或者研究，所以我这个课题具有一定的创新性。

七、还需要改进的地方

在信号提醒装置这里，我觉得可以修改成为更加醒目的装置，这个在后期会做调研和测试。

八、感悟

通过这次创新大赛，我学到了很多的专业知识，也提高了自己的动手能力，同时也感受到了科学带来了魅力，科技改变生活。我想在今后的日子里面，我会努力学习科学，来改变我们的生活。

参考文献

［1］ 段九州.最新电子电路大全［M］.北京：中国质检出版社,2008.
［2］ 秦志强.Arduino机器人制作［M］.北京：电子工业出版社,2017.

第35届上海市青少年科技创新大赛一等奖

邓与杰

指导作品 2

智能小区机器人

摘要

2019年8月29日至31日，2019世界人工智能大会在上海顺利召开，这也是连续第二次在上海举行这个大会，会议的顺利召开也标志着上海进入了人工智能的时代。而在我们平时学习的过程中，也不断地有人工智能的课程进入到学校。我平时上课的时候也学习了相关的机器人知识，我想将我平时学习的机器人知识，用在实际的生活中，帮助我们解决一些实际的问题。而现在小区里面的智能设备也越来越多，我想是不是设计一个机器人，能够在小区里面帮助我们解决一些问题，或者说带来一些方便呢？我打算制作一个多功能的小区机器人，希望它能够在小区中起到许多的作用，例如运送垃圾桶、打扫卫生、快递输送以及灭火等。同时这个机器人的操作简单，可以遥控也可以自动运行，成本也比较低廉，控制在2万元左右，维护保养起来也更方便。

关键词 多功能；自动；遥控；小区；机器人

一、课题的由来

现在机器人已经进入到我们的日常生活中，在许多的家庭中，随处可见机器人的身影，不过这些机器人也就仅仅局限在我们的家庭中，而在居住的小区里面，却很少见到机器人的身影。我在学校里面的拓展课中学习 VEX-EDR 机器人，这种机器人结构制作简单，功能强大，现在也有很多的比赛。我想是不是能够从这个机器人中，我设计一个结构，可以用在我们居住小区里面，为我们提供一些智能化的服务，改变我们小区的居住生活呢？我想这个机器人不仅能够像扫地机器人一样，在早晨的时候帮助我们的清洁工人打扫卫生，也能够定时的去搬运垃圾桶，同时还能够进行小型火灾的扑灭以及救援。

VEX-EDR机器人图

二、作品的设计

这个机器人我打算以小车的模型进行设计制作,同时利用机器人的机械传动结构的特性,以及机器人的自动模块,同时考虑到机器人的搬运工作,我还设计了机器人的手臂结构,能够搬运一些物品,类似于垃圾桶等。还有就是清扫的结构,我模仿了扫地机器人的运行结构。

参考机器人模型

三、制作过程

有了想法我就开始进行机器人的制作了。

1. 底盘。我用了4根C型板作为地盘轮子固定的结构，然后使用4个电机进行安装，因为使用4个电机进行安装的话可以高效地让机器人运行起来。

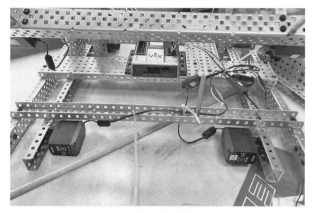

机器人底盘图

2. 吸取。这里我选用的是吸入的结构，所以我使用了2组电机来带动，这里使用2组电机是考虑到机器人能够将快递吸入机器内部。这样可以将垃圾桶放入平板上面。

吸取装置

3. 控制装置。这里我用的是标准的主控器和遥控器,同时使用了2.4G蓝牙适配器,因为这样就不容易收到干扰。

4. 灭火结构。这里我用到的是普通的泡沫灭火装置,这个其实和我们平时的灭火器工作原理差不多,只不过改为了遥控控制而已。我将灭火器的喷口处把手开关,加上电机,当遥控器摁下开关后,就可以起到灭火的作用了。

主控器和蓝牙装置　　　　　　　　　灭火装置搭建

5. 扫地结构。这个结构比较简单,只需要两个转轮以及储存垃圾的盒子就可以了。

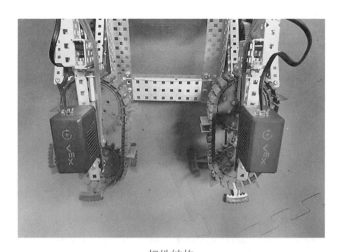

扫地结构

6. 程序编译。这里我没有用C语言编程，我使用的是机器人软件自带的程序，然后进行自动和手动的编程。

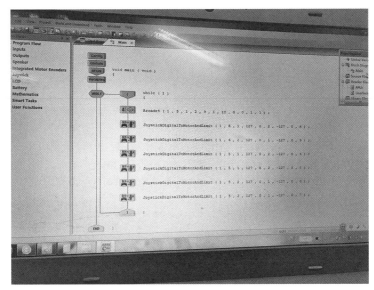

程序图

四、调试

调试比较困难，因为考虑到是高的机器人，所以我就利用了现有的学校场地资源，然后调整机器人的平衡，也加装了防摔倒装置。同时利用场地上面的方盒进行了测试。

五、使用方法

这个机器人使用起来非常简单，只需要打开遥控器，然后通过遥控器上面的按钮进行控制就可以了。遥控器可以选择自动运行以及手动运行。

机器人图

六、创新点

这个课题的创新点在于用身边的机器人进行生活中问题的解决,同时将人工智能融入到了小区里面,可以打扫卫生、灭火、搬运垃圾桶等,这个也是现在市场上面没有的。

参考文献

［1］ 秦志强.智能移动机器人的设计、制作与应用［M］.北京：电子工业出版社,2012.
［2］ 郑剑春.VEX机器人设计［M］.北京：清华大学出版社,2015.
［3］ 徐宏伟.常用传感器技术及应用［M］.北京：电子工业出版社,2017.

第35届上海市青少年科技创新大赛一等奖

姜语辰

阳光是风雨历练后的收获

应子佳

全国青少年科技创新大赛是一项具有很多年历史的全国性青少年科技创新成果和科学探究项目的综合性科技竞赛，是面向在校中小学生开展的具有示范性和导向性的科技教育活动之一，是目前我国中小学进行素质教育的优秀成果集中展示的最高形式。

由于我刚进入少科站只有两年时间，因此对指导学生创新大赛还在研究和慢慢改进的初级阶段，但经过这两年的钻研，指导学生完成创新大赛已是得心应手。有几位我指导的学生在创新大赛中获得过二等奖，虽然并没有达到最优的成绩，但经历了一系列和学生思想的碰撞以及一次次推翻构想再重新思考的过程，我明白这些努力没有白费，它将成为我和学生参加创新大赛的道路上无比宝贵的经验，过程是艰辛的，但不经历风雨的历练，又如何能收获阳光呢？经历了两届创新大赛，我在指导学生的过程中收获颇丰，不但借鉴老一辈教师的指导方法，也逐步形成了自己的一套指导策略。接下来我想聊一聊指导青少年科技创新大赛的一些心得体会。

创新大赛的最初目标就是找到创新点。我主要指导的年龄段是小学高年级的学生，对于他们的认知范围还是相对来说比较小的，因此如何去引导学生自己找到创新研究的项目，又是能够实现出来的，那是相对比较困难的。

选题是参加创新大赛的开始，也是成功的关键所在。作为指导老师，我要时刻关注科学技术热点问题，在平时和学生沟通过程中将这些热点问题用学生能听懂的语言给学生讲述，有创新潜力的学生一般都会就这些热点提出自己的观点，并帮助学生整理，看看哪些问题是学生有能力去解决的，哪些问题是实践能够达到的，然后教学生去查新，查找是否有人已经将这个创新点实践过了，并有成熟的研究和结果，如果没有找到这些内容，那就可以确定好题目，进行下一步。

但往往在查新的过程中会产生很多绊脚石，有些学生好不容易构想出来的内容在网上已有了相似的成果，因此要全部推翻重新思考，这个过程是非常艰辛的。记得带过的一个小学五年级的学生想要做一个人工智能有关的项目，虽然人工智能是近年来的科技热点，就是因为它太热门了，导致构想出来的创新方案在网上都能找到相似的内容，而在铺天盖地的资料中去挖掘新的角度实属难事。当学生找不到创新点而苦恼万分的时候，我所给出的意见就是将人工智能运用到平时不怎么关注的物品上，这个物品不一定是非常高科技的，就因为不被人重视，才能在上面挖掘出创新的点。学生经过我的举例和指导，豁然开朗，不再只局限于一些平时生活中能看到的人工智能，而将目光转向了平时生活中不那么引人瞩目的东西，那就是垃圾桶，因为垃圾分类也是近期的时事热点，因此经过一系列讨论，最后定下的项目就是"家用云语音交互分类垃圾桶"。选题是有一定难度的，有些学生会因为想法不断被推翻而气馁，甚至想放弃参赛，但经过我的开导，学生往往能重拾信心，并能勇往直前找到自己喜欢的项目。要培养好学生的科技创新能力，培养他们正确认识错误的态度也是必需的。要让他们知道参加青少年科技创新大赛最重要的是过程，不管成功与失败都会在选题和制作过程中获得最宝贵的经历和财富，有时失败比成功来得更宝贵、更有意义。

找到合适的选题后，就是指导学生撰写创新大赛申请报告。每年参加青少年科技创新大赛的作品都需要撰写查新报告、申请报告。申请报告要求文字简洁、表达清楚、重点明确、创新突出，这是一个锻炼学生的好机会。每次比赛时，我都要求学生先自己撰写，再适当地给予一定的指导，并让他们进行一遍遍的修改，这样也可进一步提高学生的创新能力和科学素养。而要将自己的申报内容描述清楚也是需要一定的语言功底和知识的积累，我会让他们在撰写之前阅读一些科技类的书本以及有自己选题的相关内容，可以适当借鉴语言的描述，最主要的还是要养成良好的科学观念，撰写的文章要有科学性，目标要明确，不能出现模棱两可以及错误的知识点。由于是小学生，撰写文章的能力还不是很强，因此我也要多汲取一些新的科学知识，扩大自身的知识面，这样才能正确指导学生并帮他们修改申请报告和查新报告。

指导青少年科技创新大赛我还不够很成熟，在今后的日子里，我也会不断提高自身的科学素养，汲取更全面的科学知识，这样才能在指导学生的过程中给出更好的建议和设想，我将继续努力，更进一步完善自己的指导策略，能让学生能够取得更优秀的成绩。

指导作品 **1**

家用云语音交互分类垃圾桶研发

摘要

垃圾分类是环境保护的必要措施。在家居环境下，研发家用分类垃圾桶，通过云语音交互，指导居民正确分类，正确投放是推动垃圾分类的较优选择之一。

调研现有市场分类垃圾桶的情况获悉，目前主要有简单分桶型垃圾桶、红外感应式垃圾桶、本地语音唤醒垃圾桶等3种类型，这些类型的垃圾桶在垃圾分类方面存在需要居民自主识别的要求，项目在现有基础上，利用智能音箱作为主控制器，研发基于云语音交互的分类垃圾桶，利用智能音箱为入口，解决居民垃圾分类知识的科普、咨询，同时通过智能音箱控制分类垃圾桶对应桶盖的开合，实现物联网的智慧家居的拓展应用。

项目实施方案采用"天猫精灵"作为入口，充分利用阿里云生活物联网平台的开放优势，在线利用阿里人工智能实验室"浣熊"的智能垃圾分类系统提供居民全面、专业分类指导，本地主控制器选用乐鑫ESP32微处理器，通过WIFI与物联网平台互联，翻盖系统采用2BYJ45步进减速电机。

本项目实现了云端交互指导居民生活中垃圾分类，实现语音指令控制干湿垃圾桶盖的开合，完成垃圾源头的正确分类投放。同时借助云端人工智能、物联网智慧家居的介入，为未来进一步知识科普、政策引导等更多更广泛垃圾分类工作提供了拓展空间。

关键词 云语音交互；生活物联网；垃圾分类；自动开盖；阿里云飞燕平台

作品图片

一、引言

相关统计显示,我国生活垃圾清运量已从1979年的2 508万吨增长至2018年的2.26亿吨左右,由此引发的环境问题日益突出。垃圾分类可以使人均生活垃圾产生量减少三分之二,有利于改善垃圾品质,使得焚烧(或填埋)得以更好地无害化处理。

对于垃圾分类工作,我国政府极为重视,实行垃圾分类,关系广大人民群众生活环境,关系节约使用资源,也是社会文明水平的一个重要体现。2019年7月1日,被称为"史上最严垃圾分类"管理办法的《上海市生活垃圾管理条例》正式实施。

但在日常实践中,垃圾分类的工作还面临着居民及相关管理人员意识不够、垃圾分类设施不足、覆盖范围有限等方面的困境,在老年人或者知识教育程度不高的人群中推广垃圾分类还存在着诸多难题。

因此研究新型的家用云语音交互分类垃圾桶,在居民开始出现垃圾的情况下,给予及时的建议,可以更好地推动垃圾分类工作。

二、方法与假设概述

家用云语音交互分类垃圾桶安置于居民家中,具备的功能包括:投放垃圾时,正确提示垃圾类型(属于干垃圾或者湿垃圾);按照语音指令可以实现相应干垃圾桶盖/湿垃圾桶盖的打开或者关闭。在实际的应用中需要解决居民方言或指令模糊的现实情况,同时对于产生垃圾的复杂情况要能够处理。

近几年,人工智能的芯片、算法、设备研究炙手可热,智能家居、物联网等很多应用也进入了千家万户,应用场景得到了充分验证。天猫精灵、小爱同学、小度等智能音箱物美价廉,以智能音箱为入口,接入阿里云等云端资源,可以有效解决家用云语音交互分类垃圾桶碰到的诸多问题。

相较于本地化语音识别,云端语音识别具有显而易见的优势,特性对比见下表。

本地语音与云端语音特性比较表

应用范畴	本地化语音	云端语音
垃圾分类指导	无	互联网连接,资源丰富
语音交互要求	发音标准、字符准确	支持方言、模糊语音
硬件实现	复杂	简单
固体升级	个体升级、实施难度高	云端统一部署、升级方便

通过需求分析、结合现状,分析得出家用云语音交互分类垃圾桶工作流程图。

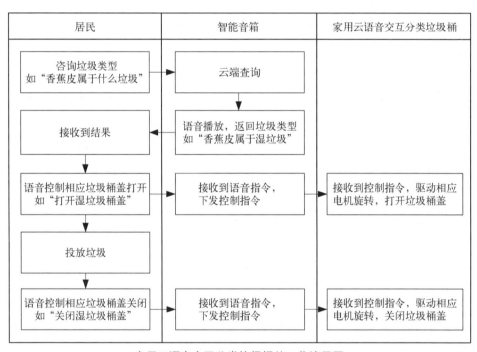

家用云语音交互分类垃圾桶的工作流程图

实施方案需要在了解智能音箱接入方式、物联网平台运作机制等方面后,解决WIFI硬件微处理器使用、桶盖电机驱动原理、垃圾桶盖翻转机械结构设计等方面问题。通过市场上相关产品调研,最终选择了天猫精灵语音交互,云端选择阿里云生活物联网平台(即飞燕平台),控制模组选用了乐鑫通用WIFI/蓝牙MCU,型号为ESP32,翻盖电机选择了28BYJ45步进减速电机。

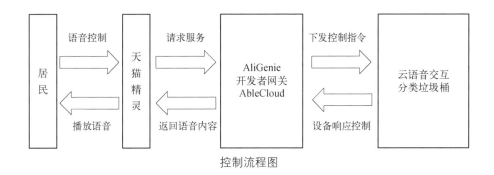

控制流程图

三、数据记录与分析

项目设计主要分为三个部分,一为机械机构设计,即电机旋转开合盖的结构;二是电气设计,通过ESP32如何实现与云端物联网平台对接和本地控制电机;三是设备联调,与天猫精灵对接,实现语音交互。

四、结构设计

机械设计最初的方案是在电机转轴增加联轴器后,利用电机旋转,把联轴器较长的一端与垃圾桶盖留有一定距离的长度,用来推动垃圾桶盖,实现开启垃圾桶盖的目的,经过试验发现在与通过边沿接触后,扭力需要很大,超过电机额定力。

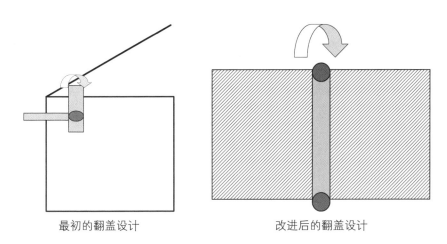

最初的翻盖设计   改进后的翻盖设计

在更改方案后,采用改进方案,即在桶盖中轴线增加一个圆柱形转轴,两端与垃圾桶边沿固定,一端与电机转轴连接,这样实现了电机的转动带动了桶盖的转动,所需扭力非常小,最终实现了桶盖的开合,开合角度为90°。

五、本地主控制板设计

本地主控制板主要采用乐鑫ESP32微处理器作为主控芯片,利用其WIFI特性连接物联网,在其IO端口连接ULN2003高电压、大电流达林顿晶体管阵列驱动2个2BYJ45步进减速电机,同时增加2个按键实现本地控制、增加2个LED等显示不同垃圾桶盖开合状态提示。

本地控制板供电方式提供电池或者外接220 V两种方式。

具体电路原理图见附件,最终实现主控板实物。

ESP32主控制板

硬件设计相对比较简单,采用ESP32模组,与电机通过4个GPIO接口连接,按照步进电机五线四相的要求,"A→AB→B→BC→C→CD→D→DA"分别给予电平就可以驱动电机旋转,如果需要反向,只需要把顺序反转就可以实现。

六、设备联调

在软件方面需要对接的范围相对复杂,不过采用阿里云提供的 Alios-Things 3.0 较大程度降低了开发难度。

首先,由于ICA(IoT Connectivity Alliance)数据标准平台没有智能垃圾分类桶这个类型,在平台上需要申请建立新的物模板。

项目在ICA数据标准平台建立的智能分类垃圾桶物模板

功能名称	标识符	数据类型	读写类型	是否可选
干垃圾桶盖	ResidualWasteCover	布尔型	读写	可选
湿垃圾桶盖	HouseholdFoodWasteCover	布尔型	读写	可选
地理位置	GeoLocation	结构型	读写	可选

在建立正确的物模板后,在阿里云生活物联网平台—飞燕平台建立相应的项目,把硬件在平台上进行注册映射。

飞燕平台上的智能分类垃圾桶项目

由物联网平台进行语音识别解析为相关属性JSON包与实际硬件进行交互,较大程度降低了硬件开发的复杂度。

硬件编程采用Alios-Things的linkkitapp源代码只需要少量代码即实现了硬件控制。

```
cJSON *root = NULL,*item_ResidualSwitch = NULL,*item_HouseholdFoodSwitch = NULL;
root = cJSON_Parse(request);
item_ResidualSwitch = cJSON_GetObjectItem(root," ResidualWasteCover");
if(item_ResidualSwitch != NULL)
{
        if(item_ResidualSwitch->valueint)
        {
                hal_gpio_output_low(&led1);
                StepperResidualPositive(128,1);
                EXAMPLE_TRACE("\\r\\n Turn on Residual \\r\\n");
        }
        else
        {
                hal_gpio_output_high(&led1);
                StepperResidualNegative(128,1);
                EXAMPLE_TRACE("\\r\\n Turn off Residual \\r\\n");
        }
}

item_HouseholdFoodSwitch = cJSON_GetObjectItem(root," HouseholdFoodWasteCover");
    if(item_HouseholdFoodSwitch != NULL)
    {
        if(item_HouseholdFoodSwitch->valueint)
        {
                hal_gpio_output_low(&led2);
                StepperHouseholdFoodPositive(128,1);
                EXAMPLE_TRACE("\\r\\n Turn on HouseholdFood \\r\\n");
        }
        else
        {
                hal_gpio_output_high(&led2);
                StepperHouseholdFoodNegative(128,1);
                EXAMPLE_TRACE("\\r\\n Turn off HouseholdFood \\r\\n");
        }
    }
```

根据物模板属性进行电机的驱动代码

七、结论概述

本项目优势在于与本地化语音识别相比,可支持模糊识别、方言识别。有AI支持,云端识别率高,自主学习,性能提升方便。物联网概念,智能家居,云端部署,可积累千家万户的痛点,利于后期改进。

2019年6月,项目开题;2019年9月,阿里人工智能实验室公布"浣熊"智能垃圾分类系统,项目实现了物模型创新和应用创新。

本项目后期可以在交互环节进行提升,把原来需要2—3步的语音交互凝练到1—2步,同时在智能垃圾分类桶上添加手动开盖、红外人体识别、投物动作确认、溢满报警灯其他功能。这样可以进一步提升居民垃圾投放体验,推动垃圾分类的工作进展。

八、致谢

在本次项目设计和制作过程中,科学社、少科站老师和学校科技老师以及我的父母对项目选题、构思、设计和定稿各个环节给予细心指引与教导,使我能够完成整个项目的设计过程。在学习中,老师严谨的治学态度、丰富的知识、诲人不倦的师者风范是我终生学习的榜样,将永远激励着我。

参考文献

[1]　ICA 联 盟.[EB/OL].https://www.ica-alliance.org/data/doc.2018 年 03 月 29 日 —2019 年 11月 23 日.

[2]　阿里巴巴.[EB/OL].https://help.aliyun.com/document_detail/130460.htm. 2019 年 11 月 4日—2019 年 11 月 23 日.

[3]　NTT DATA 集团.图解物联网[M].中国:人民邮电出版社,2017.

[4]　马延周.新一代人工智能与语音识别[M].中国:清华大学出版社,2019.

附件

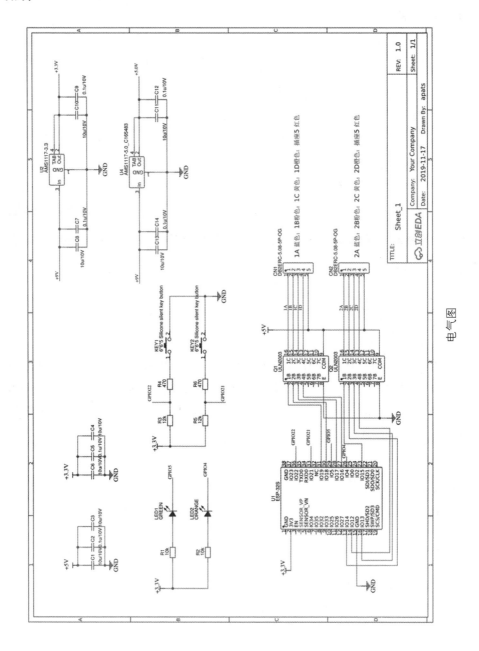

电气图

第35届上海市青少年科技创新大赛二等奖

祁彦铭

指导作品 2

多功能劳技课加工平台

摘要

　　平时我最喜欢的课是学校的劳技课,劳技课上面我们可以学到很多有趣的小制作的东西,这样对我的动手能力有很大的提高,同时也能够做我喜欢的东西。现在每个学校都有一间劳技教室,教室里面的工具很多,课桌椅也特意地安排了,学校里面为了能够让我们更好地学习劳技,桌子是特制的,防止我们会刮伤桌面,同时也配备了抽屉和插座等。不过我一直在想,能不能设计一个多功能的劳技课桌呢,或者叫作多功能劳技平台呢,这样我们能够在劳技课上面,不用带任何的东西,同也能够方便地取到我需要的工具,而且还能够像外面一些工业企业一样,有很多的自动功能呢? 这里我想到了制作一个劳技小制作的加工平台,这个平台上面可以安装我们所需要的常用工具,同时也能够放置常用零件,移动起来也比较方便。这个加工平台上面还有220 V插座、USB连接插座、照明灯等常用的电器,还配备了能够实时传输老师桌子上面的画面,这样我们能够清楚地学习到老师制作的结构。同时上面还有一些智能设备,例如自动整理桌面的装置。

关键字　劳技课;自动整理;加工平台;多功能

一、课题的意义

　　人工智能的设备在我们的学校里面已经有很多了,包括现在我们学校的劳技教室,有多媒体黑板、新的劳技课桌等。但是我们平时上劳技课的时候还是会遇到一些问题,例如我们在上劳技课的时候,因为教室很大,老师在上面讲过程的时候,会演示一些东西和制作的步骤,但是我们看不清楚,虽然有实物展台可以进行投影,但是屏幕显示不清楚,或者有些时候我们看了就忘记了,所以很难实施。同时上劳技课的时候,还需要带很多的设备和工具,也不方便,所以我想是不是能够设计一个多功能的智能劳技加工平台呢？通过结构的搭建，能够给我们带来非常方便的工作，同时也有一个屏幕能够实时的播放老师讲台上面的制作过程，或者还可以进行实时录像，我们后面制作时可以观看回放。

二、研究过程

1. 调查

在开始设计这款平台之前，我进行了一个小调查，也就是平时我们进行制作加工的时候需要哪一些工具。经过了调查之后我发现平时我们加工所需要的工具是普通的螺丝刀、剪刀、锉刀、扳手、尖嘴钳、尺等工具，同时需要一个可以用来照明的灯。有了这些结果之后，我知道了我这个平台中要包含这些工具。同时还需要准备一个屏幕，实时播放讲台画面。

2. 设计

在调查之后我开始了设计工作，首先我要有一个平台，我使用钢结构进行拼接，每一个钢结构上面都平均分布了一些小孔，这些小孔到时候就可以用来安装各类工具和零件。然后我就将这些钢结构进行一个长方体状的安装，底面用四个C型钢板一一相连，形成一个长方形，然后在四周用L型钢条搭高，然后顶层就用C型钢板和L型钢条连接，形成一个长方体，中间是空的平台架子，然后选取了一块硬木板安装在底部作为底部平台使用。在平台的上方我安装了一个滑轨机构，用一个C型板相连，这样我顶部有一个C型板连接的滑块了。在滑块上面我还安装了LED灯，这样可以用来照明。增加了滑轨，我LED照明灯就可以随意的移动了。

3. 材料准备

我在学校里面学习了机器人课程，机器人课程中有一门课程是VEX机器人，这款机器人所用材料正好是我需要的钢结构，所以我打算用VEX机器人的钢板作为我的底板和结构件。LED灯就是我们日常看见的日间行车灯，这个灯的特点就是高亮以及穿透力强，并且体积小，电压低，用电量小。底板我选用了硬质木板，并且我按照大小进行了切割。工具就是常用的工具。然后准备一块带有USB充电口的拖线板。

三、制作过程

1. 结构搭建

首先我将钢板围成一个长方形，然后用十字形钢片进行连接，在长方形周围，我竖起四个L型钢条，用这作为高度上面的支撑柱，然后在顶部安装了L型条。同时我也在上方的两侧安装C型钢板以及滑轨轨道，在滑轨轨道上面我安装了一个滑动的C型钢板。

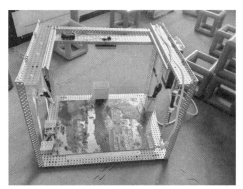

平台结构图

2. 部件结构

照明的设备我选用的是LED灯，考虑到灯的电压是3 V，所以我用线连接在了一个按钮开关以及3 V电池盒上面，做一个降压电路。

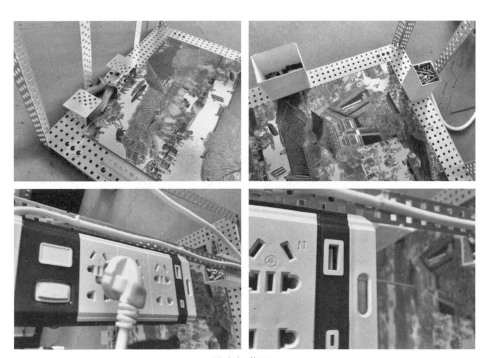

平台细节图1

3. 工具

所有常用工具我用橡皮筋连接在了顶部,这样我们在使用这些工具时候能够方便地拿取,同时我们也不会掉了这些工具。

平台细节图2

4. 整理桌面装置

考虑到需要将桌面能够方便整理,我安装一个按钮,摁下去的时候,桌面清扫的杆件就直接将桌面上面的垃圾扫在边上自带的垃圾桶里面。

5. 屏幕安装

这里我使用的是可以实时播放的一种屏幕,价格便宜,只需要连接数字线就可以。同时这个屏幕还有一种同屏录像的功能,这个和行车记录仪的原理一样。

屏幕图

四、使用说明

这个装置使用起来非常方便，我可以直接顺手从台上面把工具拉下来使用，然后不用的时候可以自动收回去。充电和照明就在边上，只要开关摁下去就可以了。同时视频可以实时播放和录像。

实际使用效果

五、后期需要改进的地方

这个平台目前设计的尺寸只能够满足于一般简易机器人或者是小的劳技制作使用，如果需要用于制作较大体积的物体的话，这个平台的容量还不是很够。同时我们在制作零件的时候会需要用到电烙铁，而这个平台上面还没有设计安装电烙铁的地方，这个在后期也会进一步改进。同时平台的外表还不够美观，后期会在平台外侧安装一些装饰用的面板，使得整个平台看上去更漂亮。而工具现在也局限在常用的，如果能够加入特殊工具就更方便使用了。

六、创新点

这个课题的完成，能够给我们的劳技课带来很多的方便地方，同时也能够解决我们需要带工具、忘记老师制作步骤等问题，而且这样的智能产品现在市场上面也没有,所以具有一定的创新点。

七、感悟

通过这次创新大赛,我学到了很多的科学知识,同时也提高了自己的动手能力,我想在后期的学习生活中,我会去学习更多的科学知识,并且用所学的知识去改变我们的生活。

参考文献

[1] 崔红伟.机械结构优化设计[M].北京:北京理工大学出版社,2018.
[2] 高朝祥.机械结构设计与维护[M].北京:化学工业出版社,2013.
[3] 工程机械结构认知[M].北京:人民交通出版社,2017.

第35届上海市青少年科技创新大赛二等奖

施诺千

与学生共同成长

陆　蔚

不知不觉间,进入少科站已经有了好几年时光,从刚刚毕业踏上教师岗位的懵懂,也慢慢有了自己的教学心得,能够在每一次听课、开课的过程中学习他人、反思自己。而在一年一度的创新大赛学生课题指导方面,同样也是经历了不同类型、不同学科的指导历程后,有了自己的心得和反思。在这几年里,我自己在少科站负责的项目也发生了更换,因此这次心得交流,我选择了两个不同学科类型的项目来进行分享。

第一个项目是我于第28届上海市青少年科技创新大赛中指导的《黄浦江、苏州河沉淀物中多氯联苯赋存水平的探究》,这是我进入少科站没多久,在带教师父张卫平老师的指导下进行的学生课题指导,这是一个由3位高中生共同进行探究的项目,这个项目给我的印象非常深刻,让我意识到了以下几点非常重要的指导课题的心得。其一,要让学生对自己的项目越来越感兴趣。课题的产生可能只是学生一时的灵光闪现,或者是学生在课内外学习的过程中偶尔留意到的现象,然而真正要把一个问题认真探究完,需要学生维持一段时间的兴趣和追根到底的精神,因此,教师在指导学生的过程中,需要保持学生对自己所探究的课题的兴趣,当我第一次带3位高中生一同前去大学实验室了解课题探究方法的时候,他们对大学实验室的高端设备产生了兴趣,这是他们在高中阶段所不太能接触到的,我引导他们学习使用仪器设备,并在回去后设计他们的实验过程,让他们对整个长期的实验有了兴趣和期待。其二,与学生共同探究成长。由于是高中生合作的课题,整个课题的选题有一定的深度,需要使用到的仪器是大学实验室的设备,有部分甚至是我自己在大学阶段都没有涉及使用到的,作为指导教师,我也不一定是全知全能的,但我不会因此感到气馁,在这个课题过程中,我最开心的是与学生共同探究成长,我既是他们的指导教师，也是他们的大姐姐，我们一同进行采样、处理和分析探究，经历整个过程，我与他们一同成长，是他们值得信赖的伙伴。其三，学会分析实验结果。对于学生来说，第一次使用高端的设备进行实验，尝试解决自己的问题是有趣的过程，然而，当仪器数据出现后，如何分析实验结果却给他们带来了困扰，"这组数据代表着什么？"他们向我提出了这个问题，于是这时我明白了作为指导教师，自己需要做的是教会他们从实验数据中分析得出结论，引导他们思考实验数据结果与采样地点环境之间的联系、不同成分检出情况的比较、实验结果与国家标准要求得比较等。功夫不负有心人，三位学生最终经历近一个学期的实验探究过程后，形成了《黄浦江、苏州河沉淀物中多氯联苯赋存水平的探究》课题报告，并于第28届上海市青少年科技创新大赛中获得了一等奖及多个专项奖。

第二个项目我选择了工程类的项目《新型可伸缩衣帽架》，这是我比较早期尝试指导小学工程类项目的一个课题，这个课题是学生与我和我的同事一同进行交流探讨产生的，它来源于我们的生活，如果不是学生偶然提起，我们可能并不将这个问题当一回事，所以给我的印象也较为深刻，它给我后续进行工程类的课题指导带来了几点思考。其一，工程类课题，尤其是小学生工程项目的来源尽量源自于生活。我们作为指导老师，要结合学生的年龄特点，从他们的视角思考问题，比如这个小课题就是因为学生自己够不到高处的衣帽架，在周末上课间隙偶然和教师聊起才产生的，这样的课题贴近学生生活，更容易被他们所理解，当我们告诉他课题探究思路后，他能够很快理解需要做的事，并自主积极地去寻找材料来制作产品。其二，实践动手做。这个课题的探究过程其实非常简单，我们从学生的想法中，引导他去了解衣帽架的结构，并根据底座、支架和挂钩的结构来寻找三种材料进行制作。在底座的选择上一开始我们并没有想到很好的材料，尝试了几次之后发现底座的重心均不够稳定，随后有次学生在路过饮料店外看到太阳伞的时候才发现，太阳伞的可注水塑料底座可以作为衣帽架的底座材料；同样的，在挂钩的问题上也是，学生尝试了晾衣夹等多种材料，始终不够稳定或者容易损坏，最终我们在实验室铁架台上夹着的金属试管夹给了他灵感，成了他的衣帽架挂钩材料，这一个理工相结合的设计当时是挺出乎我的意料的。学生的设计作品在第30届上海市青少年科技创新大赛中获得了二等奖，并且他在制作的过程中觉得非常快乐和满足。

创新大赛的指导过程有时候非常辛苦，有时候也非常有趣，我们在指导学生进行课题研究，也是在和他们一同成长，一同体验探究、解决问题的快乐，我们也要不断总结过去的指导经验，与更多的孩子们一同进行科学探究，将科学普及教育带给每一个孩子。

指导作品 **1**

黄浦江、苏州河沉淀物中多氯联苯赋存水平的探究

一、选题意义

黄浦江与苏州河是流经上海境内最主要的两条河流。尤其是黄浦江,作为历史上最早人工开凿疏浚的河流之一,黄浦江是上海市居民主要生活用水及工业用水的水源,且具航运、排洪、灌溉、渔业、旅游、调节气候等综合功能。然而,从20世纪五六十年代开始,黄浦江两岸造纸、化纤、印染、食品等行业排放的污染物量愈来愈大,致使黄浦江水质日益下降,水生态破坏严重。近年来,尽管政府已经加强了对这两条河流的整治,但河流沿岸的水污染情况依旧严峻,在其中甚至还检测到了致癌物质多氯联苯的残留。

多氯联苯(Polychorinated biphenyls, PCBs)是一种呈无色或淡黄色的黏稠液体致癌物质,它容易累积在脂肪组织,造成脑部、皮肤及内脏的疾病,并影响神经、生殖及免疫系统。多氯联苯包含209种同系物,按照其氯原子数或氯的百分含量分别加以标号。

多氯联苯的化学性质非常稳定,曾在大规模的工业建设中发挥着重要作用,例如润滑材料、增塑剂、热载体及变压器油等。由于其高残留性、高富集性及对人体的危害性,现已被《斯德哥尔摩公约》列为禁用的12种特别有害的持久性有机污染物(POPs)之一。尽管多氯联苯已被禁用多年,但由于它几乎不溶于水,一旦自然水体受到其污染,便会产生长远影响,而大部分多氯联苯最终都被沉积物吸附,因此土壤沉积物是多氯联苯的主要环境归宿。

二、研究目的

本研究通过对上海市最为典型的黄浦江畔及苏州河畔上、中、下游位置土

壤沉积物进行采样,得到土壤样本。将其通过丙酮—二氯甲烷加速溶剂萃取、过石英砂—硅胶—氧化铝—无水硫酸钠净化柱净化、二氯甲烷—正己烷洗脱后浓缩并溶剂转换为正己烷后定容至0.9 mL,加入内标物质后用气相色谱—质谱仪测定,内标法定量后通过对其数据的分析来反映黄浦江、苏州河水域土壤沉积物中多氯联苯致癌物质的残留情况。

三、实验部分

1.试剂和材料

除另有规定外,所有试剂均为分析纯,水为去离子水。

(1)丙酮:色谱纯。

(2)二氯甲烷:色谱纯。

(3)石英砂、硅胶、氧化铝、无水硫酸钠:分析纯,马弗炉450℃下灼烧4小时,硅胶在烘箱130℃条件下活化16小时。

(4)正己烷:色谱纯。

(5)标准品:多氯联苯混合标准物质,包含PCB77(4Cl)、PCB81(4Cl)、PCB105(5Cl)、PCB114(5Cl)、PCB118(5Cl)、PCB123(5Cl)、PCB126(5Cl)、PCB156(6Cl)、PCB157(6Cl)、PCB167(6Cl)、PCB169(6Cl)、PCB170(7Cl)、PCB180(7Cl)、PCB189(7Cl)共14种。

(6)内标物质:十氯联苯(PCB209)。

2.仪器和设备

(1)Ekman-Birge采泥器(HYDRO-BIOS,Germany)。

(2)GF/F玻璃纤维滤膜(Waterman,UK)。

(3)冷冻干燥机(CHRIST,Germany)。

(4)加速溶剂萃取仪(Dionex ASE300,USA)。

(5)全自动定量浓缩系统(DryVap,USA)。

(6)马弗炉。

(7)烘箱。

(8)气相色谱—质谱联用仪GC/MS(Agilent7890GC/5975MSD,USA)。

3. 采样

（1）采样地点：见下表。

采样地点编号、经纬度、pH值

采样编号	所属水域	地　点	经度	纬度	pH值
1	苏州河	华浦路千秋桥附近	121.214	31.261	7.76
2	苏州河	苏州河主干道	121.397	31.222	7.63
3	苏州河	新陆路	121.115	31.281	7.74
4	黄浦江	闵行滨江公园	121.464	31.014	7.47
5	黄浦江	米市渡渡口	121.236	30.964	7.50
6	黄浦江	三林路渡口	121.461	31.138	7.40
7	黄浦江	民生路渡口	121.533	31.250	7.28
8	黄浦江	草镇渡口	121.533	31.346	7.34

（2）采样方法

选取采样地点土壤表层沉积物，使用Ekman-Birge采泥器进行采集。所有样品在采集后，尽快运回实验室，放置于4℃冰箱里冷藏保存。样品运回实验室后，使用GF/F玻璃纤维滤膜过滤，并用冷冻干燥机冻干。

采样样品

4. 样品前处理步骤

（1）萃取

准确称取 5.0 g 左右冻干的土壤沉积物样品、10.0 g 左右石英砂、2 g 左右铜粉于 34 mL 萃取池内，将萃取池放置于 ASE 300 加速溶剂萃取仪上，在 100℃、1 500 psi 的条件下以丙酮—二氯甲烷（1∶1，V/V）为提取溶剂，静态萃取循环 4 次，氮气吹扫 60 秒，收集提取液。

（2）净化

将萃取液经 DryVap 全自动定量浓缩系统浓缩至约 2 mL。过石英砂—硅胶—氧化铝—无水硫酸钠净化柱净化，硅胶—氧化铝体积比为 2∶1，随后用 70 mL 二氯甲烷—正己烷（3∶7，V/V）洗脱收集多氯联苯组分。将洗脱液经 DryVap 全自动定量浓缩系统浓缩并溶剂转换为正己烷后准确定容至 0.9 mL，转移至 GC/MS 样品瓶后加入 0.1 mL 的十氯联苯内标物质。

5. 仪器参数与测定条件

（1）气相色谱—质谱条件

① 色谱柱：30 m × 0.25 mm × 0.25 μm　HP-5MS 石英毛细管色谱柱

② 程序升温条件：150℃（3 min），10℃/min→300℃（2 min）

③ 进样口温度：300℃

④ 载气：99.99% He，1 mL/min

⑤ 进样量：1.0 μL

⑥ 四级杆温度：150℃

⑦ 离子源温度：280℃

⑧ 电离电压：70 eV

⑨ 扫描范围：50～500 m/z

⑩ 监测离子条件：见下表。

多氯联苯名称、保留时间、监测离子

名　称	NAME	保留时间	目　标　离　子
四氯联苯	PCB77（4CL）	12.067	291.9 220.0 289.9 293.9
	PCB81（4CL）	12.277	

（续表）

名　称	NAME	保留时间	目 标 离 子
五氯联苯	PCB105（5CL）	12.714	325.9 253.9 323.9 327.9
	PCB114（5CL）	12.766	325.9 323.9 327.9 254.0
	PCB118（5CL）	12.998	325.9 323.9 327.9 255.9
	PCB123（5CL）	13.297	
六氯联苯	PCB126（6CL）	13.954	325.9 255.9 323.9 327.9
	PCB156（6CL）	14.296	359.9 289.9 361.9 357.8
	PCB157（6CL）	14.748	359.9 289.9 357.8 361.9
	PCB167（6CL）	14.853	
	PCB169（6CL）	15.042	393.8 323.9 395.8 397.8
七氯联苯	PCB170（7CL）	15.457	359.9 289.9 357.8 361.9
	PCB180（7CL）	15.604	395.8 393.8 397.8 323.8
	PCB189（7CL）	16.140	393.8 395.8 397.8 323.9

（2）定量方法

实验以十氯联苯（PCB209）为内标物，采用内标法对目标化合物进行定量。定量公式如式（1）所示：

$$目标物含量 = \frac{RF_S A_S}{RF_{IS} A_{IS}} \cdot 内标含量 \quad\cdots\cdots 式（1）$$

式中：RF_S 为目标物相应因子；

RF_{IS} 为内标物相应因子；

A_S 为目标物峰面积；

A_{IS} 为内标物峰面积。

四、结果与讨论

1. 标准曲线及回归方程

准确移取 0.01、0.05、0.09、0.5、1 mg/L 5 个浓度级别的混合标准溶液，分别加入 0.5 mg/L 的十氯联苯内标溶液后定容到 1 mL 的样品瓶中进样。并以响应值为纵坐标,浓度为横坐标作线性回归分析,结果如表所示。

各多氯联苯的回归方程及相关系数表

名　称	NAME	回归方程	相关系数
四氯联苯	PCB77(4CL)	$y=(5.868e+006)x-2.756e+005$	0.996 5
	PCB81(4CL)	$y=(6.804e+006)x-2.677e+005$	0.998 3
五氯联苯	PCB105(5CL)	$y=(3.969e+006)x+9.132e+004$	0.974 0
	PCB114(5CL)	$y=(1.356e+007)x-3.624e+005$	0.997 4
	PCB118(5CL)	$y=(6.836e+006)x-1.723e+005$	0.997 5
	PCB123(5CL)	$y=(6.431e+006)x-1.893e+005$	0.996 7
六氯联苯	PCB126(6CL)	$y=(5.618e+006)x-2.788e+005$	0.995 5
	PCB156(6CL)	$y=(5.438e+006)x-1.708e+005$	0.995 5
	PCB157(6CL)	$y=(4.936e+006)x-1.819e+005$	0.993 3
	PCB167(6CL)	$y=(5.682e+006)x-1.867e+005$	0.995 7
	PCB169(6CL)	$y=(3.795e+006)x-1.166e+005$	0.995 6
七氯联苯	PCB170(7CL)	$y=(4.329e+006)x-2.816e+005$	0.991 8
	PCB180(7CL)	$y=(2.830e+006)x-9.511e+004$	0.994 8
	PCB189(7CL)	$y=(3.634e+006)x-1.328e+005$	0.992 7

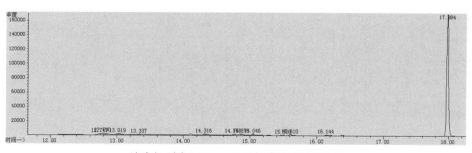

浓度级别为 0.01 mg/L 的标准溶液的 TIC 图

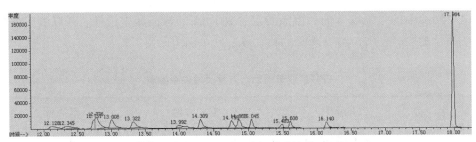

浓度级别为 0.05 mg/L 的标准溶液的 TIC 图

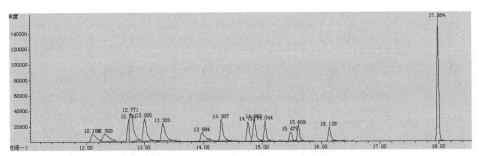

浓度级别为 0.09 mg/L 的标准溶液的 TIC 图

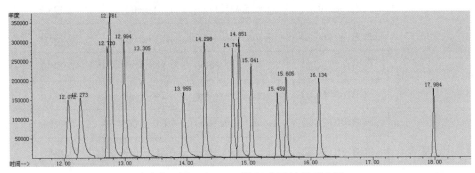

浓度级别为 0.5 mg/L 的标准溶液的 TIC 图

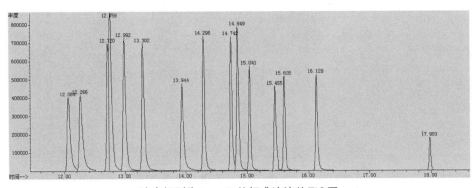

浓度级别为 1 mg/L 的标准溶液的 TIC 图

2. 样品检测结果

土壤沉积物样品各多氯联苯检测含量表（ng/L）

采样编号	1	2	3	4	5	6	7	8
PCB77	4.401	7.036	8.626	4.887	9.850	12.322	8.081	7.240
PCB81	3.452	5.926	7.993	3.318	8.207	9.946	7.931	4.745
PCB105	5.416	9.254	6.726	8.083	6.055	5.209	5.656	8.112
PCB114	5.607	6.246	1.392	6.058	7.871	8.639	1.305	2.614
PCB118	5.650	5.455	2.387	5.535	6.470	12.247	2.825	2.489
PCB123	7.130	7.081	4.035	3.816	3.111	6.696	3.198	3.082
PCB126	9.818	9.995	7.688	7.253	9.860	11.781	5.821	5.635
PCB156	6.290	0	4.510	3.942	3.596	7.210	3.587	3.509
PCB157	0	0	6.061	0	4.851	0	4.824	4.874
PCB167	0	0	4.489	0	3.614	3.694	3.542	3.600
PCB169	0	0	4.118	0	0	0	0	0
PCB170	0	0	29.129	0	0	14.429	10.997	18.993
PCB180	4.646	0	4.979	0	0	0	3.999	4.036
PCB189	0	0	7.337	0	5.477	5.568	5.575	5.624
∑PCB	52.410	50.993	99.472	42.893	68.963	97.741	67.342	74.552

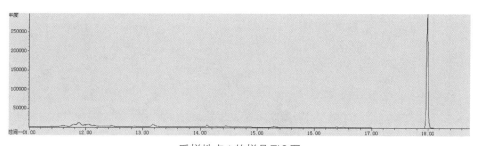

采样地点1的样品TIC图

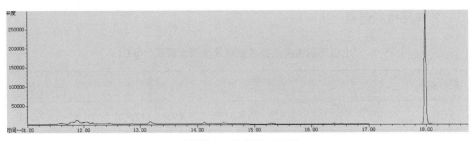

采样地点2的样品TIC图

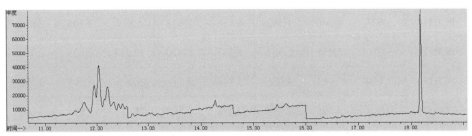

采样地点3的样品TIC图

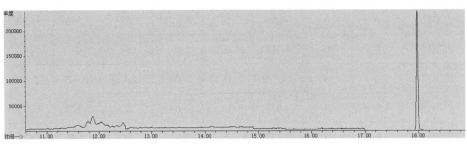

采样地点4的样品TIC图

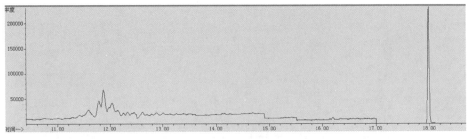

采样地点5的样品TIC图

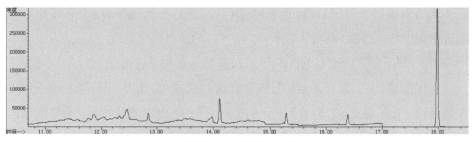

采样地点6的样品TIC图

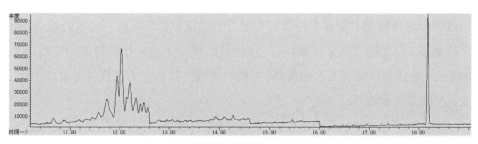

采样地点7的样品TIC图

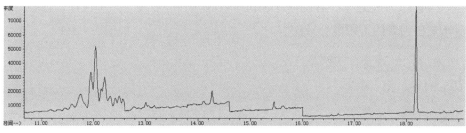

采样地点8的样品TIC图

3. 结果讨论

通过相关文献资料查阅可知,多氯联苯于1965—1974年间在我国各省市被广泛运用于各种工业生产中,据统计,在这10年间我国多氯联苯的使用量累计达到近20 000吨。从20世纪80年代开始,考虑环境影响,含有多氯联苯的变压器和电容器被全部废弃并封存。然而,由于多氯联苯在环境中的蓄积性、持久性和长距离迁移性,目前在全国各地的水体、土壤和大气等环境介质中仍有不同程度的检出。此次在黄浦江和苏州河的上、中、下游共8个采样地点的土壤沉积物中均有多氯联苯残留物的检出正反映了这一点,多氯联苯对河畔土壤沉积物的污染是相当持久的,至今为止,相关的土壤整治还尚未达到消除其影响的要求。

从结果数据中可以看出,低氯联苯(4Cl, 5Cl)在所选择的8个采样地点土壤沉积物中均有检出,而高氯联苯(6Cl, 7Cl)的检出率则较低,尤其是六氯联苯(PCB169)除了在采样地点3中有检出外,其他地点均无检出。

实现发现,不同采样地点的$\sum$PCB含量差别较大,其中采样地点3的$\sum$PCB含量最高,采样地点6紧随其后,而采样地点4的$\sum$PCB含量在8个采样地点内最低。对比采样地点3的环境特征可知其位于苏州河的上游,属于吴淞江的一条干流,附近有许多村子,多从事轮胎和木箱生意,且河对岸有服装厂,故可以推测这些厂家所使用过的仪器设备等对附近土壤沉积物存在着一定量的污染;而采样地点4位于闵行区紫星路滨江公园附近,所采土壤沉积物样本为轮船码头的底泥,考虑到其景观开发的需要,可能对土壤污染程度有进行过必要的治理,故其$\sum$PCB含量较低。

在此次所选的8个采样地点内,多氯联苯的检出残留含量均低于《防止含多氯联苯电力装置及其废物污染环境的规定》中对于多氯联苯土壤污染控制值一级50 mg/kg的含量规定,暂未对人类造成直接危害,但由于其毒性较大,长期生活于这些河畔附近可能会致癌。

五、结论

1. 在苏州河、黄浦江水域土壤沉积物中,多氯联苯含量以低氯联苯(4Cl, 5Cl)为主,高氯联苯(6Cl, 7Cl)含量较低。

2. 苏州河与黄浦江上、中、下游所处的地理位置及其周边产业对其土壤沉积物中的多氯联苯残留含量有一定影响。

3. 上海市两大主要水域苏州河及黄浦江土壤沉积物中的多氯联苯残留含量均低于国家相关规定,暂未对人类造成直接危害,但由于其毒性较大,长期生活于这些河畔附近可能会致癌。

六、建议

1. 目前多氯联苯仍广泛存在于我国各地的土壤沉积物中,但由于多氯联苯在我国使用时间较短,相较于其他国家残留含量较低。且随着中国加入《关于持久性有机污染物的斯德哥尔摩公约》的签署国家,人们对于多氯联苯的危害性也有了一定的认识,但对于一些新的环境污染物质,还需提高警惕。

2. 期望人们牢记过去使用多氯联苯、有机农药等持久性有机污染物的惨痛教训,保护自然生态环境,减少使用环境污染物,最终消除残留的持久性有机污染物。

七、进一步思考

由于本课题研究时间有限,因此在今后的研究中:

1. 进一步研究采样地点的周边环境,考察相关记录,分析当地土壤沉积物中多氯联苯残留物的来源。

2. 增加采样地点数量,综合分析上海其他水域的多氯联苯残留情况。

3. 对采样地点土壤沉积物样本进行多氯联苯毒性分析,具体评价多氯联苯残留对人体的暴露及健康风险情况。

4. 本课题检验方法可广泛运用于全国河畔土壤沉积物中多氯联苯残留量的测定。

八、致谢

本文是在老师和学校的指导帮助下完成的,我们要特别感谢老师们为我们的研究以及论文写作的指导,他们为我们完成这篇论文提供了巨大的帮助。同时实验室的老师也时常帮助我们,在此我们也衷心地感谢她。

最后,再次对帮助我们的老师和同学表示衷心的感谢。

参考文献

[1] 倪红,宫瑞华.黄浦江整治及其历史档案[J].档案与史学,2002(05).

[2] 甘晓.多氯联苯,不能忘却的幽灵[EO].中国科技网,2012年04月23日.

[3] 原国家环境保护局.防止含多氯联苯电力装置及其废物污染环境的规定,1991.

附件

14种多氯联苯标准曲线图：

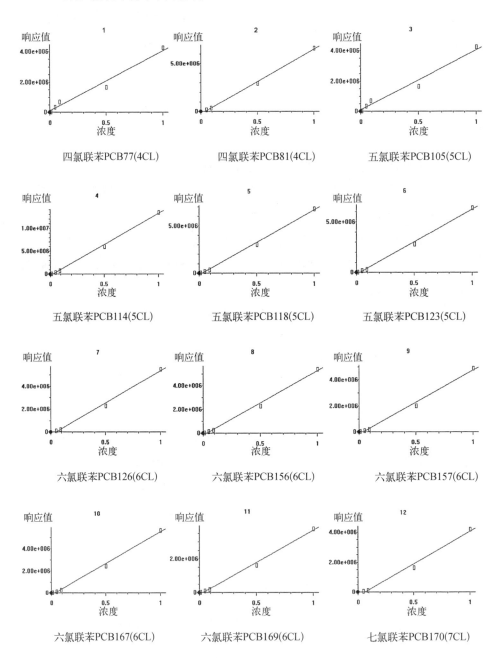

四氯联苯PCB77(4CL)　　　四氯联苯PCB81(4CL)　　　五氯联苯PCB105(5CL)

五氯联苯PCB114(5CL)　　　五氯联苯PCB118(5CL)　　　五氯联苯PCB123(5CL)

六氯联苯PCB126(6CL)　　　六氯联苯PCB156(6CL)　　　六氯联苯PCB157(6CL)

六氯联苯PCB167(6CL)　　　六氯联苯PCB169(6CL)　　　七氯联苯PCB170(7CL)

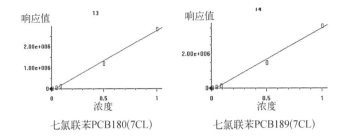

七氯联苯PCB180(7CL)　　　　七氯联苯PCB189(7CL)

第28届上海市青少年科技创新大赛一等奖

赵之乐　谢易文　谢易欣

指导作品

新型可伸缩衣帽架

摘要

换季时节，许多家庭家中堆积的衣服都非常多，人们往往会选择把衣物挂在衣帽架上，方便随时更换需要的衣物。但目前大多的衣帽架都是固定高度的，不便于年龄小、个子矮的青少年使用，同时还浪费了原本可以利用的高处空间。因此，我设想制作一种新型的可伸缩衣帽架，来解决这一问题，并充分利用高处空间。

在材料上，我选择了太阳伞的可注水塑料底座、伸缩杆及加工后的金属试管夹分别作为我设计的衣帽架的底座、支架和挂钩。我将这些材料组装起来，制作成伸缩衣帽架，衣物不多时，衣帽架的伸缩杆不用升起；换季时，升高衣帽架，便可充分利用家中的高处空间。

我设计的新型可伸缩衣帽架，材料为身边事物，便于取得，组装拆解简单便捷，易于携带，能够为青少年及儿童使用衣帽架提供便利，同时充分利用家中的空间，使衣帽架对衣物的挂置功能最大化。

关键词 伸缩；衣帽架

一、课题由来

现在上海的气候变化不定，常常忽冷忽热，有时候需要穿厚外套，有时又得换上薄款，这时候，我发现家里堆积的衣服非常多，很多人家都往往会选择把它们挂在衣帽架上，从而方便根据天气随时更换需要的衣服。我回到家时，也会换下外套将它挂上衣帽架，但由于我年龄小、个子矮，我常常够不到较高的那些挂钩，而爸爸妈妈有时候图省事儿，把衣服随手挂在较低的几个挂钩上，把我可以挂到的几个挂钩给占了，使我无处挂衣服，这样做不但会使衣帽架不稳定，还浪费了原本可以利用的高处空间。因此,我想要制作一种新型可伸缩衣帽架,来解决我所遇到的问题,并将高处的空间利用起来。

二、设计目的

我设想制作一种新型的可伸缩衣帽架,它可以通过旋钮来调整高度,并可以按照使用者的身高任意调整挂钩的位置,从而方便和我一样的小朋友挂衣服,更重要的是它能够充分利用家中的空间,使衣帽架对衣物的挂置功能最大化。

三、设计构思

根据我的设想,我首先查阅了解了衣帽架的基本资料,明确了构成衣帽架的主要部件有底座、支架、挂钩这三个。底座的需要稳定和牢固,不能够作为可调节的部分,所以我想到主要调节高度的部件为支架,而挂钩我设想制作成螺丝调节的可人为添加、减少、调整位置的类型。

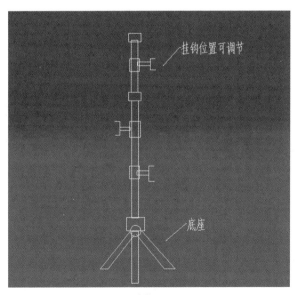

设计构思图

四、选材制作

1. 底座的选择

衣帽架的底座必须要足以支撑起整个衣帽架，因此我必须要考虑它的强度和稳定性。首先，在强度上，金属或塑料的材料较为牢固；而在稳定性上，考虑到几何形状中三角形和四边形都是比较稳定的结构，同时，作为底座，我必须要保证它的重心稳定。在此基础上，我选择了太阳伞的可注水塑料底座作为我的衣帽架的底座材料。

可注水塑料底座

2. 支架的选择

一般来说，衣帽架的支架最重要的因素是牢固性。而我设想要做的衣帽架，在保证其牢固性的基础上，还要有可伸缩性，从而方便调整高度。从这两方面考虑，我发现了日常生活中常用的伸缩杆符合我的设计构思，因而，我选择伸缩杆作为我的新型衣帽架的支架。

3. 挂钩的选择

我的衣帽架要调整其位置，设计用螺丝拧紧的方式来与支架相结合，给我灵感的是老师拿给我看的实验室用的金属试管夹，我将它们的金属柄用榔头敲

伸缩杆

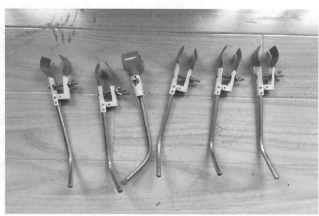

敲弯后的金属试管夹

弯后便可使用。采用螺丝拧紧的方式方便我们在实际使用的过程中,可以按照个人的需要,调节挂钩的位置和数量,增强新型衣帽架的实用性。

4. 制作过程

首先,我将塑料底座的连接旋钮拧开,将伸缩杆放入其中,随后再拧紧连接旋钮,得到一个可以伸缩的衣帽架主体。

底座与支架连接过程

随后,我将几个挂钩分别放在衣帽架的不同位置上,有的在伸缩杆可调节部分,有的在不可调节部分,分散安置后,我将衣帽架的伸缩杆升高,得到了一个可伸缩的衣帽架。

支架与挂钩连接过程

五、使用说明

当我在学校制作完毕后，我将衣帽架重新拆开带回家，并按照上述步骤重新组装起来，放在家中使用。平时衣物不多的时候，衣帽架的伸缩杆可以不用升起；当换季时，衣物增加，升高衣帽架，便可充分利用家中的高处空间。

可伸缩衣帽架实际使用效果图

六、创新点

1. 我设计的新型可伸缩衣帽架，能够为低龄儿童使用衣帽架提供便利，还能够充分利用家中的空间，使衣帽架对衣物的挂置功能最大化。

2. 衣帽架所选用的材料为日常生活中的身边事物，简单便利。

3. 衣帽架的组装步骤简单，像我一样的小学生都可以一个人单独完成组装和拆解，同时，材料便于携带，可普遍推广使用。

七、进一步设想

1. 这次制作的衣帽架所选用的伸缩杆原本高度为1.4米，基本和我的身高接近，当它升高时，足够升到家中房顶。进一步设计时，我考虑可以根据使用者不同的身高，选择更加便于使用者操作的伸缩杆原始高度。

2. 我的新型可伸缩衣帽架为实验室用金属试管夹加工而来，在固定到伸缩杆上的时候，我发现它有时会滑动，较为不便，因而我设想在试管夹的内部制作一种增加摩擦的材料，或尝试做一定的改造，如加工成牙齿状等。

参考文献

[1] 何威年.落地式立体衣帽架的设计与制作[EB/OL].(2010-09-19)[2014-05-18].http://wenku.baidu.com/view/1f87374cf7ec4afe04aldf41.html.

第30届上海市青少年科技创新大赛二等奖

纪江钰

业精于勤，行成于思

金朋珏

上海市青少年科技创新大赛创办于1982年，是上海市中小学各类科技活动优秀成果的集中展示平台，现已成为面向全市中小学生开展规模最大、层次最高的青少年科技教育活动，旨在推动青少年科技活动的蓬勃开展，培养青少年的创新精神和实践能力，提高青少年的科技素质，鼓励优秀人才的涌现。我作为创新大赛指导教师的时间并不长，指导的项目并不多，仅从创新大赛入门阶段的角度分享几点心得。

一、创意启蒙，灵感来源于生活

之所以称为"创新大赛"，就是一个比拼创新思维的舞台，而灵感并不会凭空乍现。罗丹说，生活中不是缺少美，而是缺少发现美的眼睛，创意也是如此。生活中遇到的感到有困惑的地方，在使用工具时发现有所不便，生活中什么事情因为操作麻烦而感到头疼，深究这些问题并进行改进，就成了创新大赛灵感的来源。我指导大多是工程类的课题，我的学生部分来自于学校老师的推荐，部分来自于周末公益班，每次在跟学生沟通选题的过程中，我都会引导学生从他们的身边选取一些他认为"不方便"的小细节，经过资料的查阅筛选，最终通过一个实物的形式来解决或者改善这个"不方便"。例如二胎家庭的哥哥在照顾婴儿车里的妹妹时，发现婴儿车一旦松手在没有按下刹车的情况下，容易发生溜车的安全隐患，他便查阅资料，从机场行李车的棘轮装置中发现灵感，设计了放手即停的按压式婴儿车，再如另一个学生在和父亲去篮球场打球时，发现篮球场的座椅上，每个人饮用水的瓶子都很像，在人多时很难区分哪一瓶是自己的，他在一次美术课上发现刮画纸里面的花纹是随机的，他便想到如果跟饮料瓶相结合，就能很好地区分自己的饮料，最终设计带记号扣贴防丢失的饮料瓶盖。从以上的案例里可以看出，创意不一定是非常高科技的，他们是生活中的一点小小的改变，但给我们生活带来非常多的便利。生活是创意的大载体，从生活中挖掘灵感，是创新大赛发现课题的一个有效途径。

二、拓宽视野，营造氛围

牛顿说，我之所以能够成功，是因为我站在巨人的肩膀上。创新从来不是一蹴而就的，必定有一个量变到质变的积累过程。在这个信息化高速发展的时代，我们可以很容易得看到不同领域的优秀创意，将优秀的作品中内化吸收，不断积累的过程中也会迸发出新的灵感。在确定选题的过程中，第一次参赛的学生往往会摸不着头脑，不知该从哪些方面去发现问题。我采用的方法是推荐他们去学习创客达人的视频，例如少年爱迪生等，然后在一个集中的时间，几个学生一起分享交流他们找到的视频，在分享的过程中营造浓厚的创新氛围。同时，我也会推荐学生参加创客类的线上讲座，开拓学生的视野，激发学生思维，在优秀作品的引领下，学习如何去发现问题，解决问题。

三、理清思路，脚踏实地

参加创新大赛仅发现问题是不够的，更需要找到解决问题的方法，并将其物化成一个作品。在辅导学生的过程中，不仅要教会学生技能，更要教会学生像科学家一样分析问题，解决问题。面对学生待解决的课题，跟学生一起理清思路至关重要，例如在按压式婴儿车这一课题中，首先是调研婴儿车为什么会溜车，然后找到问题的关键——刹车，接着调研现有的刹车有哪些，从中筛选出符合要求且目前能力范围内能够实现的棘轮装置。在查阅资料，筛选资料的过程中，可以运用思维导图的方式帮助理清思路。在实践的过程中，学生获得的不仅是跟课题相关的知识，更是解决问题的方法与技能。优秀的作品并不是一蹴而就的，需要不断的反复打磨改进，在最后物化成作品的阶段，更需要学生脚踏实地,在实践中发现可以优化的部分,不断完善,最终形成相对成熟的作品。修改的过程是艰难的,在这一过程中,老师不仅是辅导者的角色,更需要陪伴着学生一起发现问题,解决问题,在精神上鼓励他,在行动中帮助他,一起走向成功的彼岸。

业精于勤,荒于嬉;行成于思,毁于随,创新大赛不仅是一个科创类的比赛,更是教会学生探索未知问题的平台,作为辅导老师,我们任重而道远。

指导作品 **1**

带记号扣贴防丢失的饮料瓶盖

摘要

矿泉水是我们生活中很常见的物品，但是矿泉水的外包装都基本相似，在采购时也都是大批量购买，每瓶外观都一样，人多时很难区分哪一瓶是自己的，非常容易出现混淆误拿的情况，最终导致大量矿泉水的浪费。

由此我设计了一种带有记号扣贴的防丢失的饮料瓶盖，在瓶盖上有一块抠贴区域，可以做任意的标记，个性化的标记帮助人们辨识自己的矿泉水，避免混淆。另外我还设计了一个装置，将瓶盖和瓶身连起来了，避免在户外时，瓶盖丢失等问题，为节约水资源出一分力，也为当下防疫卫生工作做得更严谨、更完善出一分力。

关键词 带记号瓶盖；防丢失；外包装

作品图

抠贴使用演示

一、课题由来

爸爸很喜欢打篮球，也经常带我一起去，我发现篮球场通常人都很多，而且大家几乎都带的是矿泉水，中场休息喝过水之后，喝了半瓶的矿泉水都放在一边的休息区。矿泉水的瓶子都长得差不多，等篮球结束再来喝时，早就已经忘记水放在哪里了，非常容易出现混淆误拿的情况，这样肯定是非常不卫生的，也有传染疾病的风险，而且一旦无法分清是否是自己的水的时候，往往就会产生浪费。平时我们在外喝瓶装水或者瓶装饮料的时候会发生瓶盖掉落甚至找不着的情况，这样不但不卫生而且喝不完的水或者饮料也会被无奈丢弃。

因此我就想到设计这样一个带记号扣贴防丢失的饮料瓶盖，既能在没有辅助工具的时候做标记，而且打开后瓶盖也不会掉落或者丢失，便于区分。

二、设计思路

首先我先调研了市场上现有的起到标记功能的包装，常见的有拉环式标记牌、贴纸式标记、压印式标记等，这些标记方式大多需要订制，成本比较高，而且都需要辅助工具，例如贴纸、拉环等，这些小装置让矿泉水的包装更复杂，不符合现下简化包装的环保理念。

拉环式标记牌　　　　　贴纸式标记　　　　　压印式标记

在一次美术课上，老师让我们用刮画纸画图，我发现刮画纸的每一处刮开的花纹都不一样，而且不需要其他工具，只要用指甲就能刮开，非常容易，我就想到如果将挂画纸贴在瓶盖上，只要小小一块，就可以让大家画一个性化的标记，每个人的都不一样，使用起来非常方便。

在瓶盖会掉落的问题上，我参考了户外水壶的结构，做一个环将瓶盖连在瓶身上，这样就不会掉落啦。

彩色刮画纸

户外水壶的拉环

于是我绘制了结构草图，这个瓶盖由两部分构成，上半部分是一个瓶盖，上面有一层刮画纸，便于做标记，下半部分是一个环，扣在矿泉水瓶的颈部，侧面有一个把手将上下部分连在一起，这样瓶盖就不会掉了，而且还可以当作把手来提，可以挂在书包一侧，使用非常方便。

带记号扣贴防丢失的
饮料瓶盖草图设计

三、尺寸确定

1. 瓶盖的大小

据调查，根据行业内惯例，水类型的瓶盖直径是30 mm，大口径的为直径32 mm的盖子，根据品牌不同瓶盖尺寸会略有不同，我以矿泉水的瓶子为例，因此我将瓶盖的尺寸设置为直径30 mm。

2. 瓶颈环扣的直径尺寸

通过市场调查，我们找到了各种尺寸的饮料瓶，简单归纳大致可以分为以下三类。

市场常见饮料瓶口周长统计表

饮料名	百岁山	可 乐	农夫山泉
周 长	98 mm	88 mm	92 mm

由于本次模型使用的是3D打印机制作，材料本身不具备弹性和延展性。因此圆形环扣我采用水类瓶子的瓶颈最大尺寸，让大多数瓶子都能适用，故圆形环扣的直径尺寸确定为32 mm。

四、制作材料

考虑到如果工厂制作装置需要建模成本较大，因此本次装置我们选择使用3D打印机完成制作。

五、作品组装

1. 3D打印零件如下图。

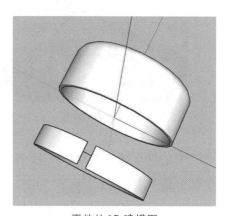

零件的3D建模图

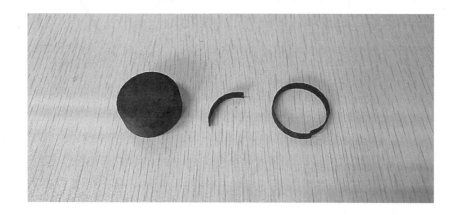

2. 用热胶枪将中间连接的部分与瓶盖和瓶颈环扣连接起来。

安装瓶盖和瓶颈环扣

粘上中间把手

3. 将刮画纸剪成小片，粘在瓶盖上。

刮画纸剪成小片

粘在瓶盖上

六、使用方法

可以用指甲或者牙签等尖锐物品在刮画纸上作上你独特的记号，可以是名字的缩写，也可以是其他任何符号。如果突然想不起来，即使将刮画纸全部刮开，每个人的小片面积上，也会有不同的颜色，能够达到区分的效果。

通用型的瓶盖大小,使其具有很好的泛用性,现以农夫山泉和百岁山的瓶子为例,这一方法都可以很好地实施。即使瓶盖大小不合适,只要对瓶盖和瓶颈圆环的大小稍加调整,可以泛用到每一种饮料罐上。

农夫山泉测试　　　　　　　　　　　　百岁山测试

七、创新点

经过各年龄段人试用,都认为无论什么年龄的人都能很快掌握使用技巧,都能够达到明显的区分效果。

简单归纳它具有以下特点:

结构简捷:瓶盖上多了可标记区域,没有冗余包装,符合环保理念。

操作方便:用指甲就能刮开,不需要辅助工具。

安全卫生:有了这个标记抠贴瓶盖,矿泉水再也不会混淆拿错。

泛用性强:仅需修改瓶盖和瓶颈圆环的大小,任何瓶装饮料都适用这个创意。

八、进一步完善

目前的制作的只是简单模型,还有很多地方需要进一步改进,如:由于现在的材料只是3D打印材料,中间的拉环部分容易脱落,之后我们可以选取更好的材料来制作拉环,这样在运输和使用的过程中更加不容易损坏。

九、活动收获

1. 创造来源于生活的需要。日常生活中其实有很多细小的事情等着我们去发现,去创造,去完善,只要我们时刻多观察生活中的各种问题,并对这些问题进行合理的科学的设想,选择不同的解决方案,并且开动脑筋动手制作,就一定能找到解决的好办法。

2. 多想多问智慧闪光。如何在别人已有设想的基础上,保留优点,改进不足。如何将设计的产品更适合人们的需要。这些问题促进了我的思考,也培养了我勤思考、多动脑,用自己的智慧解决问题的好习惯。

参考文献

[1] 庞洋.饮料瓶模具专用设计系统的研究与开发[D].杭州:浙江大学,2011.
[2] 冯思宇.饮料瓶模具产品族建模及变形设计系统研究与开发[D].杭州:浙江大学,2010.

第36届上海市青少年科技创新大赛二等奖

秦萌萌

指导作品

按压式安全婴儿车

摘要

　　婴儿车作为每个家庭特定时段里的必需品,其安全性的设计一直是婴儿车的一项重要的性能指标。据调查,市面上大多数的婴儿车存在碰到斜坡容易溜车的问题,且刹车位置靠下,使用不便。

　　因此我由机场行李车受到启发,想通过具体的实验探究以及科技制作,在婴儿车上也设计一个按压式的婴儿车,使用杠杆原理巧妙得与摩擦力相结合,实现轮子只能一个方向旋转,随走随停,不会溜坡,且一个人操作方便,在保证婴儿车的安全的同时,独自带孩子出门的爸妈再也不会手忙脚乱了。

关键词　刹车装置;婴儿车;安全

作品图

按压式刹车演示

一、课题的由来

　　在我上初中时,家里便多了一个妹妹,妈妈在照顾妹妹的生活起居时,还要关注我的生活学习,常常焦头烂额。有一次妈妈带妹妹出去玩,突然电话响了,慌忙中没有刹车就放手去拿手机，婴儿车就向前滑了，非常惊险。婴儿车是一种为婴儿户外活动提供便利而设计的工具车，其安全性的设计一直是婴儿车的一项重要的性能指标。

于是我就想到设计一款放手就能停住的婴儿车。我受到机场行李车的启发，在婴儿车上也设计一个这样子的按压的刹车装置，当我们抬起刹车装置的时候婴儿车才会前进，但我们松开的时候车子就不会走，这样即使由于疏忽而松开了婴儿车，也可以很好地保证婴儿车的安全。

二、作品的设计与制作

1. 按压式刹车装置的设计与制作

首先我对市场上面婴儿车的刹车装置进行了研究，现在婴儿车为了推行顺畅大多使用万向轮，制动装置一般安装在后轮，分为手按或脚踩两种，一般都使用齿轮卡住的形式进行制动（图1），还没有产品具有自动刹车装置。

其次我调研了机场行李车的刹车装置，在推把下面平行有一个横杆，推行时需要按下这个横杆，一直按压着，车才会行走，松手这条杠子主刹车，车就停下（图2）。

于是我想将这两者结合，运用杠杆原理，制作一个刹车杠杆。用连杆将扶手

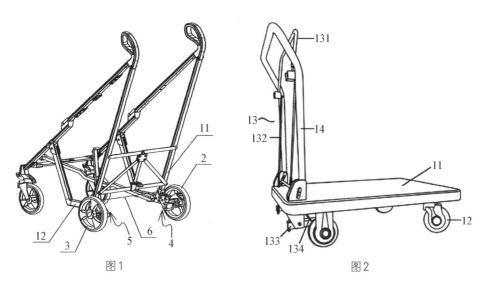

图1   图2

图3

与刹车连接起来（图3）。松手时，刹车处于常闭状态；当压下扶手时，刹车抬起才可以正常行驶，这样很好地避免了由于疏忽忘记主动刹车而导致的婴儿车溜坡等不安全事件。

刹车系统是作用在轮胎上的，使用的是轮胎与制动机构之间的摩擦力来减小速度。我实验了许多器材与轮胎的摩擦，比如连杆、轴等，最后我发现轮胎与轮胎之间的摩擦力是最大的，因为橡胶与橡胶之间的摩擦力极大，才会让车速度快速减小，不会在斜坡上滑行一段时间。因此我的刹车装置是固定的小轮胎与杠杆连杆相连接，用两个轮胎之间橡胶的摩擦达到刹车的效果（图4）。

由于材料有限，没有现成的婴儿车用于搭建结构，而是用乐高制作了模型用于演示。

2. 车身与轮胎的设计与制作

婴儿车是婴儿外出必备的出行工具，因此舒适性和安全性非常重要。为了婴儿可以躺在车中，将车身设计为175度，既可防止吐奶，又利于骨骼生长发育，即使宝宝睡着了也不必担心。加长车身，加大轮胎，不仅使车身更加平稳，上坡和急刹时不会后翻，而且有避震功能，地面凹凸不平带来的颠簸较少，宝宝坐着会感到很安全。考虑到婴儿车推行的灵活性，我将其中两个轮子设计成万向轮的设计，便于婴儿车的转弯等推行（图5、6）。

图4

图5

图6

三、使用演示

婴儿车外观漂亮，结构稳定，正常松手时，刹车处于常闭状态（图7）；当压下扶手时，刹车抬起才可以正常行驶（图8），这样很好地避免了由于疏忽忘记主动刹车而导致的婴儿车溜坡等不安全事件。

图7　　　　　　　　　　　　　　　图8

居民居住道路的最大坡度为8%，我们以最大坡度8%为例进行测试，结果显示无论上坡还是下坡都能自动停住，安全性可靠（图9、10）。

图9　　　　　　　　　　　　　　　图10

四、主要创新点

婴儿车的刹车不是个新鲜的产物，而我设计的这款"按压式安全婴儿车"的最大创新点在于它在刹车的方式上进行创新和改进。婴儿车松手即停，解决了很多马虎爸妈不留意间放手婴儿车而造成的安全隐患。且刹车位置靠上，一个人操作方便，碰到斜坡不易溜车。既满足了婴儿车推行方便的需求，也降低了婴儿车的安全风险，让普通的婴儿车变得更加安全便捷。

五、项目展望

本项目最初来源于我妈妈带妹妹出去玩，因突然电话响了，慌忙中没有刹车就放手去拿手机，造成的婴儿车向前滑事件。虽然我的发明可以让婴儿车及时刹车，提高安全性，但我们进行科技发明的初衷就是让我们在保持生活品质的同时可以更方便，因此我希望如果婴儿车可以跟随人走，不用推行，彻底解放双手。当然这一想法现在还处于思考阶段，希望在今后的研究中，我可以通过查阅资料学习更多的知识，在不断的尝试中实现这一功能。

六、收获与体会

感谢帮助我修改了一次又一次的老师，感谢愿意认真看完我的课题的各位专家。这次的制作在方案的确定上花了很多时间，从方案提出到推翻，再提出再失败，反反复复，最终才确定如何制作。通过这次的努力，我体会到只有付出时间付出努力才会有收获。希望这次的小发明能够被推广，帮助到更多需要它的人。

参考文献

[1] 狄思雨,陈靖允,李全强,王硕,于自强.多功能婴儿车的设计[J].价值工程,2017(21).
[2] 马广韬,周铎.浅析婴儿车的人性化设计[J].设计,2015(04).

第35届上海市青少年科技创新大赛二等奖

程子豪

兴趣与学科相融合　思辨与坚持促创新

葛婷婷

随着社会对于科技教育的重视和关注,越来越多的学生参与到科技活动中来,特别是每年一届的创新大赛,更是成为全市中小学生的科技盛世,这一点让我们少科站的老师感受颇深:虽然参与的学生逐年增多,但急功近利的现象也愈加明显,为了参加创新大赛进行突击赛前培训,参加完一扔便是,不少学生对于参赛课题所涉及的学科知识知之甚少,而少科站的学员出现这种现象的较少,这是因为学生参与少科站的某项科技项目,始于兴趣,忠于动力,才能够在该项目上学有所长,学有所钻。自然而然,做出的科创项目都是有言之有物,有所收获。

一、坚持参加校外科技项目能使学生获得更加系统和全面化的专业知识

少科站作为中小学生校外科技教育的主要机构,面向区域内的学生开设了很多科技课程:模型、电子、生物、环境、机器人、OMDI……牵涉面广,内容丰富,学生可以自由选择自己感兴趣的项目进行学习,如果学生可以坚持学习下去,就可以系统学习到很多学科的专业知识。学生参加创新大赛需要大量的有别于校内的学科知识,特别是工程类的课题,很多都涉及机械、电子、编程等多门跨学科知识,而这些他们在学校是无法接触学习到的,但少科站课程可以满足他们这方面的需求,让学生掌握做课题的一些基础知识。

以我所教授的电子课为例,有个学生因为曾经和父母走失所以想做一个寻娃装置,因为是电子班的学员,所以她想做一个电子徽章,同时因为该学生也是少科站的编程班学员,该学生还设想了用Android的编程软件实现电子徽章和手机端的通信连接,在完成了基础电路部分的设计和制作后,她将软件部分编在

硬件中，正是因为她在少科站多年的科技项目学习，很自然地把自己所学的知识相结合，应用在自己的科创课题中，最后取得上海市一等奖的好成绩。

二、坚持参加校外科技项目更能提升学生的创新意识和创新能力

"创新"是所有科技教育的核心。苏霍姆林斯基说过："在人的心灵深处，都有一种根深蒂固的需要，这就是希望自己是一个发现者、研究者、探索者。"我认为创新的基础是理解，只有学生学得越多，知识基础越扎实，才能理解越深，而这靠短期的学习是无法实现的，它需要一个长期的培养过程。

记得有一节课讲的是对讲机方面的知识，在上课结尾，我要求学生总结一下对讲机应用的特点，起来回答的新生只是按部就班地把我讲到的内容复述一遍，而且都讲的是对讲机的优点，而老生的总结却加入了自己的理解，特别是其中一位学了3年的老学员，他在总结的同时还提出了质疑：他认为对讲机使用确实很方便，但是对讲机的通信距离有局限，而且受地形影响较多，如果今后能够在这两方面进一步改进就更好了。在之后的学习中，他进一步探究，在高中时，提出能否在手机上结合对讲机的功能，并自主查阅了相关的文献知识，由此做了课题《能群组通话的手机》，最后获得上海市二等奖的好成绩。

所以，培养学生创新意识和创新能力必然需要长期化的科技教育。这样，我们才能在科技教育中进一步提高学生的创新能力，促进学生素质的全面和谐发展，为素质教育提供强大的推动力。

三、坚持参加校外科技项目更有助于学生形成严谨踏实的科学态度和坚持不懈的求学精神

作为一名校外科技教师，我们当然希望有更多的学生可以从事科技事业，长大后能在科技领域有所建树。但事实上，最终能够有所成就的毕竟是少数，长大后能够从事与所学科技课程有关的学生也并不很多，所以，作为一名面对中小学生的校外科技教师，我觉得更重要的是通过我们的科技教育，能够培养他们严谨踏实的科学态度和坚持不懈的求学精神，而这对学生而言才是一辈子

受用的。

所以我在进行电子教学时，就非常注重培养学生这方面的素养。通过主体性教学、探究性教学、合作学习型教学、创设情景型教学等多种教学策略，循序渐进的培养学生严谨踏实的学风和坚持不懈的精神。其实很多电子班上的学员最后都学了与电子不相关的专业，但这并不影响他们在学习电子知识、做科创课题时所形成的严谨求实、钻研务实的态度。

因而，通过我们校外科技项目的学习，更重要的是能够促进学生个性潜能的发挥，培养健康的情感，那这样才能培养出符合社会发展的具有较高科学素质的人才。

指导作品 **1**

寻 娃 利 器

—— 一种兼顾儿童心理的高效找孩徽章

摘要

去年暑假我和妈妈乘高铁旅游，因为人多，结果我和妈妈在候车大厅走散了，此时我吓得哇哇大哭，还好因为我哭声大，吸引了很多人，妈妈也闻声跑了过来。而这件事情也使得我对于孩子走失事件格外关注：在今年暑假的电视新闻中也报道了大量孩子走失的报警求助信息。这么高发的孩子走失事件令我萌生了设计一个高效寻找孩子的装置放在孩子的身上，特别在火车站、地铁站、医院、公园……这些人多拥挤的场合，当孩子和家长走失的时候，家长能够第一时间找到孩子，避免意外的发生。

我的高效找寻孩童装置是一个徽章，外观是一个可爱的熊猫头，熊猫是国宝，这意味着我们每个孩子都是祖国的宝贝，我打算用手机来模拟实现徽章的3个功能：1. 接近提醒功能：在熊猫头像的轮廓上安置8个方向提示LED灯，在家长拿着手机接近时，能通过某个方向闪烁的灯光帮助指示查找的方向，防止出现近在咫尺，却又如远在天边，彼此寻找，却又擦身而过的悲剧；2. 声光报警功能：孩子可以按下徽章上的按钮发出声音和光亮来引起家长注意；3. 二维码功能：万一孩子走失，孩子又太小说不清楚，路人或警察可以通过手机扫一扫获取家长的联系方式，主动打电话联系家长。

现有的产品都是从家长方面设计，却没考虑到孩子走失时紧张、焦虑的心情，所以我设计的新系统最大的特色在于提供了更多的双向信息共享手段，即使没有通话功能，在接近到一定范围内，可以仿照雷达扫描图那样提示对方接近的方位，从而帮助自己主动用目视、声音等方法尽快找到对方，具有安抚性、交互性，能够极大地安抚孩子紧张焦虑的情绪。

关键词 防走失；方向接近提醒；声光报警；二维码；安抚性

一、项目背景

去年暑假我和妈妈乘高铁旅游，因为高架堵车造成我们时间紧张，所以过了安检后我和妈妈一路狂奔，妈妈拖行李跑得慢，我心急一个人冲在了前面，猛然回头发现妈妈不见了，而候车大厅里人山人海，此时我吓得哇哇大哭，还好因为我哭声大，吸引了很多人，妈妈也跑过来了，一把抱住我，直呼到："吓死妈妈，吓死妈妈了……"

这件事情想起来，至今令我心有余悸，所以我对于孩子走失事件也格外关注。今年暑假，电视新闻中报道了：暑假一个月来，三大火车站共接到了孩子走失的报警求助235起，平均每天都超过6起。这么高发的孩子走失事件令我萌生了一个想法：能不能设计一个快速寻找孩子的装置放在孩子的身上，特别在火车站、地铁站、医院、公园……这些人多拥挤的场合，当孩子和家长走失的时候，家长能够第一时间找到孩子，避免意外的发生。

上海电视台新闻综合频道有关儿童走失的报道画面

二、研究方案

1. 查询分析

通过查找中国知网得知，相关防走失的文献共有8篇，可见对于儿童防走失的文献研究并不多,并且都只考虑了家长端的主动性操控,缺乏孩子端的设计,缺乏交互性的考虑,也没有类似雷达扫描接近设计的相关研究。现有的防走失产品中,虽然存在较多的类似产品,但很多家长用下来感觉并不好,例如这次的新闻报道中,其中一个小女孩是戴着防走失手表的,但依然和家长走失了。通过查找资料,相互比对,我罗列了市面上常见针对儿童的防走失产品以及它们的优缺点:

常见防走失产品

防丢黄手环	防走失包	智能定位手表	儿童追踪定位鞋

防走失产品调查分析表

产品类型	防丢黄手环(内装个人信息纸)	防走失包(包、绳)	智能定位手表(手环)	儿童追踪定位鞋
优点	1. 醒目简便 2. 安全系数高 3. 无须充电	1. 醒目简便 2. 安全系数高 3. 无须充电	1. 定位和电话功能 2. 还有计步、上学守护、简单游戏 3. 防水防掉设计(穿戴手上感应功能)	1. GPS定位 2. 智能芯片就能记录他的日常出行轨迹 3. 能够发送预警信息
缺点	1. 无通讯功能 2. 无定位功能	1. 包易遗失 2. 绳子在人多拥挤的地方不易拉住,容易损坏	1. 待机时间不够长 2. 定位精度不够高 3. 没有防盗功能 4. SOS键操作不便	1. 设备放鞋底易损坏 2. 手表等可天天戴,但鞋不能每天都穿同一双 3. 小孩长得快,很快鞋子就会不合脚
适合人群	3—5岁幼童	3—5岁幼童	6—12岁儿童(学生)	6—12岁儿童(学生)

从上表中可以看出，目前典型的防走失产品主要分成含电子器件和不含电子器件两大类产品，不含电子器件的产品大多是传统产品，特点在于无须充电，使用期限长，而且产品一般都设计得比较醒目，安全系数高，但缺点在于只在短距离内有效，因此不带通讯和定位功能，只适合幼童使用。而含电子器件的产品大多具有定位和通讯功能，可以远距离追踪儿童，但主要问题在于定位不准，易造成擦肩而过的现象；若缺失通话功能就无法进行双向了解；内置电池无法支持长期使用等。

2. 项目创新

相比上述市场上已经销售的防走失产品，我设计的新系统最大的特色在于提供了更多的双向信息共享手段，即使没有通话功能，我们的作品依然能够彼此通知对方自己在寻找对方；在接近到一定范围内，可以仿照雷达扫描图那样提示对方接近的方位，从而帮助自己主动用目视、声音等方法尽快找到对方，能够极大的安抚孩子紧张焦虑的情绪。

3. 实施方法

作为一个小学生，因为所学知识有限，尤其缺少项目所需的物理、电子、通信等方面的专业知识储备，但我是一名编程爱好者，所以我想通过手机来模拟实现我这个产品的功能。不过我才刚刚开始学习编程，也只会一点点简单易用的手机APP编程软件App Inventor，但寻娃徽章是要和爸爸妈妈的手机联用的，或许正好适合我进行尝试。

选择APP Inventor进行开发是因为这个手机APP开发软件学习门槛低，易上手，功能也比较全。App Inventor原属于Google实验室（Google Lab）的一个子计划，是一个完全在线开发的Android手机编程软件/环境，其最大的特点是无须了解掌握任何程序编写知识，而使用积木式的堆叠法，只需要根据自己的需求向其中添加服务选项来完成Android程序的开发，甚至还可支持乐高NXT机器人，非常适合像我这样的Android程序开发初学者或想要用手机控制机器人的开发者。开发一个App Inventor 程序从浏览器开始，首先设计程序的外观，接着设定程序的行为，最后只要将手机与电脑连接，刚出炉的程序就会出现在手机上了。

我的另一个想法是能否把徽章上的雷达指示图简化为若干个主要方向上离自己距离不等的LED，通过不同方向、不同距离上的LED灯闪烁来大致表示爸爸妈妈现在离我的方位与远近。听说现在针对非专业人员的电子开发平台 Arduino 很火，我也想尝试一下。

查资料后得知，Arduino 是一款方便灵活、容易上手的开源电子原型平台，包含硬件（各种型号的 Arduino 板及其配件）和软件（Arduino IDE）。用户只要在 IDE 中编写程序代码，将程序上传到 Arduino 电路板后，程序便会告诉 Arduino 电路板要做些什么了。Arduino 能通过各种各样的传感器来感知环境，通过控制灯光、马达和其他的装置来反馈、影响环境。那么控制一定方向、一定距离上的 LED 灯闪烁或许可以用 Arduino 完成。

三、研究过程（实验、观察过程）

1. 作品设计

我们的作品原型设计理念如下：我想把它设计成一枚徽章，外观是一个可爱的熊猫头，熊猫是国宝，这意味着我们每个孩子都是祖国的宝贝，这个徽章既可以别在身上，也可以别在书包或帽子上当装饰。使用时，可以拿在手里。

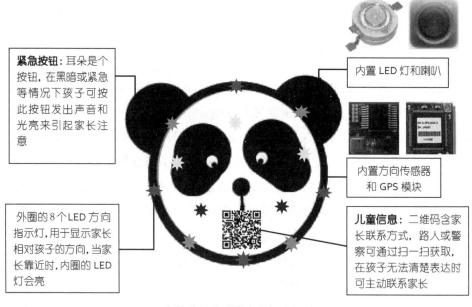

紧急按钮：耳朵是个按钮，在黑暗或紧急等情况下孩子可按此按钮发出声音和光亮来引起家长注意

内置 LED 灯和喇叭

内置方向传感器和 GPS 模块

外圈的 8 个 LED 方向指示灯，用于显示家长相对孩子的方向，当家长靠近时，内圈的 LED 灯会亮

儿童信息：二维码含家长联系方式，路人或警察可通过扫一扫获取，在孩子无法清楚表达时可主动联系家长

高效找娃熊猫徽章的概念设计图

徽章有4个功能：

① 电子栅栏功能：当在家长的手机上设置了活动范围，如果孩子出了范围就会报警和发送预警信息，这样可以防止孩子走失。

② 声光报警功能：孩子可以按下徽章上的按钮发出声音和光亮来引起家长注意。

③ 二维码功能：万一孩子走失，孩子又太小说不清楚，路人或警察可以通过手机扫一扫获取家长的联系方式，主动打电话联系家长。

④ 接近提醒功能：在熊猫头像的轮廓上安置8个方向提示LED灯，在家长拿着手机接近时，能通过某个方向闪烁的灯光帮助指示查找的方向，防止出现近在咫尺，却又如远在天边，彼此寻找，却又擦身而过的悲剧。

从以上的设计目标看，想要实现我梦想中的高效找娃徽章，除了二维码是个简单的贴图外，其他部分都需要进行开发。进一步分析可知，电子栅栏功能目前儿童手表上已有，主要判断和声光警示的部分在父母的手机上实现，徽章部分只需要提供位置信息就行了。由于爸爸妈妈使用的手机和儿童佩戴的徽章之间需要采用手机之间采用的移动通信技术，比如GSM或3G/4G技术，这些对我而言太复杂了，并且目前的儿童手环、手表之类的产品中都有相关成熟的技术，在我的徽章开发中就暂时不做了。相比上述市场上已经销售的防走失产品，我设计的新系统最大的特色在于提供了更多的双向信息共享手段，即使没有通话功能，我们的作品依然能够彼此通知对方自己在寻找对方；在接近到一定范围内，可以仿照雷达扫描图那样提示对方接近的方位，从而帮助自己主动用目视、声音等方法尽快找到对方。围绕我作品自身的特点，即通过徽章给孩子提供父母方的信息，我筛选出如下需要模拟的功能：

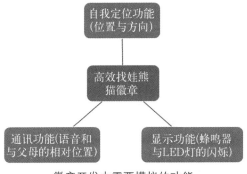

徽章开发中需要模拟的功能

这里我们还比较了如何传达信息更有效的问题,以在公交车站等车为例,现在上海不少车站用了信息电子显示屏,可以显示公交车预计到达时间,但是由于种种原因,实际的预计时间不仅不准,还会出现变长的怪异现象,反而造成乘客心焦不安;我在日本看到另一种公交车接近表示装置,它虽然没有直接显示时间,却显示了公交车靠近本站点的状态变化,这能大大安慰乘客等车时的焦急心情,让乘客有个更好的心理预期。我们想在自己的作品中用类似的方法来显示双方交流的信息,如妈妈接近孩子的状态变化。

日本公交站点的车辆运行提示牌　　　中国公交站点的车辆运行提示牌

2. 模拟任务确定

根据设计方案中筛选出需要模拟的功能,我查找了 App Inventor 软件提供的工具,确定出以下具体实施计划:

(1)定位功能:仿照 App Inventor 教程中定位例程(户外可以采用 GPS 定位,室内可以采用 network 定位)和方位例程(利用三轴角度传感器等)实现徽章的位置和朝向采集功能。

(2)通讯功能:App Inventor 提供了自动拨号例程和短信发送例程,不过好像和目前儿童手表和手环的信息传递方法不同,这部分对我太难了,我找到 App Inventor 上有蓝牙的通信例程,暂且以此代替,主要测试位置信息的传送。

(3)声光提醒功能:这部分可以仿照 App Inventor 的动画例程和多媒体例程来实现,还可以直接采用硬件的 Arduino 来开发。

3. 模拟任务实现

根据上述拟定的任务,我分成4次边学习App Inventor边仿照例程进行徽章功能的模拟。根据仿写的难易程度以及相关知识(如GPS提供的经纬度信息与地理上提供的信息之间的关系、方位信息与相对方位、蓝牙通讯中Server程序与Client程序的关系等),我依次进行了如下实践:

(1)自我定位功能:仿照App Inventor中的定位例程改写获取徽章位置信息。

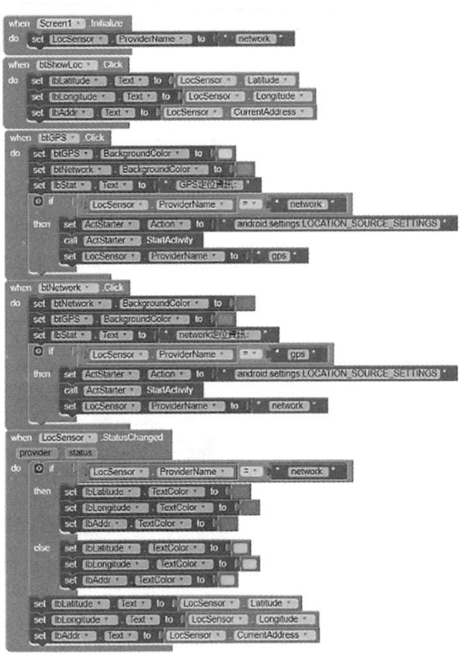

定位

(2)朝向确定功能:仿照App Inventor中的方位探测例程改写获取徽章中熊猫头的朝向信息,并与定位功能组合。

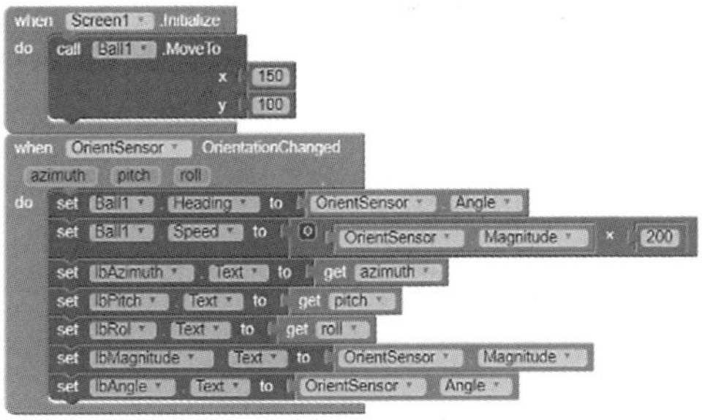

(3)声光提醒功能:仿照App Inventor中的动画例程和声音播放与震动提醒例程对自己的徽章进行程序编写。

朝向

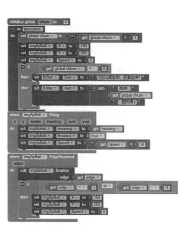

动画　　　　　　　　　　　声音播放与震动提醒

（4）通讯功能：仿照App Inventor中蓝牙的两个例程改成模拟父母手机与徽章间通信的过程。

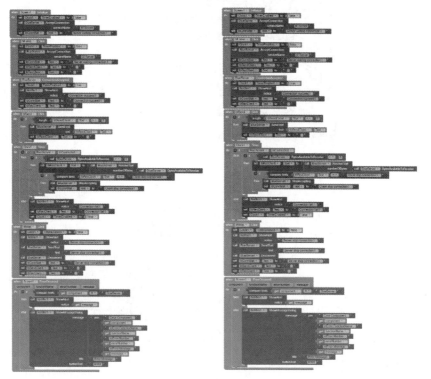

通信

（5）综合功能测试。

此外，我还采用Arduino进行了实际LED闪烁的控制实验：

主板LED灯不亮时

主板LED灯点亮时

I/O板LED灯不亮时

I/O板LED灯点亮时

外置LED灯不亮时

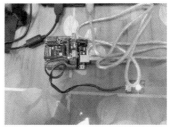
外置LED点亮时

以及多个LED灯同时控制的实验：

多LED灯未点亮时

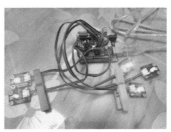
多LED灯同时点亮时

LED灯闪烁速率影响

闪烁间隔（ms）	感　觉	闪烁间隔（ms）	感　觉
100	太快	2 000	偏慢
500	较快	3 000	太慢
1 000	始终		

　　LED等闪烁速度的感觉也很重要，我对此做了实验，得出上述表的结果，在最终综合实验中，采用慢速表示父母在较远距离，中速表示已接近孩子，快速表示已在附近，可以用目视寻找。

四、研究小结及结果分析

　　经过上述设计与分块分功能实验，我基本上完成了自己高效找娃徽章的主要功能模拟，证明了自己的设想，尤其是我提出的兼顾儿童心理的双向信息交流，在技术上是可实现的，总体效果基本满意。

　　在实验中也发现了一些问题，如当父母恰好沿着两个指示方向的中心线朝徽章接近时，两边的指示灯会不规则地交替闪烁。估计是由于方向的检测精度造成的。一个改进的想法是在中心线附近设定一个误差允许区，在未超出该区域之前，指示灯依然采用上一次的结果进行显示，以减少LED灯频繁跳闪的问题，不过尚未测试确认。

参考文献

［1］魏晓龙，任天平，陈威.基于单片机控制的双模式儿童防走失系统设计［J］.微型机与应用，2012（2）.

［2］李娟，钟晓玲.基于通信网络和GPS的儿童防走失系统的研究［J］.信息通信，2015（1）.

［3］张新建，杨晓坤.基于无线传感器网络的儿童防走失系统研究与设计［J］.电子测试，2013（5）.

［4］定位手表成新宠　防走失神器真能帮家长"看住"孩子吗？［EB/OL］.http://nb.ifeng.com/zjxw/detail_2015_07/14/4110352_0.shtml.

［5］小心孩子"防丢神器"变"害娃利器"［EB/OL］.http://edu.sina.com.cn/zxx/2015-08-28/1516482303.shtml.

第33届上海市青少年科技创新大赛一等奖

吴萌惠

能群组通话的手机

摘要

　　现行手机的通话功能仅限于两人之间（双方），如能借鉴集群通信的方式，就能实现群组通话。本文介绍了系统组成、手机和PTT原理和网络构架。

关键字　手机；PTT；GSM网；集群通信

一、引言

　　手机已成为人们生活中不可缺少的一部分。而今，手机正朝着多媒体、娱乐化、时尚化发展。而我们却对手机最基本的功能——通话发生了兴趣：如果手机能够几个人、几十个人甚至几百个人同时通话，真正实现"一呼百应"那该多好啊！我们的这篇论文就是对这个设想的可行性进行研究。

二、总体设计方案

　　作为移动台的手机增加了PTT（push to talk）功能，但还是采用原有的无线移动网络。例如现在的GSM系统（数字移动通信系统），所以无须建设新的基站。由于新的PTT业务是需要通过网络实现，而不像对讲机无须通过网络，所以PTT的呼叫不再被约束在几千米之内，而可以在网络覆盖的地方进行沟通。

三、移动台设计原理

1. 手机工作原理
当手机工作在900 MHz频段时，从基站送来的935 ～ 960 MHz信号经过

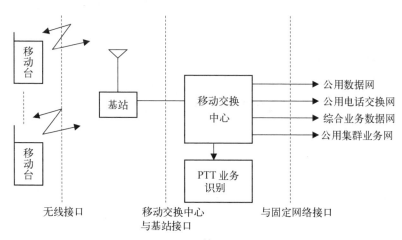

移动通信系统总体结构框图

定向耦合器后,送到900 MHz合路器进行滤波,然后送到前端模块。发射时,从900 MHz功率放大器送来的890～915 MHz的发射信号也送到合路器进行滤波。合路器内部为两个带通滤波器,一个对接收信号进行滤波,另一个则对发射信号进行滤波。经过滤波后的发射信号送到定向耦合器,最后经过天线发射出去。由以上分析可知,当手机工作在900 MHz频段时,其天线的接收、发射准状态由合路器进行切换的,无须外加控制信号。

(1)接收电路。当中央处理器送到前段模块的频段达到了工作频段。这时,由基站送来的935～960 MHz信号经过900 MHz的合路器与接收本振信号(即频率合成器产生的接收VCO信号)混频滤波后,送到900 MHz的接收滤波器进行滤波,以滤除来自天线的杂散信号,及抑制本机振荡器的泄漏信号。再进行信号的正交解调,产生接收I、Q信号;然后再进行GMSK(高斯滤波最小频移键控)解调,把模拟信号转变为数字信号,之后送入基带处理单元。

(2)发射调制电路。发射时,由多模转换器送来的信号,从中频模块送进,送到其内部的调制器。同时,由二本振VCO送来的二本振信号,在中频模块内进行分频。当手机工作在900 MHz频段时,该分频器进行四分频,产生的信号用于调制发射I、Q信号,即产生中频信号。该信号首先在中频模块内进行放大然后送到前端模块。频率合成器为发射和接收单元提供变频所必需的本振信号,采用锁相环技术来稳定频率。

（3）基带部分。基带部分包括模拟话音的数字化、语音编/解码、加/解密、TDMA时帧形成/分解、键盘/显示接口电路。

从送话器的模拟话音信号经8 kHz抽样及A/D转换后,变为13位均匀量化的数据流,在语音编码器内进行编码。话音信号进入信道编码器进行信道编码,编码后的话音和信令信息进入交织及加密单元,在交织单元形成114 bit数据块,加密后再加入训练序列及头、尾比特组成156.25 bit（包括8.25保护比特）的突发（Burst）。这些突发按信息类型组合到不同的TDMA帧,形成复帧、超帧及高帧,最后形成270.833 kbit/s数据流送入射频部分去调制。

接收电路为上述相反的过程。

手机采用单片机系统,完成整机的逻辑控制,包括对信道的编/译码,TDMA帧形成、无线信道的频率合成等控制。

此外,还具有键盘/显示器、SIM卡接口等控制。

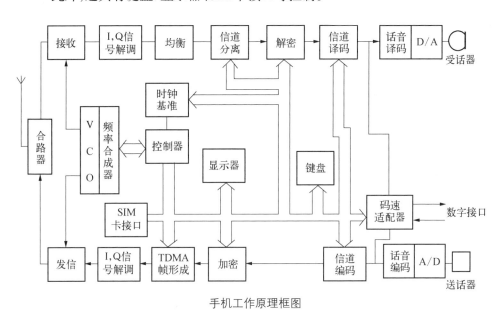

手机工作原理框图

2. 对讲机工作原理

（1）发射部分:锁相环和压控振荡器（VCO）产生发射的射频载波信号,经过缓冲放大、激励放大、功放、产生额定的射频功率,经过天线 低通滤波器,抑制谐波成分,然后通过天线发射出去。

（2）接收部分：接收部分为二次变频超外差方式，从天线输入的信号经过收发转换电路和带通滤波器后进行射频放大，在经过带通滤波器，进入一混频，将来自射频的放大信号与来自锁相环频率合成器电路的第一本振信号在第一混频器处混频并产生第一中频信号。第一中频信号通过晶体滤波器进一步消除临道的杂波信号。滤波后的第一中频信号进入中频处理芯片，与第二本振信号再次混频生成第二中频信号，第二中频信号通过一个陶瓷滤波器出无用杂散信号后，被放大和鉴频，产生音频信号。音频信号通过放大、带通滤波器、去加重等电路，进入音量控制电路和功率放大器放大，驱动扬声器，得到人们所需的信息。

（3）调制信号及调制电路：人的话音通过麦克风转换成音频的电信号，音频信号通过放大电路、预加重电路及带通滤波器进入压控振荡器直接进行调制。

（4）信令处理：CPU产生的信号经过放大调整，进入压控振荡器进行调制。接收鉴频后得到的低频信号，一部分经过放大和亚音频的带通滤波器进行滤波整形，进入CPU，与预设值进行比较，将其结果控制音频功放和扬声器的输出。即如果与预设值相同，则打开扬声器，若不同，则关闭扬声器。

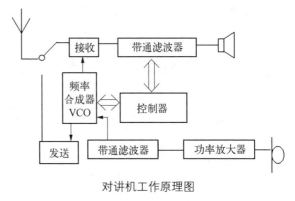

对讲机工作原理图

3. PTT手机的设计原理

（1）手机与对讲机工作原理的比较

① 相同点：手机的接收是从天线输入的信号经过合路器的滤波与一本振信号（有频率合成器产生）混频产生一个中频信号，然后进行滤波放大，在进行信号的正交解调，将模拟信号转变成数字信号。

手机的发射是由多模转换器送来的信号送到其内部的调制器。并发射中频信号，该信号在中频模块内进行放大，再送到前端模块。

对讲机的接收部分是从天线输入的信号经过转换电路和带通滤波器后进行射频放大，将来自射频的放大信号与来自锁相环频率合成器电路的一本振信号混合产生第一中频信号，再放大、滤波等，得到人们所需的信息。

对讲机的发射是由锁相环和VCO产生发射的射频载波信号,经过缓冲放大、激励放大、功放,产生额定的发射频率,经过天线低通滤波器,抑制谐波成分,然后通过天线发射出去。

结论:由此可见手机与对讲机的接收部分都是和锁相环频率合成器产生的一个本振信号进行混频,产生一个中频信号用于信号解调;而手机与对讲机的发射部分也和锁相环频率合成器产生的一个本振信号进行混频,将调制的信号变频到发射频段。这说明他们在发射和接收部分工作原理是基本相同的,所以在手机上加上PTT键还是有可能的。

② 不同点:手机的基带部分的处理信使用数字化。如,语音先经过模/数转换,信道编码、加密;接收先经过信道分离,解密,信道解码和数/模转换。而对讲机则使用模拟技术。如:对音频进行缓冲放大,产生额定射频功率,经过滤波,然后发射出去。接收则通过带通滤波器、中波、检波解调技术等。

结论:虽然手机的基带处理部分是数字化,对讲机的调制解调部分是模拟化,但两者的目的都是进行语音信号的转换,所以在手机上装PTT功能进行群组通话完全是可行的。

（2）PTT手机的工作原理

① 发送/接受过程:先在手机菜单中调出PTT功能模式,在菜单中选择需要的通话组群,按下PTT键时MSC对发送来的信息进行处理,如是PTT业务,则MSC调出公众集群网为发送方和接收方提供服务平台,然后MSC向接受对象发送提醒信息"你有PTT业务"。如果同意就可以准备接听,不同意就可以选择关闭扬声器。在使用过程中通话就像使用对讲机一样,按PTT键说话,不按PTT键接收。

② 手机内部处理过程:当用户按PTT通话时,话音信号会进行PTT编码,同时手机CPU改变合路器端口值(注:在平时通话时,合路器端口程序默认值为0,可以进行双工通信。当使用PTT通话时,CPU将合路器接收端端口值改为1,只能进行单工通话),这时手机切换为PTT通话模式(默认为接收状态,按下PTT键为说话模式)。接受方在解调时如果是PTT信号则进行PTT解码,然后驱动功放打开扬声器,就可进行群组通话;如果接受方在解调时是一般语音信号则驱动振铃电路进行电话通话。

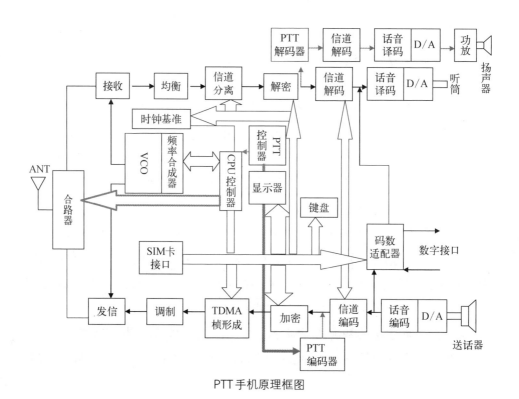

PTT手机原理框图

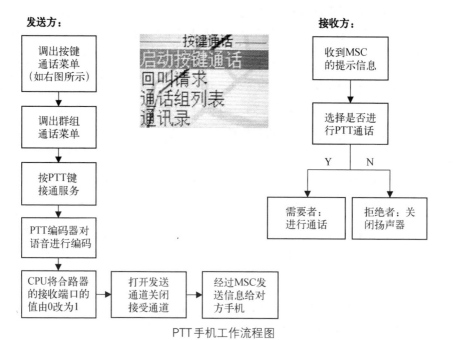

PTT手机工作流程图

四、网络设计原理

1. GSM网络简介

GSM系统,即全球移动通信系统(Global System for Mobile Communication),是泛欧数字蜂窝移动通信系统的简称,是当前发展最成熟的一种数字移动通信系统。

GSM的主要特点为:具有漫游功能可以实现国际漫游;GSM除了能提供语音业务外,还可以开放各种承载业务,补充业务和与ISDN相关的业务;GSM具有较好的抗干扰能力和保密功能;具有越区切换功能;GSM系统容量大、通话音质好;具有灵活和方便的组网结构等特点。

GSM的工作频段:935 MHz ～ 960 MHz基站发、移动台收的频段。890 MHz ～ 915 MHz移动台发、基站收的频段。频段宽度:25 MHz;通信方式:全双工;载波间隔:200 kHz。

为了提高系统容量,有效利用频率资源,现代移动通信在场强覆盖区的规划上多采用小区蜂窝结构。其特点是:小区覆盖半径小,一般为1—2千米,所以可用较小的发射功率实现双向通信。若干个小区构成大面积的覆盖,相距足够远(即同频干扰足够小)的小区可重复使用通信频率,即频率复用。采用这种方法,可以对无限广大的地域进行覆盖,从而提高了频谱的利用率。

蜂窝移动电话系统的示意图如图所示。

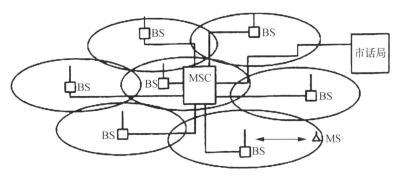

MS—移动台;BS—基站;MSC—移动交换中心

蜂窝移动电话系统示意图

2. 集群网络简介

集群系统属于专用业务移动通信系统。其内部的全部可用信道可为内部全体用户共用,并且具有自动选择信道的功能,从而保证全部用户能够共享资源、共同分担建网费用、共享信道设备、共享通信业务和共享覆盖区。

本地集群网的范围一般为一个无线交换区的范围。在一个交换区内建立一个无线电话局或者是无线交换中心。将此无线交换区划分成许多个无线交换区,每一个基站区内设立一个基站,各基站通过中继电路与无线交换中心相连。无线交换中心通过中继电路与长途局和汇接局相连。长途局和汇接局也分专用和公用:专用局为部门内部电话局,公用局一般是指市内或地区的电话局。

在本地集群网中,基站内的无线调度作业直接在基站内接续完成。呼叫进程通过基站遥控接口和高速数据链路报告给无线交换中心。基站之间的无线调度作业需要通过无线交换中心才能完成呼叫接续。每一个移动电话都有其属主(家)基站,当移动电话访问到别的基站时,要进行登记,由无线交换中心统一管理。通话中的移动电话从一个基站进入另外一个基站,自动完成信道切换和基站登记。

整个联网区域分成若干个无线交换区,每个无线交换区设立一个无线交换局或无线交换中心。在联网区域内,由相关主管部门根据需要,制订一个或一个以上的无线电话局作为无线汇接局。为了完成自动漫游通信,需要在无线电话局之间建立专用心令链路。为了完成越局频道切换,还应建立专用通话电路。

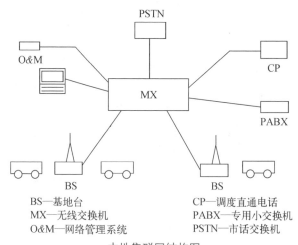

本地集群网结构图

3.具有集群功能的GSM网络设计

两者在组网方式上有一定的类似,都由基站控制一个区域中的移动台而由交换中心连接市话网等业务系统,由此实现电话等功能。所以我们可以利用这些相似点,用现行的GSM网络构架,无需作太大的改变,用GSM网络进行PTT通话来实现集群网络中所没有的全球漫游功能。

PTT手机使用电话号码来识别用户,不像集群通讯中,通话是由频段来划分的,只要是在这个频段上的用户都可以收到语音信号。而PTT手机用电话号码来设定一个组群,可以选择进行PTT通话的人,因此PTT手机保证了通话的私密性,也可以和想要通话的多个对象同时进行群组通话,在MSC移动交换中心模块中有一个PTT业务处理模块,对发送的PTT信号进行识别和处理,然后调用相应的公众集群网来实现PTT业务。

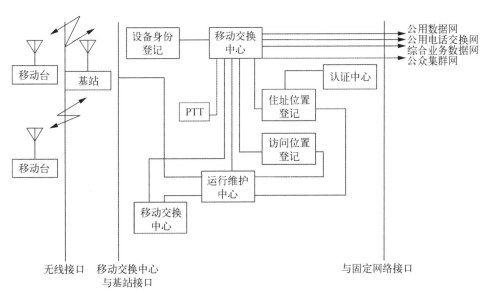

具有PTT功能的GSM网络结构设计

五、结论

本文论述了PTT手机的原理设计和网络架构,从理论上证明了在手机上附加PTT功能实现群组通话是切实可行的。相信PTT手机在今后是一个发展的方向和热点。PTT手机因其方便实用高效一定会有更广阔的市场前景。

参考文献

［1］ 赵锡杭,祝修俊.GSM手机技术与维修［M］.杭州:浙江科学技术出版社,2001.

［2］ 钟章队.集群移动电话原理、使用与维护［M］.北京:人民邮电出版社,1995.

［3］ 王欢,冯军,谢嘉奎.电子线路:非线性部分［M］.北京:高等教育出版社,2010.

［4］ 陈树新,尹玉富.通信原理［M］.北京:清华大学出版社,2020.

第23届上海市青少年科技创新大赛二等奖

陆一青

一步一个脚印的科技创新教育

梁　起

　　时光飞逝来到长宁少科站已经是第八个年头,在这段时间里除了主要的模型教育教学工作外,我还通过自己的专业知识在工程类学科的学生指导工作方面有所涉及。参与青少年科技创新大赛是我区多年来的传统项目,少科站全站上下都非常重视,八年来我也陪伴着学生们参加了一届又一届。虽然在创新赛中没有获得特别突出的成绩,但是在整个指导参赛的过程中还是有着不少感触。

　　老师是学生科技素质智慧之光的启迪者,是和学生一同进行科技活动时的参与者。下面我结合自己来谈谈对创新大赛指导工作的一些心得体会。

一、善于在生活中发现问题

　　八年来在创新大赛中我主要参与指导的都是工程类项目,包含了小学及初中学段。我觉得指导创新大赛的项目最重要的是鼓励孩子们在生活中去"发现"。生活当中的会遇到各种各样的事物,有时候一直困扰大家的问题可能被孩子们一个小小的"建议"而"解决"。当孩子们向老师提出来的时候,作为指导教师一定要重视它们。多与孩子们交流想法,耐心的理解他们。引导它们充分考虑项目的可行性、合理性、制作难度等问题。在初步解决了方案性的问题后,才可以开始动手制作。到了制作的时候,又会碰到许许多多的实际问题。这就要求指导教师全身心投入,及时甚至有遇见性地去发现问题,从而把握住孩子们制作项目的方向,让他们少走弯路。整个项目制作的每一个步骤都要求大家理解用意,搞懂方法,即使有些工序只是孩子们的想法,不是亲自动手制作也不能例外。只有将各个环节了解清楚,孩子们的研究才能有深度,答辩才会经得起推敲,才有可能获得佳绩。

二、研究当中的额外收获

八年来在指导学生工程类项目的时候有过许多"得意"的课题。比如行道树油漆刷、拍被器、特殊相机镜头、便携式宠物粪便收集器、车辆停车辅助器、遥控警示标志、火灾逃生系统等。在指导过程中最重要的环节就是工程零件加工制作的环节。为了提高指导的效率我往往会利用少科站的机床设备比如电脑雕刻机来制作相关零件。由于电脑雕刻机属于现代自动化机械加工的范畴,孩子们通常没有概念,无法想象零件如何加工出来。于是我利用自身的专业知识教会学生简单的计算机机械制图,并在保证安全的前提下,让学生们尝试动手操作电脑雕刻机。输入程序,设定参数,布置版面,观察加工,最后提取板材并拼合成零件。这一系列的工序孩子们在体验了一遍以后,老师只需要稍加解释,很多东西他们自然就能理解了。这样大大帮助了他们对该课题的描述和认识。我认为学生在这个过程中同样是受益匪浅的。

三、整理资料展开系统研究

科学研究是一项严谨的工作,容不得半点马虎和懈怠。在经历完制作过程后并不算真正的完成课题。我们还需要带领孩子们反复试验反复论证,不断修改完善作品。我们作为一名指导教师最重要的就是要让孩子们体会到自古以来任何的科学研究都不是一帆风顺的,往往需要耐得住"寂寞",在一次次的失败中探究其中的"答案"。而这恰恰才是工程类研究型论文的精华所在。通过这种体验学生们慢慢地就会养成科学系统、实事求是以及一丝不苟的处事态度。

总之作为一名科技教师经常需要换位思考,亲身感受和体验科技给孩子们带来的情感态度和价值观,从而促进他们科学素养的提高,并树立正确的人生观、价值观。八年对于一名科技创新指导教师来说,我还只能算是个新手。在以后的辅导工作中我会多注意积累,多向别的同事学习。"路漫漫其修远兮,吾将上下而求索",我将一步一个脚印地做好科技创新指导的各项工作,争取获得更多的成绩!

指导作品 **1**

按压式出液瓶的节约环保辅助件

摘要

　　按压式出液瓶是一种很常见的家用化工品容器，基本家家户户都有，用于盛放洗洁精、洗手液、洗衣液、洗面奶等。它们使用方便，用力一按就能得到一定量的液体。但他们通常也有个缺点：当你需要更少量的液体时，你需要能控制好按压力度和按压距离，而这并不是一件容易的事。所以结果就是，很多时候我们都按出来超过我们所需要的量。像餐具上洗洁精残留超标会危害我们的健康，很多化工产品也会对自然环境造成不利影响，何况这本身还浪费金钱和资源。为了解决上述问题，我们往往把精力放在生产端的改进上，比如促使商家研发无公害或低污染的产品。本文从消费者的角度，探索、实验和制作了一种外置式的按压式出液瓶的节约环保辅助件，能应用于市面上现有大部分的按压式出液瓶，来帮助使用者得到比正常按压一次出液量少的液体量，并且多档可调节。设计过程使用 Autodesk 的 Inventor2020 软件进行 3D 建模，采用 3D 打印来制作原型。本辅助件结构简单，成本低廉，适用范围广，可以成为每家每户切实可行的减少污染、促进环保的措施。

关键词　按压；出液量；可调节；环保；节约

3D打印模型

一、背景意义

按压式出液瓶是家家户户都可以见到的一种容器,最常见的用途有盛放洗洁精、洗衣液、洗手液、洗面奶等各种化工产品。一般而言,这种结构的瓶子,用力按到底,出液量基本是固定的。如果想要少于这个出液量的液体,需要靠按压的人控制按压的力度和距离,来得到一个可能会符合期望的较少的出液量。可是这往往很难做到,尤其对于小孩子和老年人而言。因此,我们挤出来的液体往往多于我们所需要的量,这不仅造成了不必要的浪费,也污染环境和危险个人健康。很多化工产品,如洗洁精里的表面活性剂和化学洗涤剂,会有一定的比例残留在餐具上,对人的健康造成潜在的风险和危害,如使人免疫力下降,增大患癌的风险。更严重的是,它们会随排水系统重新流回大自然,污染水质,并对生态系统造成一定程度的破坏。

为了减少化学污染,促进环保,通常的做法是促使商家开发无公害或低污染产品、改进各工业产品的制作工艺以减少污染排放、立法关停或限制高污染行业的生产等,但这些措施均是针对商家而非消费者。而我们作为初步成为消费者的小学生,如何为减少污染贡献我们的一分力量呢?

本文正是本着这一精神,探索、实验和制作了一种按压式出液瓶的节约环保辅助件,能应用于市面上大部分的按压式出液瓶,来帮助使用者得到比正常按压一次出液量少的液体量,并且多档可调节。本辅助件结构简单,成本低廉,适用范围广,每家每户都可以使用它来获得节约和环保的好处。如果千千万万的人使用它,则对节约社会成本、减少工业污染,有着巨大的正面影响。同时,使用它也能让消费者意识到为环保做贡献并不一定需要很大的成本,从而培养了大家的环保意识与参与意识。

二、问题分析

我们的初步设想是通过本辅助件来减少按压距离,先看下面的工作示意图:

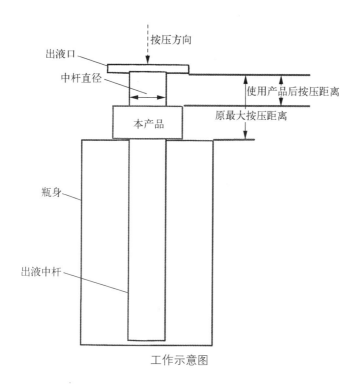

工作示意图

如上图所示，可以看到按压式出液瓶通常有一根"出液中杆"，通常出液口和按压部位都在中杆的上端。一般情况下，我们沿"按压方向"用力按下去，如果按到底，按压距离就是图中的"原最大按压距离"，出液口会挤出来一个相对固定的出液量（假设它叫"最大出液量"）。

如果需要比最大出液量更少的量，则需要我们控制按压的力道和距离，让按压距离更短，从而获得一个较少的量。看似简单，实则不易。因为不同按压式出液瓶的阻力、最大按压距离，甚至中杆直径或液体的黏稠度，都可能会影响实际的出液量，尤其对于小孩子或老年人，力量欠缺，要控制这个出液量更是困难。

由此可见，此处最大的问题在于如何控制按压距离。思路之一是按压式出液瓶出厂即内置不同按压距离的中杆，或者有个多档按压距离的中杆，但这显然不是我们这里要讨论的事情。本文研究通过一种外置的、通用的辅助件，来做到调节出液量的效果。

我们初步设想是制作一个辅助件，可以"夹"或"卡"在中杆上，由于具有一定的厚度，所以它会导致按压距离变短。如果这个辅助件具有不同的厚度，或厚度可以调节,或者可以通过多个辅助件的叠加,我们就能得到图中所示的不同的"使用产品后按压距离",从而起到多级调节出液量的效果。

三、研究方案

针对我们前面的分析结果和设计目标,我们的研究主要从以下几方面来着手。

首先,需要调研和收集数据,看看市面上在售的按压式出液瓶的中杆直径和最大按压距离是否有规律性;如果有,挑选一到两种作为代表,详细收集数据以及用于后续实验。

其次,根据收集到的数据,制订方案,选择合适的方式来制作产品原型。

最后,对原型再进行实验、收集数据,根据实验结果进行改进,此处可以进行多个PDCA(plan-do-check-action)循环直到得到比较满意的结果。

1. 数据收集

我们造访了小区附近一家还算比较大的联华超市。这是一家面向普通老百姓的生活超市,所以它在售的按压式出液瓶类的商品也正是我们想要调研的对象。有整整好几排的货架,摆满了各种各样的按压式出液瓶,包括各种品牌和规格的洗发水、洗洁精、洗手液、沐浴乳等。

由于有部分按压式出液瓶出厂时默认是卡住中杆防止误按导致液体流出的,启用前需要旋转按压部位让按压头和中杆弹出来。对于这种瓶子,我们需要对商品造成不可逆转的改变而影响商品销售才能测量到中杆直径数据。所以在超市我们只在力所能及的范围内测量了部分按压式出液瓶的中杆直径,结果发现大部分中杆直径在9.2 mm左右,极少数的中杆直径较细,为7.2 mm左右。然后目测最大按压距离一般都在10—30 mm范围。

最后我们购买了两种具有代表性的按压式出液瓶作为实验道具:奥妙自然工坊果蔬餐具净、清新爽肤沐浴露(lang)。

在测量方法上,我们使用直尺测量最大按压距离。对于出液中杆直径,由于家里没有游标卡尺,所以我们利用直尺和细绳来测量。用细绳绕中杆一周,拉直用直尺量得细绳一圈的长度,再除以圆周率 π(取3.14)即可得到直径(公式:圆的周长 $s = \pi \times$ 直径 d)。我们使用量杯测量最大出液量。由于实验用的洗洁精及沐浴露有一定的黏度,加上按压距离很小时出液量较少,所以为了实验读数容易,有的出液量数据是多次按压累计值除以按压次数获得(本文后面不再做特殊说明)。

实验数据记录表

容器名	次　数	按压距离 (mm)	中杆直径 (mm)	出液量 (mL)	平均出液量 (mL)
奥妙自然工坊 果蔬餐具净	1	24	9.2	4.0	4.0
	2	24		4.0	
	3	24		4.0	
清新爽肤沐浴 露(lang)	1	15	7.2	2.0	2.0
	2	15		2.1	
	3	15		1.9	

2. 制作原型

根据上述收集到的按压式出液瓶的数据,首次制作原型的思路和参数如下:

(1)因为按压式出液瓶的中杆直径大部分在9.2 mm左右,少部分在7.2 mm左右,所以本辅助件匹配这两个尺寸,而且一个辅助件同时适用于这两个尺寸的中杆。如右图所示,辅助件两端各有一个开口的圆环,直径分别为9.2 mm和7.2 mm。圆环的开口都为90度,换句话说,两端都是正好3/4个圆环。

(2)因为最大按压距离大部分在10—30 mm范围,再考虑到本辅助件的多档

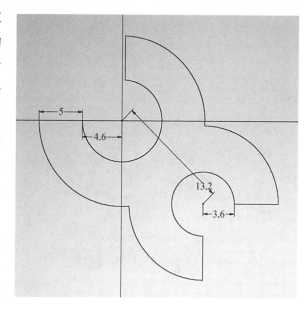

调节需求，我将本辅助件设计成5 mm厚度。使用1个或叠加多个本辅助件来获得5/10/15/20/25等厚度。这样，对于10 mm的最大按压距离，分别使用0、1个辅助件，理论上可以获得二档10 mm、5 mm的最大按压距离。而对于30 mm的最大按压距离，分别使用0—5个，理论上可以获得6档按压距离，相邻两档相差5 mm。对于处在10 mm与30 mm间的最大按压距离，可以用类似的方式通过叠加多个本辅助件来获得多档调节能力。

（3）由于本辅助件有可能需要反复实验与改进，我们采用3D建模、3D打印，以实现快速原型制作，快速模型参数修正与原型重制作。

（4）3D打印材质规格选用PolyMaker PolyPlus PLA True Black‐1.75 mm。

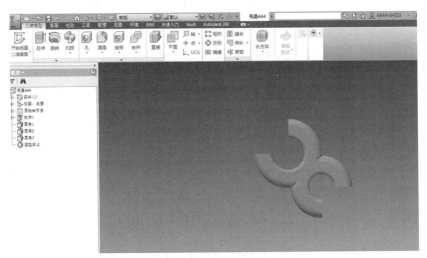

Inventor建模效果图

3D打印模型

3. 持续改进

（1）首先发现打印出来的辅助件没有办法卡进我们实验用的两个按压式出液瓶的中杆。通过研究，发现有几个原因：

① 打印误差，设计的3D模型，两个开口直径分别为9.2 mm、7.2 mm，实际测得打印出来的辅助件两端圆环直径只有8.5 mm、6.5 mm，都比模型小了约0.7 mm，但厚度5 mm是基本正确的。咨询专家得知，这个在3D打印中使用本类材质算比较常见的问题。我决定调整模型增加修正参数，将原模型里两个圆环的内直径增加0.7 mm到1 mm的样子。

② 测量误差，原来测中杆直径的方法太简陋，于是买了游标卡尺，重新测得两个中杆直径分别为9.5 mm、7.5 mm，加上前面的打印误差，修正模型内直径分别为10.5 mm和8.5 mm。

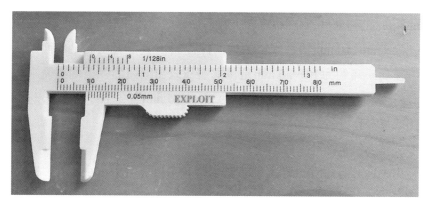

游标卡尺

③ 通过计算来查找原因：辅助件两端圆环开口设计成90度，假设半径为4.75 mm开口的最窄处（靠近内环）的宽度为d（记为"开口宽度"，下同），则根据直角三角形的勾股定理有$d*d=4.75*4.75+4.75*4.75$，求得$d=6.718$ mm。这个宽度的辅助件要卡进直径为9.5 mm的中杆上，需要比较大的变形才可能做到。可能的解决方案有：

a. 开口角度改为大于90度，比如120度，来获得更大开口宽度。

b. 使用更柔软的材料，辅助件可以通过更大的变形来扩大开口宽度。

综上几点，考虑到打印误差修正及扩大开口宽度的需求，我们打印了几个

不同的模型,它们的参数分别为:

直径10 mm/8 mm,开口120度;直径10.5 mm/8.5 mm,开口90度。

并且使用一硬一软两种材质来打印:偏硬: PolyMaker PolyPlus PLA True White-1.75 mm;偏软: PolyMaker PolyFlex True White-1.75 mm。

得到第二批打印出来的辅助件后,进行简单测试得出:

a. 开口120度的辅助件,虽然更容易卡进中杆,但比较容易掉出来。

b. PolyPlus PLA打出来的模型,由于材质柔软度不够,总是有一定的概率卡不进中杆,或者特别费力。

所以实验的结果是,直径10.5 mm/8.5 mm,开口90度,PolyFlex偏软材质的辅助件效果最佳。

(2)简单测试或分析得知,如果要将按压式出液瓶的最大按压距离缩小20 mm,我们需要叠加4个厚度为5 mm的辅助件。如果我们有两种厚度10 mm/5 mm的辅助件,则在很多档上我们需要的辅助件更少。所以一套包含厚度分别为5 mm、10 mm两种规格的辅助件各2件,就能轻松满足前面调研所知的最大按压距离约为10—30 mm范围的按压式出液瓶的多档调节需求。基于这个分析,我们打印了一套厚度分别为10 mm/5 mm各2件的辅助件,进行后续的多档调节实验。

4.多档调节实验

使用改进后的辅助件,我们通过组合厚度分别为10 mm/5 mm的辅助件,基于使用最少数量的辅助件的原则(比如,使用1个10 mm厚度的辅助件而不是2个5 mm的来使最大按压距离减少10 mm),仍旧使用前面的两个按压式出液瓶,进行了如下的实验,来验证本辅助件的多档调节效果。

实验数据记录表

容器名	按压距离(mm)	次数	中杆直径(mm)	出液量(mL)	平均出液量(mL)
奥妙自然工坊果蔬餐具净	24	1	9.5	4.0	4.0
	24	2		4.0	
	24	3		4.0	

(续表)

容器名	按压距离(mm)	次数	中杆直径(mm)	出液量(mL)	平均出液量(mL)
奥妙自然工坊果蔬餐具净	19	1		3.7	3.8
	19	2		3.8	
	19	3		3.8	
	14	1		2.4	2.5
	14	2		2.7	
	14	3		2.4	
	9	1		1.7	1.7
	9	2		1.6	
	9	3		1.8	
	4	1		N/A	N/A
	4	2		N/A	
	4	3		N/A	
清新爽肤沐浴露(lang)	15	1	7.2	2.1	2.0
	15	2		1.9	
	15	3		2.0	
	10	1		0.5	2.0
	10	2		0.5	
	10	3		0.5	
	5	1		N/A	N/A
	5	2		N/A	
	5	3		N/A	

注：1. 表格中的N/A表示几乎无法按压出液，所以无法获得出液量数据。

2. 数据都只保留1位小数，如两次按压共得到7.5 mL，计算出一次按压3.75 mL，也记为3.8 mL。

四、实验结论

1. 上述辅助件的多档调节实验结果基本令人满意，验证了辅助件可以起到调节按压式出液瓶出液量的效果，并且辅助件的厚度越大，出液量越少。

2. 叠加的辅助件的总厚度，与出液量并非是完美的线性关系。这有多种原因。比如，实验中发现，本实验中用到的"奥妙自然工坊果蔬餐具净"靠近按压处的中杆上有螺纹，当按压到底时，实际上中卡是卡在螺纹的中间部位，所以当卡上了比较柔软的辅助件时，由于辅助件不是卡在螺纹中间同样的位置，而是被顶到了中杆的最上端。所以实际减少的最大按压距离并非是辅助件的厚度，而是比厚度偏小。这从按压距离19 mm的实验数据可见端倪。另外，按压式出液瓶所装液体的黏稠度，按压的快慢等其他参数估计对出液量也略有影响。当然，这些影响是有限可控的，我们的实验依然是成功的，证明了辅助件的多档调节作用。

五、项目创新点

1. 本辅助件的设计使用3D建模与3D打印实现了快速原型与持续改进，使得设计过程快速便捷。

2. 本辅助件外置、通用、结构简单，不需要按压式出液瓶生产厂家改动其原来的设计，因而推广成本极低。

3. 本辅助件适用范围广，可以对市面上大部分既有的按压式出液瓶进行调节。

4. 本辅助件量产简单，使用具有类似性能（硬度与弹性）的塑料即可大量生产，成本低廉。

5. 本辅助件可以作为活动赠品或别的形式低成本推广，切实为环境保护贡献力量，并且唤醒群众的环保意识，具有重大的现实意义。

六、展望

随着科技的进步,在某些比较高端或有需要的按压式出液瓶上,或许可以设计带计量的出液口,如化妆品、药品等,按压一次即出来指定体积的液体,其特殊性与本辅助件的通用性可以起到相得益彰的效果,共同为节约环保做贡献。

七、致谢

在按压式出液瓶的节约环保辅助件的创新过程中,得到了我爸爸和学校指导老师的大力支持和帮助,也得到了科学社专家老师的耐心指导。在此对他们一并表示深深的感谢!

参考资料

［1］ Autodesk.Inc. Autodesk Inventor 2019官方标准教程［M］.北京:电子工业出版社,2019.

［2］ 阿米特·班德亚帕德耶,萨斯米塔·博斯著,3D打印技术与应用［M］.王文先译.北京:机械工业出版社,2017.

［3］ 朱红,谢丹,史玉升.3D打印材料［M］.武汉:华中科技大学出版社,2017.

［4］ 国家知识产权局中国专利公布公告网［EB/OL］.http://epub.sipo.gov.cn/index.action.

第35届上海市青少年科技创新大赛二等奖

楚雍乔

指导作品

基于低功耗MCU的老人多功能拐杖研究与设计

摘要

　　上海是我国最早进入老龄化社会的城市,也是我国老龄化程度最高的大型城市,老年人口的增多势必引发社会对老年人健康、安全的高度重视。通过设计一款带摔倒自动呼救、光照低的时候自动亮点的拐杖,这样既能为老人出门散步提供支持,也能为老人提供更多的安全保护。

关键词　老人；MCU；微型控制器；拐杖；摔倒呼救；光照强度；亮灯

一、背景意义

　　中国快速进入老龄化社会,老年人的行动也逐渐变慢,人进入衰老阶段后,器官生理功能逐渐减退,机体代谢变得缓慢,免疫机能下降,应急能力日渐减弱,极易发生摔跤的事故,轻者疼痛不已,重则骨折,甚至有时会有生命的危险。拐杖在生活中给老年人提供了很大的帮助。拐杖本身的功能是帮助老人站立、能作为助步器帮助老人行走,同时还能作为有视力障碍的老人的眼睛为他们的日常生活保驾护航。我希望能利用我学习到的科技小知识来改造现有的拐杖,在老年人日常使用的拐杖上增加功能,能进一步保护老年人的日常出行,降低老年人的出行受伤害的概率,同时在出现问题的情况下能及时呼叫提醒周围行人注意。

二、问题分析

　　通过仔细观察小区的爷爷奶奶的生活习惯以及跟家里小区的爷爷奶奶沟通,他们会在早上以及傍晚的时候出门散步,拐杖作为一个必备的工具,他们都会携带,对自己进行支撑和保护。即使有拐杖的支撑和保护,老年人遇到路面不平、碰撞等情况都很容易出现摔倒的情况。通过增加提醒装置尽可能地提示周围人或者动物避免碰撞。同时在已经发生意外摔倒的情况下,能及时通过声光等方式,提示周围人的注意,尽快能够获得帮助。因此我计划在老年人日常携带的拐杖这个载体上增加提示及呼救的功能。在拐杖上增加拐杖倾斜角度测量的装置,当拐杖的角度超过设置的阈值的时候,能实现自动的声光呼救,这样能在摔倒或者需要呼救时能及时被发现。同时在拐杖上增加光照强度探测的装置,光照强度较低的时候,能自动点亮闪烁灯光,方便看清前方道路以及避免周围其他行人、车辆或宠物的碰撞导致各种不必要的伤害。

三、研究方案

观察现有拐杖的结构,对现有的传统拐杖进行改造,在合适的主体部分增加MCU、光照传感器、倾斜传感器、控制开关等部件以实现设计的功能。

在拐杖的主体前面增加一个结构小巧的低功耗MCU,利用MCU的数据采集功能以及控制功能。

在拐杖的把手前部安装数字照度检测模块,通过MCU实时的采集当前照度,当采集的当前照度低于设置的勒克斯(lx)值后,MCU通过驱动端口自动点亮红蓝闪烁LED灯。

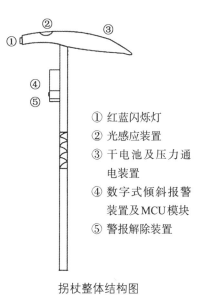

① 红蓝闪烁灯
② 光感应装置
③ 干电池及压力通电装置
④ 数字式倾斜报警装置及MCU模块
⑤ 警报解除装置

拐杖整体结构图

在拐杖主体上部安装数字倾角传感器,通过MCU实时采集倾角变化,一旦倾角大于设定的阈值则MCU通过驱动端口控制,驱动声光报警,进行求助。考虑拐杖运输、存储等特殊情况,可通过复位按钮进行复位按钮进行设置,声光报警将不会进行。声光报警在复位后,如下次拐杖正常使用,MCU将会再次监测拐杖垂直角度是否大于设定的阈值,一旦检测到倾斜角度大于设定的角度,则MCU通过驱动端口控制,驱动声光报警,再次进行求助。

在拐杖握手部分设计了按压通电装置,以防止拐杖在家里存放等光照较低情况下的误触发,同时达到节约电池,延长电池的使用时间。

考虑到目前老年人普遍有使用老年手机或智能手机的习惯,系统将可通过充电器进行充电。

四、设计方案

多功能拐杖的控制系统的设计方案如下图:

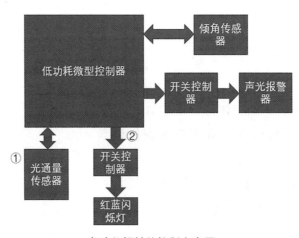

多功能拐杖的控制方案图

1. 倾斜报警功能

将倾角传感器水平安装在拐杖的立杆中部,通过微型控制器的数据传输接口对倾角传感器进行初始化,初始化完成后可实时采集拐杖与地平面倾角变

小型低功耗MCU模块

声光报警器

数字倾角传感器模块

化,当倾角大于设定的阈值时候,微型控制器驱动开关电路,声光报警器可发出声光报警。

2. 低光照自动提醒功能

将光照传感器安装在拐杖把手顶部,通过微型控制器的数据传输接口对光照传感器进行初始化,初始化完成后可实时采集、分析当前的光照强度,当光照强度低于设定的阈值时候,微型控制器驱动红蓝闪灯发出提醒信号。

光照传感器

LED 闪灯模块

3. 压力通电功能

为防止提醒功能的误触发,同时为了节约用电,延长电池的使用寿命,在拐杖握手部分设计了按压通电装置,通过按压手部装置,只有在手握把手的情况才会采集光照强度,并判断是否需要给红蓝LED灯供电。

4. 软件流程图

压力通电装置

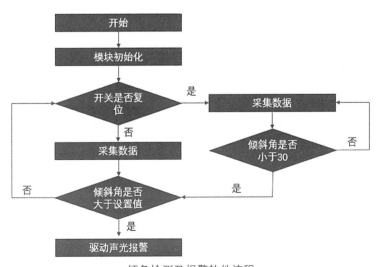

倾角检测及报警软件流程

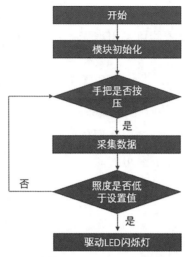

照度检测及LED灯闪烁流程

五、实施结果

通过选择符合使用需求的传感器、控制器,基于控制器设计符合设计需求的传感器数据采集软件、控制软件。将整个控制系统按设计的效果安装到拐杖上进行实际的测试,测试的结果满足当初功能的设想。

六、讨论总结

通过新闻,我经常能获取"中国的老龄化程度在不断加深,60岁以上的老龄人口在总人口的比例不断增加"的信息。保护老年人的人身安全也是越来越迫切的事情,我想通过我学习到的科学知识,去发明一些符合他们实际需求的物品能更多地保护他们的安全,使他们能避免一些不必要的伤害。

七、致谢

首先非常感谢上海市科协组织的创新大赛,让我能有舞台展示我自己,其次感谢我的学校给我机会参加这个大赛,感谢我的辅导老师给予我的指导和帮助,能让我把我的想法能够变成实物。最后感谢我的父母,一直支持我实现自己的梦想。

参考文献

[1] STM32L071x8 Access line ultra-low-power 32–bit MCU Arm说明书[EB/OL].[2017–09]. www.st.com.

[2] ADXL335小尺寸、薄型、低功耗、完整的三轴加速度计[EB/OL].[2010–01].www.analog.com.

[3] BH1750环境光强度传感器[EB/OL].[2010–01].www.rohm.com.

[4] 南京拓品微电子有限公司,TP5100锂电池充电器芯片说明书.

第35届上海市青少年科技创新大赛二等奖

朱佳霖

梦想的天空分外蓝

顾允一

作为校外科技教育传统项目的航空模型项目，素来以技能性、实践性强，能较大程度地提升学生的动手能力、身体协调性、环境适应能力等而受到青少年的青睐。以科技教育而言，我认为项目培训的意义并不局限于应付各类比赛，而应该依托项目特征，通过培训使学生掌握相关的基本技能、基础知识，形成具有项目特征的科学思维习惯，在此基础上形成能积极应对挑战、勇于打破成规的创新型思维品质，并以此作为项目培训的最高目标，这是一个循序而进的过程。创新大赛的设立，为学生展示交流创新实践成果提供了良好的平台。长宁少科站航空模型项目组的学生在历届青少年创新大赛取得了一些成果，我也获得了一些体会。

一、纵通横拓，提升物化能力

航空模型项目的制作培训以往局限于纯手工制作，对于一些复杂精密的结构学生的成品率较低，为此，在项目培训中在将空模项目知识、技能纵向贯通的基础上，横向拓展，扩充空模项目特长培训的内容，以满足学生需求：增加了计算机应用中AutoCAD、CorelDRAW等软件的培训内容，并在此基础上又增加了自动化机械加工的培训内容，帮助学生利用先进的加工技术，缩短模型制作周期、提升制作精度。学生在经历这样一段培训后，视野更为开阔，在遇到困难时，事事依靠教师解决的情况大大减少，更多的是依靠自身、依靠团队来解决问题、克服困难，主动将创意物化为创新成果的意识有了较强的提升。

二、立足项目,探寻项目创新实践

脱离学生原有知识、技能基础的创新项目往往很难实现,也不符合从实践中发现问题的认知规律。

学生王哲恺的课题《低空大气巡视员》入围全国赛时,赛前集训中专家的反馈说:我们之所以选择这个项目很重要的一点是这位学生很有自信,言之有物。

打破学科的限制,实现融合渗透,在发挥学生特长的基础上,指导他们体验研究流程、创新过程,并在这不断体验、实践的过程中,丰富科学知识、掌握科学方法、提升科学思想、感悟科学精神。而要使这些创新内容得到落实,对教师与学生都是不小的考验。近年来,注重引导学生从身边的生活现象、社会热点入手,结合自身空模特长,依靠自身动手能力强的优势,开展工程类创新课题研究。学员王靖喻的项目《会飞的鱼》将气球、模型飞机、航拍技术与自动控制相结合,制作出了安全性高、能自动飞行拍摄的室内航拍器材,并最终获得上海市青少年科技创新大赛的一等奖。学员王哲恺项目《低空大气巡视员》将模型飞机与大气监测相结合,制作出能实时记录指定低空区域中大气$PM_{2.5}$浓度的航空设备,并最终获得上海市青少年科技创新大赛一等奖,同时获得全国青少年科技创新大赛二等奖。学员鹿泽宇项目《机场主动式仿生驱鸟器的研究》将模型飞机与仿生学相结合,制作出能用于机场的驱鸟设备,获得上海市青少年科技创新大赛一等奖,同时获得全国青少年科技创新大赛二等奖。

获奖只是这些创新内容实施后所获成果的一部分,更重要的是学生在这样的过程中,不仅能将自己的空模知识与技能学以致用,还深切体会了课题研究的过程与方法,在资料搜索、信息归纳、方案设计、制作加工、演讲展示等各方面的能力上都有了长足的进步,在科学素养的提升上有了切实的效果。

指导作品 1

低空大气质量巡视员
——一架可用于低空大气质量监测的滑翔机

摘要

全国各地雾霾频现,大气质量越来越成为人们关注的话题。当前的大气质量监测主要是在地面范围内进行,我们无法了解大气污染物在低空的垂直分布情况,导致了高层建筑尤其是高层住宅里的人们不能真实了解所处高度的大气质量,也不利于对大气污染的整体认识。

本作品可以进行1 500米以下低空大气质量的监测。它由空中平台子系统、大气质量监测子系统、实时图像采集子系统、数据传输子系统、数据接收与显示子系统组成。利用其携带的传感器测量大气温度、氧气含量、二氧化碳含量、$PM_{2.5}$、飞行高度等数据,并实时把数据发回地面的接收设备。将来还可以增加二氧化硫、氮氧化物等大气污染指标物的监测。

作为一个集多种功能于一身的系统,本项目的创新点在以下几方面:

1. 采用了大展弦比、低翼载荷的设计,使用E387翼型,增大了荷载量,降低了翼载荷,而且可以长时间滑翔,避免了频繁开启动力对空气造成扰动而影响测量的准确性。

2. 采用智能机器人作为主控单元,可以对它进行编程,简化了设计,减少了控制设备,增加了有效载荷。

3. 安装了航拍摄像头,能实时反馈视频信息,更准确地采集指定区域的大气质量数据。

关键词 大气质量监测;滑翔机;低空

一、总体设计思路

1. 现状分析

（1）大气质量监测现状

2012年2月，我国颁布了最新的《环境空气质量标准》（GB 3095—2012），规定于2016年1月1日起在全国实施。上海作为首批实施的城市之一，已于2012年开始实施新标准。新标准增设了颗粒物（粒径小于等于2.5 μm）浓度限值和臭氧8小时平均浓度限值；调整了颗粒物（粒径小于等于10 μm）、二氧化氮、铅和苯并［a］芘等的浓度限值；调整了数据统计的有效性规定。根据《环境空气质量监测规范（试行）》的规定，国家环境空气质量评价点与污染监控点和地方环境空气质量对照点的设置位置高度均不得超过15米，特殊情况下也不得超过25米。而有些情况下500米以下低空大气质量在了解污染物的扩散方式、预报雾霾的消退时间等方面具有参考意义，但是传统的探测手段却无法满足需要。

我希望通过本项目的实施，能够弥补这方面的空白，开拓一个大气质量监控的新领域。

（2）大气质量监测的指标

《环境空气质量标准》（GB 3095—2012）规定的检测指标有如下10种：

① 二氧化硫（SO_2）；

② 二氧化氮（NO_2）；

③ 一氧化碳（CO）；

④ 臭氧（O_3）；

⑤ 颗粒物（粒径小于等于 10 μm）；

⑥ 颗粒物（粒径小于等于 2.5 μm）；

⑦ 总悬浮颗粒物（TSP）；

⑧ 氮氧化物（NO_x）；

⑨ 铅（Pb）；

⑩ 苯并［a］芘（BaP）。

（3）项目希望达到的目标

本项目的研究，旨在探索利用遥控滑翔机搭载智能机器人实时监测 500 米以下低空小范围空气质量的可能性，为需要 500 米以下局部大气质量数据的人群提供便利。

（4）项目设计概要

在设计本项目的过程中，我在老师的指导下查阅了各种资料，对空气质量的监测、模型飞机的设计、智能机器人的功能及实现方法等方面有了较深入的了解。在此基础上，进过反复推敲，我形成了如下的设计思路：以实用为目标，采用模块化设计，分步骤注意攻克难点，最终实现设计功能。

根据这一思路，本项目将是一个模块化系统，各模块必须达到既定目标，才能实现总目标。我为本系统设计了如下 5 个模块：空中平台子系统、大气质量监测子系统、实时图像采集子系统、数据传输子系统、数据接收与显示子系统。不同的模块完成相应的工作，同时模块间有机结合，形成一个整体，共同实现设计目标。

二、各子系统设计

1. 空中平台子系统

本系统是整个系统得以在空中工作的基础，要求飞行稳定，飞行速度低，滑翔时间长，高度下降慢，有效载荷大。其中如何增大有效载荷是一个需要攻克的难关。

（1）翼型的选择

模型中用翼型有五大类。如图：平凸翼型、凹凸翼型、双凸翼型、对称翼型和S形翼。

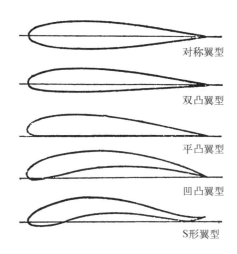

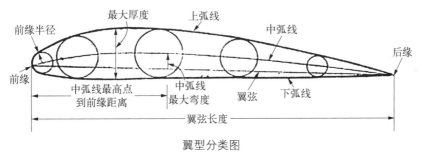

翼型分类图

① 平凸翼型——下弧线平直。这类翼型升阻比不大，但安定性比较好，制作和调整也较容易。

② 凹凸翼型——弧线均上弯。这类翼型升阻比很大，能产生较大升力，但同时阻力也较大。

③ 双凸翼型——中弧线上弯。这类翼型升阻比较小，阻力较以上的翼型都小，安定性也较好。

④ 对称翼型——上下对称、中弧线平直的翼型。翼型阻力很小，安定性很好，升阻比很小，零迎角时升力为零。

⑤ S形翼型——它的中弧线为横放S形，它用于要求安定性很好的没有水

平尾翼和飞翼模型上。

（2）机翼的平面形状选择

翼的平面形状五花八门，有梯形的，有矩形的，还有三角形、椭圆形等，甚至有许多稀奇古怪的。但总的说来，按平面形状大致可以将机翼分为平直翼、后掠翼、前掠翼、小展弦比机翼四大类。

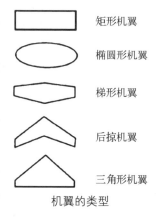

矩形机翼

椭圆形机翼

梯形机翼

后掠机翼

三角形机翼

机翼的类型

① 平直翼：这是早期低速飞机常采用的一种机翼平面形状。平直机翼的特点是没有后掠角或者后掠角极小，其展弦比较大，相对厚度也较大，适合于低速飞行。平直翼还可以进一步细分为矩形机翼、椭圆形机翼、梯形机翼等。

② 后掠翼：四分之一弦线处后掠角大于25度的机翼叫作后掠翼。由于这种机翼前缘后掠，因此可以延缓激波的生成，适合于高亚音速飞行。

③ 前掠翼：前掠翼与后掠翼刚好相反，其机翼是向前掠的。目前采用前掠翼的飞机较少，只有一些高机动性战斗机上。

④ 小展弦比机翼：从名字上我们就可以知道，这类机翼的展弦比小，适合于超音速飞行。

（3）机翼相对机身的安装位置

对于单翼机而言，我们可以按照机翼相对于机身的安装部位将其分为上单翼、中单翼和下单翼飞机。

下单翼飞机

上单翼飞机

① 上单翼：顾名思义，上单翼飞机的机翼是安装在机身上部的。准确地说，是机翼位于机身轴线水平面的上方。早期的飞机许多都采用支撑式上单翼结构形式。

② 中单翼：中单翼飞机的机翼安装在机身中部，目前许多飞机都采用这种布局形式。

③ 下单翼：下单翼飞机的机翼安装在机身下部，位于机身轴线水平面的下方。

（4）上反角和下反角

① 凡低于音速的飞机其机翼安装一般都是从根部向外向上翘，这个上翘的角度就叫上反角。上反角的作用是飞机飞行时如果出现侧滑现象时，迎向侧滑方向的一侧机翼的迎风面积以及迎角就会比另一侧机翼要大很多，这就会使飞机产生反向侧滑的力量，即达到迅速修正侧滑的目的。所以飞机的上反角是为了使飞机具备自动修正飞行姿态异常的功能而设计的。

② 上反角是指机翼基准面和水平面的夹角，当机翼有扭转时，则是指扭转轴和水平面的夹角。当上反角为负时，就变成了下反角。下反角可以增加飞机的机动性，利于做滚转动作。

根据项目需要，我选择了E387翼型，这是一种这种平凸翼型。翼型的特点是：有很好的低速性能，在低速状态下临界迎角大。在机翼的平面形状上我选择了矩形机翼，这两者的搭配可以达到最佳的低速空气特性。上反角的选择可以让飞机在空中有更好的稳定性。

（5）载荷

翼载荷是指飞机重量和机翼面积之比。通常说的翼载荷是指起飞时的翼载荷，即起飞重量和机翼面积之比：翼载荷＝重量（克）/翼面积（平方分米）。一般来讲，滑翔机的翼载荷在35克/平方分米以下，普通固定翼飞机的翼载荷为35—100克/平方分米。

为了尽可能增大载荷量，我做了以下两方面的工作：

① 减轻结构重量。我采用轻木做机身，用聚苯乙烯发泡塑料架碳纤维做机翼、尾翼。

② 使用微型舵机、用锂聚合物电池作为动力电源。

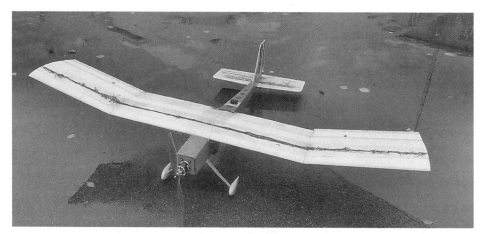

飞机的成品图

飞行控制系统

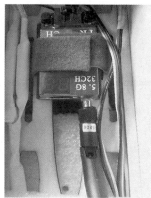

无线图像传输系统

通过这两方面的努力，整装后的滑翔机起飞重量只有2 375克，翼载荷仅为每平方分米32.09克。

遥控操作部分使用10通道2.4 G发射机和接收机，遥控距离达到1 500米，部分通道用于控制其他子系统的操作。

数据采集显示器和传感器

2. 大气质量监测子系统

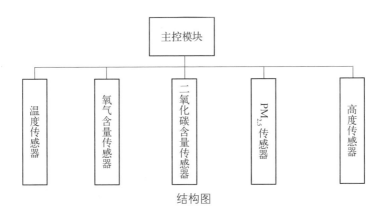

结构图

本子系统采用目前能采购到的最轻型的智能机器人，它能实时采集大气温度、大气中氧气及二氧化碳浓度、$PM_{2.5}$浓度等数据，将来还能开发出更多的传感器，采集更多种类的数据。在设计的过程中，我尽可能减少结构重量，增加有效载荷，采用锂聚合物电池为整个子系统提供电，既提供了充足的电力，又减小了整备质量。

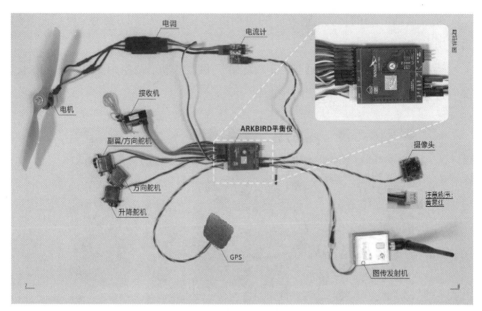

系统组成图

3. 实时图像采集子系统

本子系统采用5.8 G图传系统为图像采集工具,配以可操控云台,便于观察更大范围目标,包括机器人数显模块。

4. 数据采集子系统

数据采集采用微型数据采集器,能实时获取探测的数据资料。

主控模块

超声波测距模块

PM₂.₅采集模块   氧气感应模块

5. 数据接收与显示子系统

信号接收器与电脑相连,可以实时接收信号,观察滑翔机所处位置及检测系统反馈数据。

2013年12月20日下午1点,AQI指数:206

2013年12月21日下午1点, AQI指数:169

飞行器拍摄的城市雾霾对比照片

三、进一步设想

本项目限于设备条件,还不能监测所有的环境空气质量参数。我希望将来能开发出更多的传感器,使本项目的设想能够完整实现。

四、项目总结

通过本项目的实践,我遇到了许多困难,也体验到了创造的乐趣,学会了许多课堂上学不到的知识和技能,大大开拓了我的视野。测试成功时的喜悦可以让我忘记探究过程中的一切艰辛困苦,与专家的合作能让我从他们身上学到科学家应有的探究精神、研究态度,这是获益一生的收获。

经过了这次课题的实践,我对以下三个方面有了进一步的认识:

1. 通过资料的查阅和数据的采集,进一步理解了环境问题的严峻性;

2. 对模型滑翔机的动力系统、控制系统有了深刻的认识,通过实践完成了整个系统的动力以及控制;

3. 开拓了无线数字通信知识。

项目能够走到今天这一步,离不开专家、老师、同学和家人的支持与帮助,感谢他们,感谢解决技术难题的专家、感谢辛勤指导的老师、感谢无私帮助的同学、感谢默默支持的父母。

参考文献

［1］环境空气质量标准(GB 3095—2012).中华人民共和国环境保护部.2012.

［2］关于实施《环境空气质量标准》(GB3095-2012)的通知.中华人民共和国环境保护部.2012.

［3］马丁·西蒙斯著;肖治恒,马东立译.模型飞机空气动力学［M］.北京:航空工业出版社,2007.

［4］朱宝鎏.模型飞机飞行原理［M］.北京:航空工业出版社,2007.

［5］陆耀华.无线电遥控电动模型飞机［M］.北京:航空工业出版社,2008.

［6］张炜,苏建明,张亚锋.模型飞机的翼型与机翼［M］.北京:航空工业出版社,2007.

第29届上海市青少年科技创新大赛一等奖

王哲恺

指导作品 2

机场主动式仿生驱鸟器的探究

摘要

　　鸟撞飞机是全球机场普遍面临的问题,国际航空联合会已把鸟害升级为 A 类航空灾难。据了解,一只重量为500克的鸟与一架飞行速度为370千米/小时的飞机相撞,将产生高达3吨的冲击力,简直就像一颗炮弹打在飞机上。

　　据统计,在中国,"鸟击"造成的飞行事故已占事故总数的1/3。全球每年鸟击造成的经济损失约150亿美元。

　　驱赶机场鸟类的方法主要有听觉威慑法、视觉威慑法、化学试剂和捕捉等。听觉威慑是通过燃放气体炮(煤气炮)、烟火,或播放录制或电子合成的鸟类的悲鸣或食肉鸟的叫声,以达到惊吓鸟类,使其远离机场的目的。

　　本课题设计了一个可用于机场驱鸟的电动航空模型,综合利用视觉威慑法和听觉威慑法进行驱鸟,可以尽量避免"鸟击"事件的发生,增强机场的安全系数。

关键词　驱鸟;老鹰;模型飞机

一、课题由来

　　据统计,1960年至今,"鸟击"在全世界范围内至少造成80多架民用飞机损失,250架军用飞机损失。在中国,"鸟击"造成的飞行事故已占事故总数的1/3。全球每年鸟击造成的经济损失约150亿美元。一年四季在机场出现的鸟,包括金腰燕、牛背鹭、白鹭、家燕、麻雀、海鸟、普通鹰、灰鸥、海鸥、田鹨等。有时还有家养的戴着指环的鸽子飞到机场来,停在跑道上,给飞机起飞和降落带来安全隐患。而且从环境角度考虑,机场保留了不少绿地,目前部分地方还增加了遮阳的树木,但是这些植物也吸引了大量的鸟类来觅食。频繁的鸟类活动又对飞行安全构成了巨大影响,一旦出现鸟碰上飞机的事件,则会对机身造成损害。

人与自然，人与鸟类都是朋友，如何的和谐共生，考验着全世界所有机场的管理者。鸟的世界里，没有国界，更没有边界，也不懂得人类的语言，它们是随心所欲只要认为没有危险，爱上那里就去哪里。机场驱鸟是一项重要而且艰巨的工作。

我不禁想到，鹰抓鸟，这种自然法则已经在我们这颗地球上延续了几万年的自然法则，鸟类只要看到那些大型的、凶猛的，长着如一个如弯钩般的嘴，炯炯有神的眼睛和那最为可怕、锋利的爪子，一定会被吓得飞走。如果这时候能有一个可以像老鹰一样的飞行器，在专业的航空模型运动员的控制下飞行，就能起到驱赶鸟类的作用，同时又减轻了机场工作人员的工作负担，也加强了机场的安全系数。

二、研究过程

1. 研究目的

设计一个机场驱鸟的电动遥控模型飞行器，减轻机场工作人员的工作负担，加强机场的安全系数，尽可能避免"鸟击"现象对飞机所带来的危险。

2. 文献研究

（1）通过查找资料，我发现目前机场驱赶鸟类的方法有以下几种：

① 驱鸟炮。煤气炮是比较常用的驱鸟方法，该方法利用煤气爆炸产生的巨大声音把鸟类吓跑。

驱鸟炮

②豢养猎鹰。鹰是一种肉食性的类群,通常在峡谷内觅食,我们所熟悉的猛禽如鹰、雕、鹞、鸢和旧大陆兀鹫都是鹰科的成员。鹰一般指鹰属的各种鸟类,它们适于抓捕猎物,性情凶猛,肉食性,以鸟、鼠和其他小型动物为食。

金雕　　　　　　　　　　　　　　乌雕

③激光驱鸟。将激光发射器制成机关枪状发射连续的激光来刺激鸟类的视觉神经以达到驱鸟的目的。

④网捕及枪射。用枪射杀几只鸟然后挂于醒目的地方来达到杀一儆百的效果或是用网捕捉机场周围的鸟类然后到其他的地方放生。

(2)通过查找资料,目前遥控航空模型主要有以下几种类型:

①遥控特技模型飞机。遥控特技模型飞机的特点是机身长、翼展大、机动性强。主要使用内燃机或者无刷电机为动力,可以做出许多真飞机都做不出的特技动作。

②电动遥控模型滑翔机

电动遥控模型滑翔机飞行速度低,有很好的滑翔性能,机动性能稍差。

遥控特技模型飞机　　　　　　　　电动遥控模型滑翔机

③ 遥控特技模型直升机

使用内燃机或无刷电机为动力,有很强的机动性,可以实现垂直起降以及可以做出普通直升机无法做出的特技动作。

遥控特技模型直升机

(3) 小结

驱赶机场鸟类的方法主要有听觉威慑法、视觉威慑法、化学试剂和捕捉等。听觉威慑是通过燃放气体炮(煤气炮)、烟火,或播放录制或电子合成的鸟类的悲鸣或食肉鸟的叫声,以达到惊吓鸟类,使其远离机场的目的。目前机场使用的驱鸟车就集上述功能于一体。视觉威慑通过在机场内扎摆稻草人、食肉鸟的模型、放鹰式风筝、挂飘带和旗子等办法,对机场或即将进入机场的鸟类以视觉的威慑。长久单独使用听觉威慑或视觉威慑容易使鸟类逐渐适应,两者通过不断更新交叉使用才能起到良好的效果。施放化学制剂毒杀鸟类,在以往的机场管理中较为常用。但随着环保力度的加大,鸟类保护措施的出台,这种办法的使用也逐渐减少。捕捉是通过在机场及周边设置陷阱和诱饵,对鸟类捕获,或通过猎枪捕杀的方法来减少机场鸟类数量。有些国家机场管理中,鸟类的捕杀也有一定的限制。

利用遥控模型飞机驱赶鸟类是一种视觉威慑法,在以往的使用中有不错的效果。但是,长期使用同一种模型,会使鸟类产生适应性,从而降低驱鸟效果。因此,我设想设计一种能方便地更换模型外形,并集成声、光效果的新型遥控驱鸟器。

3. 实验过程

（1）实验材料

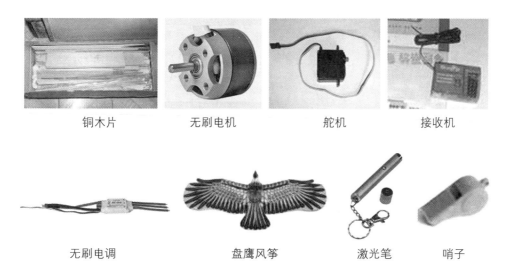

铜木片　　　　无刷电机　　　　舵机　　　　接收机

无刷电调　　　盘鹰风筝　　　激光笔　　　哨子

（2）制作过程

用桐木制作一个框架，包括舵机支架和垂直尾翼支架。该支架是一个完全独立的系统，可以在不改变载体（盘鹰风筝）结构的前提下，方便地将支架安装在风筝上。

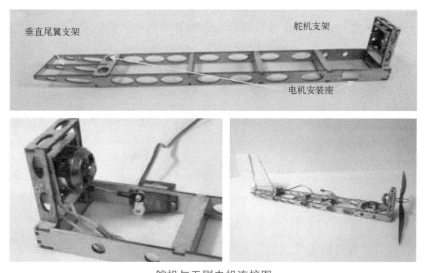

舵机与无刷电机连接图

整体构架图 成品图

4. 实验结果

将框架用尼龙扎带固定在盘鹰风筝的背部,移动电池的位置调整好盘鹰的重心后,接通电源就可以进行驱鸟飞行了。

本作品是依据"视觉威慑法"进行驱鸟工作的。为了避免鸟类们产生视觉适应性而降低驱鸟效果,可以将框架搭载在不同外形的盘鹰风筝上,使被驱赶的鸟类有陌生感。

同时,由于盘鹰风筝的升力面积很大(约33.6平方分米),起飞重量小(约390克),翼载荷约为11.6克/平方分米,远远小于固定翼模型35～100克的翼载荷,因此,我还为作品加装了哨子和用激光笔做的眼睛,使这架"金雕"飞机在飞行过程中能发光和发声。能对鸟类产生视觉和听觉两方面的威慑。

三、本课题的创新之处

1. 利用遥控方式驱鸟的安全飞行半径可达300米,工作范围大,持续时间长(单次作业时间可达20分钟)。

2. 外形逼真,通过简单固定,能迅速地更换不同外形的风筝载体,避免了被驱赶鸟产生视觉习惯化而降低驱鸟效果。

3. 综合运用视觉威慑法和听觉威慑法,提升了驱鸟效果。

4. 每个驱鸟老鹰的成本约为200元(含电机、调速器、舵机和风筝),相对于同类驱鸟飞行器来说价格低廉。

5. 本课题的驱鸟技术不会对鸟类的生命产生危害,也不会对环境造成污染。

四、收获与体会

在为期一个多学期的课题研究中,经历了文献检索、设计图纸、作品装配和作品调试等一系列过程,虽任务繁重,但也学到许多知识,有了不少感悟。从选题、查找资料、到设计实验方案、探究以及得出结论,耗费了大量的时间与精力。材料选择时,我曾经犹豫不定。设计方案时,思考不够严密导致浪费了大量的时间。实验探究时,总有各种层出不穷的问题时时刻刻地困扰着我。这一切都让我深切体会到了研究课题的艰辛与不易。在课题完成之后,得出的结论让我欣喜,也体会到了成功的喜悦。然而这个实验还是刚起步,还有更多的改进空间有待我的进一步研究。通过此次研究,我深刻感受到理论基础知识与实践动手能力的关系。只有扎实的理论知识,并将之运用于实践生活中,才能发挥知识的作用。创新发明的过程会有许多困难和挑战,只有不断动脑筋才会解决问题。

参考文献

［1］陆耀华.无线电遥控电动模型飞机［M］.北京:航空工业出版社,2008.
［2］朱宝鎏.模型飞机飞行原理［M］.北京:航空工业出版社,2007.
［3］李仁达.模型飞机的构造原理与制作工艺［M］.北京:航空工业出版社,2008.
［4］谭楚雄.模型飞机调整原理［M］.北京:航空工业出版社,2008.
［5］杨子涵,朱建平.空模兴趣活动［M］.北京:航空工业出版社,1991.
［6］吕涛.遥控模型飞机入门［M］.北京:航空工业出版社,2011.
［7］郝锡联,易国栋.机场驱鸟方法的探究［J］.吉林师范大学学报(自然科学版),2005(02).

第30届上海市青少年科技创新大赛一等奖

鹿泽宇

怎么成为科技创新的护航者与引导者

陆英华

中国青少年科技创新大赛举办至今已历时三十多年。大赛是全国青少年科技创新成果和科学探究项目的综合性科技竞赛，是面向在校中小学生开展的具有示范性和导向性的科技教育活动之一，是目前我国中小学进行素质教育的优秀成果集中展示的最高形式。

随着赛事多年的积累，近年来程式也越来越固化，所以同学从自己的灵感落地，到创新点查新修改，再到产出论文或实物，只是完成了参赛工作的一半而已。接下来规范地填写创新大赛申报表，精确地写出摘要，精彩地在摘要里表述自己创新的亮点，才是完成了大步。如果能入选终赛，在现场完美的表述自己的创新，才算真真完成了一次赛事。

一、赛前准备工作

1. 到学校开展创新项目的辅导讲座是重要的一项工作，目的是在面上做到广泛性。让更多的同学知道创新对民族国家发展的重要性，创新是一项无门槛可参与的项目，创新赛的一般过程等。

2. 开展纸面的奇思妙想比赛，可以让更多的同学可以无门槛参与其中，也做一个量上的积累。

二、赛事选拔工作

1.进学校开展专利网查新以及创新小论文写作的辅导讲座。目的在于初步规范赛事的一些细节，让学生通过查新自主淘汰一些重复的想法。

2. 开展校级的创新比赛,选出可参加更高一级比赛的项目。

三、赛事项目的雕琢工作

1. 选拔出来的项目补充缺失,完善细节,撰写相应的规范论文以及摘要。

2. 辅导填写学生创新项目申报表,网络申报指导。

3. 如果入选终评,准备展示海报,培训现场表述能力。

四、参赛指导原则:"三自""三性"

1. "三自" 原则

(1)自己选题:选题必须是作者本人发现、提出的。

(2)自己设计:设计中的创造性贡献,必须是作者本人构思、完成的。

(3)自己制作:作者本人必须参与作品的制作。

2. "三性" 原则

(1)科学性:包括选题的科学技术意义;技术方案的合理性;发明与创新过程的科学性。

(2)先进性:包括新颖程度、先进程度、技术水平与难易程度。新颖程度指该项发明或创新技术在申报日以前没有同样的成果公开发表过,没有公开使用过;先进程度指该项发明或创新技术同以前已有的技术相比,有突出的实质性特点和显著的进步。

(3)实用性:指该项发明或创新技术可预见的社会效益、经济效益或效果,便于使用或投产。

以《实用安全的婴幼儿防触电防尘保护盖》为例,这个项目是新世纪中学从纸面奇思妙想赛选拔出来的,但在查新过程中学生原有的构思已经被申报了专利,但学生创新的积极性很高,通过不懈的努力,正确的研究方法,开创了新的途径,完成了这件作品。

由于在查新后他原有的加外盖的方式已有应用,在老师的启发下,同学研究调研了市场上已售的安全电插座(主要通过购物网站),分析了它们的作用原理,比较了它们的优缺点。

　　这位同学对生活的观察一直是很仔细的,一天家长叫他去厨房取碗筷,厨房的移门启发了他,确立了错位的方式,通过了查新,参加了校级赛事并取得了佳绩。然后按部就班细心雕琢,在市级赛事中获得了二等奖。

指导作品 **1**

实用安全的婴幼儿防触电防尘保护盖

摘要

　　当前家用电器普及,家中插座较多,对儿童安全造成一定威胁,而市场上儿童防触电保护插头存在使用不方便等缺陷。本项目设计一种使用更方便、更安全的婴幼儿防触电防尘保护盖。通过调研、查文献、专家咨询,经过多次实验及材料的比对分析,确定保护盖尺寸大小及材料。以三孔插座为例,制作了一个实用安全的婴幼儿防触电防尘保护盖模型,就是通过两层都带有孔的绝缘片错位,利用弹簧装置自动复位,使用时不需要摘下来,只需要拨动上层绝缘片将绝缘片的孔与插孔对上;插头拔出后会自动复位,从而达到既能防止婴儿触电,又可以防止灰尘、细小毛发等杂物进入插座孔的预期目标。

关键词　保护盖;婴幼儿;防触电;防尘

成品图

一、引言

　　当前,家用电器使用非常普及,家中电源插线板、墙上插口较多。我有一个调皮、好动的小妹妹,有时对电源插座孔比较好奇,而不知危险;家里现成的插座孔比较大,也没有挡板,为防止她有可能把手指头插入,妈妈买了一些安全插头进行安全防护。但是,使用非常不方便,有时候拔出安全插头和插入时要用很大力气,如果把拉环断开,甚至不小心插头断在里面,弄出来十分麻烦。有时候,如果插头未完全插入,露出一部分就可能被活泼好动的儿童拔出,也存在触电的风险。

有没有一种价格低廉、使用安全方便的保护插头呢?这引起了我的思考,于是我在网络购物平台、超市、五金商店等地收集市场上防触电儿童防护插头,发现市场上的插座保护方式主要有三种:一是插进去盖住,使用时需要拔出来,且需要很用力;二是插进去,使用时需要用钥匙拔,钥匙如果丢了也不方便;三是整理盒,可以将整个拖线板保护起来,但很占地方,使用时得开盖。通过比对分析,当前市场插头保护装置仍有许多缺点。

市场常见防触电保护装置类型汇总表

防触电保护装置类型	基本原理/方式	优 点	缺 点
插座插孔防护盖手提式	一种塑料插头插入防止婴幼儿手指插入	有效防止婴幼儿触电	使用时需拔出,不便
插座插孔防护盖钥匙锁式	一种塑料插头插入防止婴幼儿手指插入,使用时需用钥匙	有效防止婴幼儿触电,婴幼儿难打开	使用时需拔出,不便,钥匙丢了极为不便
插座保护盖儿童防触电盒板防水保护罩	将整个拖线板罩住,使用时需开盖	有效防止婴幼儿触电,美观	占地面积大,使用不便
儿童防触电排插保护门耐高温插线板	在插孔内设置保护盖,使用时须用很大力气	有效防止婴幼儿触电,无外在装置	插入时需要用大力气,容易积水、攒灰,且不易发现和清理

市场调研时也发现,在上海大卖场中的插座多自带安全保护措施,如有专利的电器插座保护门,而小的零售五金店等低端市场中仍存在有安全隐患的插座;对于多年的老房子,固定在墙上的插座多没有自带安全防护措施,安全隐患最大;对于一些家庭已购置未有保护装置的插座,若没有坏也会继续使用。同时,从侧面也了解到,在农村地区因为自带安全防护的插座价格往往是没有安全防护插座价格的3—5倍,人们往往因为省钱选择没有安全防护的插座。由此可见,经济发达地区的家庭,可能会购买价格昂贵、自带安全防护的插座,而经济相

对落后的地区家庭,可能会选择价格低廉的插座,从而造成一定的潜在安全隐患。因此,研发一种安全实用、价格低廉的保护盖仍有一定市场应用前景和现实意义。

目前查到的防触电措施专利情况

防触电措施专利	基本原理/方式	优 点	缺 点
电器插座保护门	在插座孔内加入保护门,通过转动小机关使保护门和插孔错位	能实现防触电,防水防潮	只能在墙上安装插座时加入,或是直接设计在拖线板内,对无防触电保护插座和拖线板不能使用

为了找到解决上述问题的答案,结合个人实际及兴趣爱好,初步确定了项目的研究目标:通过对现有保护盖改良,提出一种实用安全的婴幼儿防触电保护盖,使用方便,通用性好,能够实现电器插头和电源插座无缝连接,使用时不用拿掉,只要拨动机关就能使用,还可以避免婴幼儿触电风险;同时,可以阻挡灰尘、小动物毛发等细小物体落入插座空隙。

二、研究方法与技术路线

1.研究方法

研究目标确定之后,首先通过调研法、文献研究法进行分析研究,提出设计思路;其次通过比较分析法、模拟试验法,进行材料选取及模型制作;最后通过示范演示,得出结论并提出展望。

(1)通过互联网、现场调研等形式对现在市场上的插座类型及安全插头进行对比分析,了解当前市场插头现状及优缺点;

(2)通过对文献的研究掌握相关绝缘材料知识,对比分析哪种材料最适合成为安全插头或保护盖的材料;

(3)探索设计安全防护插头样式与拖线板、墙上的不同类型插座的对接方式,用简单材料制作简易模型,进行示范演示,跟现有的防护盖、防触电保护措施做对比。

2. 技术路线

拟采取的技术路线如下所示。

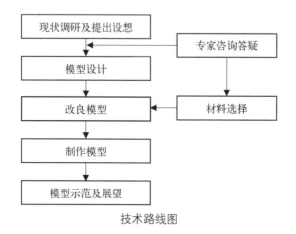

技术路线图

三、防护盖模型制作过程

1. 原理设计

针对当前市场上提供的保护插头使用不方便的缺陷,本项目设计的主要思路:提出一种可以直接用胶黏在插座和拖线板上的保护盖方案,使用时不需要摘下来,只需要拨动开关或控制开关就能使用。这种保护盖分成两种,一种是适用于三孔的插座,另一种是适用于两孔的插座,它们都是通过两层都带有孔的绝缘片错位,拨动开关后可将绝缘片的孔对上或者错开。使用时方便快捷,用完后会自动复位,不用的时候能防止婴儿触电,还可以防止灰尘、细小毛发等杂物进入插座孔。初步考虑了三套设计方案:

(1)设计一个按钮,用手拨动开关控制,计划在两个绝缘片之间增加一个控制开关,对插孔进行人工拨动实现绝缘片错位和复位;但开关按钮在外面可能会吸引儿童注意力,存在一定的安全隐患,且使用不便。

(2)设想用传感器自动控制,计划在两个绝缘片之间增加一个传感器控制装置,利用类似手机APP小程序控制,可以避免儿童拨动,安全性较高,可以远程操控;由于目前能力有限,需要借助外援,且占地面积大,如果使用者离拖线板近但手机不在身边或附近就十分不便。

（3）利用弹簧装置自动复位，计划利用弹力将使用后错位的绝缘片进行复位，达到防护的目的，安全性较高，也易实现，能够解决使用者用完后忘记拨开关使绝缘片复位的问题；需要解决的是如何安全插入及粘贴固定该装置的问题。

根据自己的初步设想，经过多次咨询专家，听取他们建议和意见，结合个人的动手能力和业余时间，最终决定选择制作利用弹簧装置自动复位的安全防护盖。

2.尺寸的选取

为了使防护盖大小与插座、插头相匹配，有必要对防护盖尺寸大小进行分析。首先，在五金商店购买了一个没有自带保护装置的插座，并将其拆解，获得了一些插座空隙间距离、插头与插座良好接触距离等基础数据。

不同插孔插座覆盖面情况

插座类型	总长度（mm）	总宽度（mm）
两孔插座	32—33	15—16
三孔插座	32—33	32—33

不同插头与插座有效接触距离情况

插头类型	高度（mm）	有效接触最大距离（mm）	插头横截面长度（mm）	插头横截面宽度（mm）
两孔插头	15	6	6	1.2
三孔插头	20（地线）；18	6	6	1.2

在对插座、插头基础数据分析基础上，为保证插头与插座能正常接触，也考虑到有些插头内部会有小部分生锈，制作的保护盖厚度最大不高于4 mm，这也是制作防护盖的关键环节；覆盖面（长度×宽度）因不同插孔类型有所不同，本项目模型制作以三孔插座为例，覆盖面大于33 mm×33 mm，但也不能超过插座的宽度。

因此，在试验制作阶段，本模型的周围一圈框架采用的是高度为3 mm，宽度为1 mm的材料，中间的可移动绝缘片采用的是厚度不大于3 mm的材料。而上下两片固定绝缘片采用的材料都是很薄的，加起来不会超过0.5 mm。

为减小插头插入本模型时对上下两片固定绝缘片和中间的可移动绝缘片产生的摩擦力,使使用者减少用力,并使本模型使用更长久,所以在模型上插头孔的大小,横截面长度和横截面宽度都用锉刀打磨,使其比插头的大小各增加0.2 mm左右。

3. 材料的选取

市场调研时发现制作模型的材料有很多种选择,经过对比分析,从节省成本角度考虑,设计开始时本想使用成本较低的塑料来制作,但目前为止还找不到合适大小的塑料,也没有相应的切割工具。鉴于目前能够找到可以定制的有机玻璃,所以选择了有机玻璃做框架。用KT板代替中间的绝缘片,上下两面用很薄的塑料片固定。第二个模型中的可移动绝缘片采用双面贴强力纳米胶片。上下两片固定绝缘片采用文件夹上的塑料片。

常用绝缘材料调研情况汇总表

常用绝缘材料	适用范围	优 点	缺 点
聚氯乙烯(PVC)	十分广泛	耐老化、紫外线照射、化学腐蚀、根系渗透,较薄	有软有硬,但硬的难以剪裁
有机玻璃(甲基丙烯酸甲酯)	眼镜片、门窗、汽车、飞机窗等	透明、耐燃、防水、耐冲撞、质轻、价廉	太硬,难以剪裁,需特殊黏合剂才能黏合
双面贴强力纳米胶带(无痕胶、PVC)	浴室、卫生间、厨房瓷砖贴等	易剪裁、防水、耐热、双面有胶、透明	较软容易弯曲,表层保护膜易撕掉且撕掉后很黏
KT板(聚苯乙烯)	广告牌、DIY制作等	环保、防火防水防潮、价廉、轻盈、不易变形	密度低、强度差

用来自动复位的弹簧装置一开始设想了三种方式:橡皮筋、弹簧片和弹簧。并分别进行了实验:首先就排除掉了弹簧,因为弹簧体积太大,没有找到足够小的弹簧;后来,使用橡皮筋做了一个模型,进行对比分析并咨询专家,鉴于V型弹簧片够小,够薄,而且耐用,不像橡皮筋拉伸太久就会断掉,最后决定选用V型弹簧片。

4. 模型制作

经过前期充分的准备,基本确定了防护盖的尺寸大小,同时获得了定制的有机玻璃制作材料和其他制作材料:4条有机玻璃、一块KT板(第二个模型中采用双面贴强力纳米胶片)、2片塑料片、一个弹簧。同时也定下了模型的制作方案:以三孔插座为例,用两片绝缘片错位,使用时,推动上面一片绝缘片,使这片绝缘片上的三孔和下面的三孔对齐,即可插入插头。

第一步,用打孔机在可移动绝缘片和下层固定绝缘片上打出三个插座孔大小的孔,并用锉刀打磨得更平滑,在使用时减少摩擦力,更容易插入。

第二步,用特殊的有机玻璃黏合剂将四条有机玻璃粘在一起,形成模型的框架,长47 mm,宽35 mm(第二个模型37 mm),高3 mm。粘这个框架的时候可以放在KT板上面粘,因为这种胶不能把KT板和有机玻璃粘在一起,所以等它干了以后直接摘下来就可以了,如果框架上还有一点残留物,可以用美工刀刮掉。

第三步,等到黏合剂干了以后,确保四条有机玻璃不会分开和摇动,再把整个框架用3M胶粘在下层的固定绝缘片上。放了一夜过后,框架和下层绝缘片已经完全黏合,确保不会脱落且可以承受一定的力。其实这一步可以和第一部一起完成,直接用3M胶把四条有机玻璃粘在塑料片上,速度快。但是这样会不方便、难度大,并且没有分开来做牢固。

第四步,将可移动绝缘片和弹簧用玻璃胶粘合,再把弹簧的另一端用3M胶粘合在有机玻璃框架上,这一点很重要,最好多用一点胶,因为如果没粘好,把绝缘片塞到框架内部时,弹簧就会掉出来,到那时候这一步还得重新做。

第五步,把可移动绝缘片塞到框架内部,并确保可移动绝缘片暂时不会弹出来,然后就可以把上层的固定绝缘片用3M胶粘在框架上方,放在平整的地方,上面用一本重一点的书压着,确保弹簧不会弹出来,因为如果这时候弹簧弹出来,那

模型成品图

这一步和前一步都白做了。再过几天等它完全干透,一个保护盖模型就完成了。

模型制作完毕之后,还要检测一下它的牢固性。

由于条件限制,目前制作的这个模型还比较简单,弹力性能不是很好。因为没有找到合适的胶水,暂时只能用3M超能胶将有机玻璃和塑料片粘在一起,所以塑料片会变成白花花的效果,不美观而且有一点脆,实用性还不是很强。

第一个模型用的弹力装置是别针上的弹簧;第二个模型中使用的是网上订购的弹簧,厚度更小,弹性更好。

另外,目前保护盖模型因尚未找到合适的单面胶塑料绝缘薄片,与插座的固着面计划先采用双面胶或强力胶来实现。下一步将继续寻找合适的带有单面胶绝缘材料,以实现保护盖即贴即用的方便使用特性。

四、模型演示与应用分析

经过专家答疑及建议,通过不断改良模型设计,进行了多次反复实验,最终制作出了一个使用简单、能自动复位的防触电防尘保护盖模型,基本实现了设计的功能。

演示过程显示:先将插头插入带有厚度的可移动绝缘片,然后用插头带动这个绝缘片向边上挪动,使插头和里面真正的插孔对齐,这时候再用力插入,就可以使用了。这样操作十分方便,只要用一只手就可以完成,简单快速,比市场上的防触电保护装置使用更加方便快捷。当不用时,把插头拔出,可移动绝缘片借助弹簧弹力,复位到起始位置,从而有效防止插座插孔暴露在外,达到安全防护的作用。

通过演示与示范,目前制作的模型总体上虽然还不是非常成熟,但是操作使用上比市场上购置的保护插头使用更便捷,其主要性状:

1. 使用时不需要拔出,不需要用钥匙,用插头拨动上层绝缘片错位一个插孔距离(2—3 mm)就可插入,操作方便,能小幅度防水防潮,防灰性能很好;插入插头时也不需要用大力气,插入力相当于有保护插座的1/2至1/3,使用后还能自动复位,不需要再去操作使其关闭。

2. 通用性很好,能适用于所有标准拖线板和插座。这种保护盖和插座或拖线板的连接目前也是有两种方法:一种是用双面胶粘贴,可以直接把双面胶一面贴在保护盖上,使用者使用时只需要撕掉另一面就可以贴在插座或者拖线板上。也可以把保护盖和双面胶分开放,让使用者自己粘贴。另一种方法就是保护盖的底层固定绝缘片只用单面胶塑料片,就是一面有胶的很薄的塑料片,使用时只需要撕掉一面保护膜,就可以直接贴在插座或拖线板上。第二种方法更简单快捷,但由于目前没有找到合适的单面胶塑料片材料,所以目前模型中没有包含这个方案。

3. 保护盖的安全性也很高。由于上下层错位,婴幼儿手或手持细物无法插进去,从而避免发生触电危险;弹簧的弹性也很好,想要拨开保护盖对婴幼儿来说也需要很大的力气。由于可移动绝缘片较薄,且材料大多是透明的,有少量积水或者灰尘也能轻易发现。

五、结论与展望

本方法设计的实用安全的婴幼儿防触电防尘保护实现了防触电的保护功能,解决了当前市场上防触电装置不方便的缺陷,而且通用性很好。有的专利上设计的是制作在插座里的类似装置,但那种装置占地大,而且要买只能买一个座线板,使用的时候要一只手拿着插头,另一只手拨动或旋转开关后才能使用,对于一些另一只手正在干别的事情的人来说,使用很不方便。而这款保护盖只需一只手来操作,拨动开关和插入插头的动作合为一体。它不仅可以适用于拖线板的孔,而且对于墙上的插孔,也能解决防触电防尘的问题,基本实现了预期目标。

下一步我将寻找弹性好、个体小的弹簧片代替现在模型中的别针、弹簧,并且寻找更合适的低成本的绝缘材料代替,最好能全部用塑料片来制作。同时,继续进行改良,制作成像贴纸那样的防触电防尘保护贴。

如果未来能在工厂生产的话,用一体的塑料制作,还能减少更多空间和厚度,更加方便实用。

六、致谢

感谢学校老师给予我的指导与帮助；感谢课外辅导机构老师给予我的指导；感谢父母给我提供的支持和鼓励。

在此，向所有帮助和关心过我的老师表示衷心的感谢，并希望在今后的工作中继续得到各位的指导和帮助。

参考文献

[1] 庄秀平.具有弹性防护盖板的安全插座.2016.
[2] 刘成功.浅谈有机玻璃的特性及制作工艺[J].科技资讯,2009.
[3] 王业银.电器插座保护门的结构设计与改进[J].电动工具,2016(05).
[4] 凌铭.家用插座保护门的防触电保护[J].中国测试技术,2004(04).

第35届上海市青少年科技创新大赛二等奖

尤心源

指导作品

一种科学动态调节的抗视疲劳LED台灯

摘要

随着科技的不断进步,人们对照明质量需求也不断提升。相对于静态的人造光源,人眼在户外随着自然光(日光)的缓慢规律性变化而不断调节的过程,已被证实有助于控制近视发展。结合自身对近视度数控制的需求,提出本课题。

在确定照明研究参数后,本课题运用函数绘图分析软件ORIGIN对自然光(日光)照度和色温的动态变化规律进行了科学的数据分析,结合在不同阅读时长下色温、照度与抗视疲劳关系的最新理论研究成果以及基于冷暖白光LED的可调色温可调光的调光计算模型,设计了一款基于最佳抗视疲劳照明参数范围,并按照自然光(日光)变化规律实时动态调节的LED台灯,从而一定程度上起到保护视力的效果。

实验台灯由色温为4 000 K和2 700 K的冷暖白光灯条、LED控制器和变压电源三部分组成,通过对控制器的数据编程,动态周期控制灯条的照度和色温,并对实际色温和照度测量指标的测试分析,验证了设计模型,实现了目标实验作品,达到了预期目标,具有一定的实用价值和市场前景。

关键词 动态调节;抗视疲劳;LED;台灯

一、课题来源

提出这个课题的灵感是因为我得了近视眼,在治疗过程中,我从医生那里了解到延缓近视的主要方式有三种:1. 药物治疗——低浓度阿托品;2. 物理治疗——角膜塑形镜;3. 每天2小时的户外运动。《自然》杂志2015年曾发表文章指出:每天2小时的户外运动,能够较好地预防近视,同时对已经患有近视者也能起到比较好的治疗效果。

第一种和第二种治疗方式,已经是具有充分理论依据的医学手段,但为什么每天2小时的户外运动能延缓近视的进展呢?在2016年第二届中国眼科循证医学与临床研究大会上,眼科专家们给出了一个答案:户外活动控制近视的可能机制是自然光。专家们认为户外光线是始终在调节的,亮的时候瞳孔缩小,暗的时候瞳孔放大,而瞳孔对光源的适应性调节能引起虹膜、睫状肌和晶状体的三联动,使眼睛调节系统保持其灵活性,预防和控制近视眼的发生和发展。

于是我想到:对于我们中学生来说,每天2小时的户外运动是很难的,但每天在台灯下写2小时作业是一定的,那是不是可以设计一种像自然光一样动态调节的台灯从而达到延缓近视的目的,这就是提出本课题的初衷。

二、问题分析

课题提出后,我详细地向辅导老师介绍了我的设想以及准备如何采集动态自然光的数据等实验步骤,老师认真地听取了我的设想并给予了肯定,同时给我提出几点建议:一是关于自然光特性及参数应该已经有前人研究过,建议我不要再做自然光数据采集而通过查询已有的研究数据来提高效率;二是我们要研究的是自然光照在工作面上反射到眼睛的光的特性,并且我们需要是对视力有利的那部分光。

1. 照明研究参数简介

老师的建议给了我极大的启发,经过研究,我了解到研究照明的主要参数为照度和色温:其中照度是光照强度的简称,是指单位面积上所接受可见光的能量,单位勒克斯(Lux或lx)。我们可以简单地认为,照度就是光源照射在阅读面上亮度。照度与光源本身的光强成正比,与照射距离成反比。

色温是表示光线中包含颜色成分的一个计量单位,单位为开尔文(K)。红色的色温最低,然后逐步增加的是橙色、黄色、白色和蓝色,蓝色是最高的色温。简单来说,暖光色温低,冷光色温高。

经过大量的文件检索工作,在通过对一系列关键字的筛选和排列组合查询后,我终于通过"日光、阅读、照度、色温、视觉、视疲劳"几个关键字找到了我需要的日光动态变化数据以及照明对视疲劳影响的研究文献,并进行分析。

2.日光照度的动态变化数据分析

在重庆大学刘红等撰写的《日光照明室内照度动态计算方法》一文中,我找到了北京冬季和夏季某晴日南向窗户室内工作面照度逐时分布图,然后通过计算平均值得到平均照度与时间的关系,为方便计算,我们对平均照度与时间关系数据进行分段线性拟合分析,得到斜率 $K \approx \pm 125$,即我们可以近似地认为:自然光条件下,室内工作面的照度在5—13时每小时增加 125 lx,在 13—21 时每小时减少 125 lx,这将作为我设计台灯照度的调节规律。

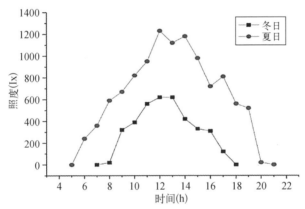

北京冬季和夏季晴日南向窗户室内工作面照度逐时分布图

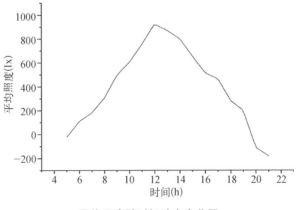

平均照度随时间动态变化图

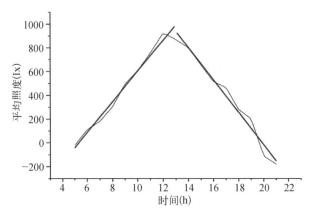

平均照度随时间变化分段线性拟合分析图

3. 日光色温的动态变化数据分析

在郑志雄发表的《日光和天光在部分云彩之下的综合色温》一文中，我找到了美国地区不同季节和时间日光的色温值（注：暂未找到我国的数据，但由于美国与我国纬度近似，相关数据基本一致），通过计算平均值得到年平均色温与时间关系，为方便计算，我们对平均色温与时间关系数据进行线性拟合分析，得到在4—8时和16—20时的斜率$K \approx \pm 1\,300$，在8—16时斜率$K \approx 0$，即我们可以近似地认为：日光的色温在4—8时每小时增加1 300 K，在8—16时色温基本不变，在16—20时色温每小时减少1 300 K，这将作为我设计台灯色温的调节规律。

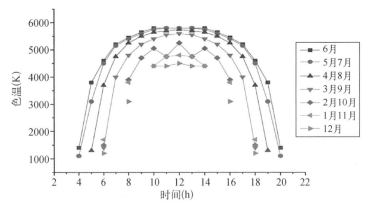

美国不同季节和时间日光的色温动态变化图

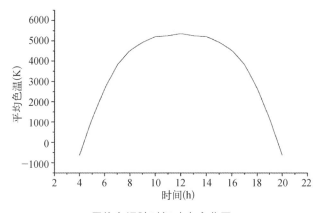

平均色温随时间动态变化图

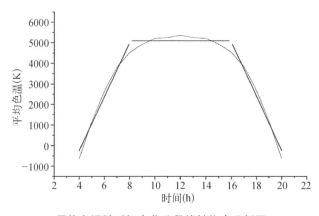

平均色温随时间变化分段线性拟合分析图

4. 色温和照度对视疲劳的影响数据分析

在陕西科技大学郭西雅等撰写的《不同书面阅读时长下照明对视疲劳和大脑唤醒水平的影响》一文中,研究人员通过采集和分析被试验人员在不同照度、色温组合下的眼动数据及阅读速度数据,得出了阅读时间内照度和色温对视疲劳及大脑唤醒水平的影响数据,此结论将作为我设计台灯的参数调节范围。

不同阅读时间内照度和色温对视疲劳及大脑唤醒水平影响的结论数据

参　数	视疲劳最小(0—60分钟阅读时间内)	视疲劳最小(60—120分钟阅读时间内)	改善视疲劳,提升大脑活跃度
照度值(单位: lx)	500 lx	750 lx	300 lx 增加到 750 lx
色温值(单位: K)	2 700 K	4 000 K	2 700 K 增加到 4 000 K

5. 台灯国家标准数据分析

读写作业台灯性能要求（GB/T 9473-2017）对照度和色温的要求如下：

国家标准对台灯照度和色温要求

参　　数	国家标准的具体指标要求
照度	中心照射区域 ≥ 500 lx
色温	夜间使用台灯色温不得超过 4 000 k

6. 本课题设计参数

根据以上数据分析，结合相关国家标准，我确定了台灯的设计参数，并设计以4小时为周期进行动态调节。

本课题拟设计台灯的动态调整参数

时　　间	0—1小时	1—2小时	2—3小时	3—4小时
照度变化规律（单位：lx）	从500 lx逐渐增加到750 lx，每小时增加125 lx		从750 lx逐渐减少到500 lx，每小时减少125 lx	
色温变化规律（单位：K）	从2 700 K逐渐增加到4 000 K，每小时增加1 300 K	保持4 000 K不变		从4 000 K逐渐减少到2 700 K，每小时减少1 300 K

通过对下图进行分析我们可以看到，在0—2小时内照度的斜率K=125，在

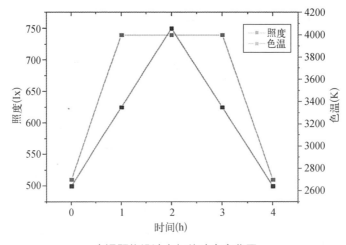

本课题拟设计台灯的动态变化图

2—4小时内,照度的斜率$K=-125$;在0—1小时内色温的斜率$K=1\ 300$,在1—3小时内色温的斜率$K=0$,在3—4小时内色温斜率$K=-1\ 300$。

通过上图可以得到以下照度与时间、色温与时间的计算公式:

$$\begin{cases} y_1 = 500 + 125x & 0 \leqslant x \leqslant 2 \\ y_1 = 1\ 000 - 125x & 2 \leqslant x \leqslant 4 \end{cases} \tag{1}$$

$$\begin{cases} y_2 = 2\ 700 + 1\ 300x & 0 \leqslant x \leqslant 1 \\ y_2 = 4\ 000 & 1 \leqslant x \leqslant 3 \\ y_2 = 7\ 900 - 1\ 300x & 3 \leqslant x \leqslant 4 \end{cases} \tag{2}$$

公式(1)中,y_1表示照度,单位为lx;x表示时间,单位为小时。公式(2)中,y_2表示色温,单位为K;x表示时间,单位为小时。

我们认为:本设计的动态调节规律与参数基本与日光相一致,且色温、照度与阅读时长的关系符合抗视疲劳研究的结论。

7. 运用调光模型实现设计参数

在确定了设计参数后,我开始思考如何实现LED台灯的照度和色温按设计参数动态变化。我认为色温的调节应该可以像调色一样来调整,比如我用黄色的颜料和白色的颜料按不同比例混合就能得到不同浓淡的淡黄色颜料,同样,我用2 700 K色温的暖白光和4 000 K色温的冷白光按不同比例的亮度进行混合,应该也能得到介于2 700 K和4 000 K之间不同色温的白光,但是冷暖白光按何种比例混合才能同时达到目标色温和目标照度,需要精确的计算。

在厦门理工学院光电与通信工程学院光电工程技术研究中心徐代升等撰写的《基于冷暖白光LED的可调色温可调光照明光源》一文中,采用冷暖白光LED光源设计成功了可调色温可调光动态光源,依据选用冷白LED光源和暖白LED光源光度色度参数,建立了给定光度量输出时冷暖白LED光源占比计算的模型(光度量单位是lm,中文称为流明。由于照度的定义是每平方米的光度量,那么我们在确定照射高度和面积的情况下,照度值可代替光度量,因此,下面公式中所有关于光度量的值都由照度取代)。

$$\begin{cases} D_1 = \dfrac{Y_h \cdot y_1(x_2-x)}{Y_C[y_2(x-x_1)+y_1(x_2-x)]} \\[4mm] D_2 = \dfrac{Y_h \cdot y_2(x-x_1)}{Y_W[y_2(x-x_1)+y_1(x_2-x)]} \end{cases} \tag{3}$$

D_1、D_2为达到目标色温时冷暖光源所需要的占各自最大光度量的占比，Y_C、Y_W为冷暖白光LED光源的最大光度量，Y_h为混合光的光度量（目标光度量），(x_1,y_1)是冷白光源色温的色坐标，(x_2,y_2)是暖白光源色温的色坐标，(x,y)是目标色温的色坐标（色坐标，就是颜色的坐标，也叫表色系。常用的颜色坐标，横轴为x，纵轴为y。有了色坐标，可以在色度图上确定一个点。这个点精确表示了发光颜色，也就是说色温与色坐标是一一对应的）。

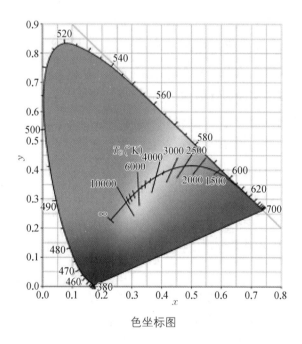

色坐标图

以下是色温转换色坐标的近似计算公式，其中CCT表示色温值：

$$\begin{cases} x = -4.607(10^9/CCT^3) + 2.9678(10^6/CCT^2) + 0.09911(10^3/CCT) + \\ \quad 0.244063 \\ y = -3x^2 + 2.87x - 0.275 \end{cases} \tag{4}$$

通过上述计算模型，我就可以精确地计算出在任意时间点，为同时达到目标照度和色温，冷暖白光各自需占最大照度的比例。并在接下来的实验作品实物制作中，通过与控制器调节步长的配合达到精确调节照度与色温的目的。(举例说明：假设我们采用冷白光的色温为 4 000 K，通过公式(4)计算可得 (x_1, y_1) = $(0.380\ 5, 0.376\ 6)$，最高照度 Y_C 为 750 lx；我们采用的冷白光的色温为 2 700 K，通过对照可得 (x_2, y_2) = $(0.460\ 0, 0.410\ 4)$，最高照度 Y_W 为 500 lx。在开灯 30 分钟时，通过照度与时间计算公式(1)及色温与时间的计算公式(2)，我们可以得到此时的目标照度 Y_h 为 562.5 lx，目标色温为 3 350 K，通过公式(4)可计算出 (x, y) = $(0.415\ 6, 0.399\ 6)$。将上述数据代入公式(3)可得 D_1 = 0.402 903，约为冷白光最高亮度 750 lx 的 40%，即 300 lx；D_2 = 0.520 646，约为暖白光最高亮度 500 lx 的 52%，即 260 lx。也就是说，300 lx 照度的 4 000 K 色温冷白光与 260 lx 照度的 2 700 K 色温暖白光混合，可以得到 560 lx 照度的 3 350 K 色温的混合光。

三、实验作品制作

我的设计制作思路是：将 4 000 K 冷白光灯条与 2 700 K 暖白光灯条交错排列，用调光计算模型计算出不同时间内冷暖白光的占比数据输入可编程 LED 控

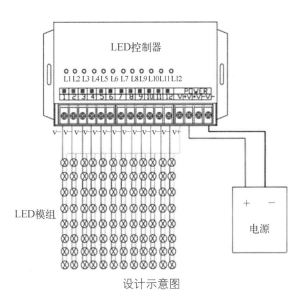

设计示意图

制器中,然后通过LED控制器分别控制冷白光和暖白光在不同时间下的照度值,从而使台灯按照设计参数自动调节照度和色温。

1. 实验作品装配

首先我采购了色温分别为4 000 K与2 700 K的LED灯条,这些灯条以每3个发光为一组,可以根据需要自由拼接。

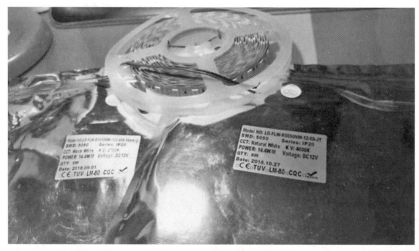

4 000 K与2 700 K色温的LED灯条

其次我找到了一款可以按时间调节每一路LED灯条亮度渐变的可编程多路LED控制器,该控制器可以将LED灯条从最暗到最亮分成256个等级,然后在任意设置的时长内进行逐级渐变。

同时,我们还采购了将交流电变直流电,并且将220 V电压转换为LED灯条工作需要的12 V电压的变压电源。

RH-D12 可编程LED控制器

变压电源

经过组装和测试,在照射高度设为36 cm时(台灯最佳照射高度一般为30—45 cm),我使用5组(每组3个发光元件)4 000 K冷白光LED灯条达到了最高750 lx的照度,使用4组2 700 K暖白光LED灯条达到了最高508 lx的照度。组装台灯实物见下图。

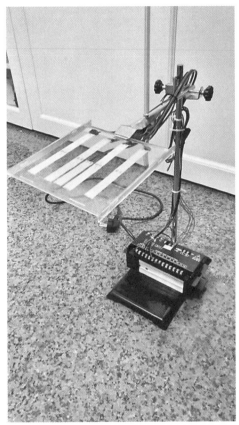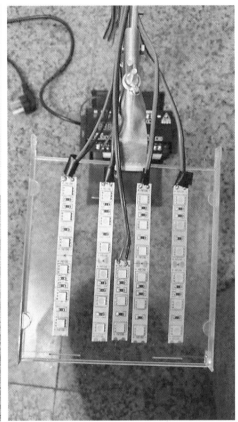

设计作品实物

2. 控制器编程设置

由于控制器可以将LED灯条从最暗到最亮分成256个等级,根据所设计LED台灯的动态变化周期,我们将LED台灯的调节步长设置为30秒,4小时共480步,再根据调光计算模型计算每一步冷暖白光各自的亮度级数,然后将冷暖白光亮度级数的数据录入编程软件再导入控制器中。

通过调光计算型计算出的冷暖白光亮度级数

时间 (min)	混合光目标照度 (lx)	冷白光最大照度 (lx)	暖白光最大照度 (lx)	混合光目标色温转色坐标值		4 000k冷白光色温转色坐标值		2 700k暖白光色温转色坐标值		冷白光占最大照度比例	暖白光占最大照度比例	4 000 k 冷白光编程亮度级数	2 700 k 暖白光编程亮度级数
	y_h	y_c	y_w	x	y	x_1	y_1	x_2	y_2	d_1	d_2		
0	500	750	508	0.453 816	0.409 605	0.382 3	0.383 8	0.453 8	0.409 6	−0.000 14	0.984 461	0	251
0.5	501.041 7	750	508	0.453 217	0.409 516	0.382 3	0.383 8	0.453 8	0.409 6	0.005 106	0.978 764	1	250
1	502.083 3	750	508	0.452 614	0.409 424	0.382 3	0.383 8	0.453 8	0.409 6	0.010 42	0.972 969	3	248
1.5	503.125	750	508	0.452 006	0.409 329	0.382 3	0.383 8	0.453 8	0.409 6	0.015 799	0.967 079	4	247
2	504.166 7	750	508	0.451 394	0.409 231	0.382 3	0.383 8	0.453 8	0.409 6	0.021 241	0.961 095	5	245
2.5	505.208 3	750	508	0.450 779	0.409 131	0.382 3	0.383 8	0.453 8	0.409 6	0.026 744	0.955 021	7	244
3	506.25	750	508	0.450 16	0.409 027	0.382 3	0.383 8	0.453 8	0.409 6	0.032 306	0.948 859	8	242
3.5	507.291 7	750	508	0.449 537	0.408 921	0.382 3	0.383 8	0.453 8	0.409 6	0.037 927	0.942 61	10	240
……	……	……	……	……	……	……	……	……	……	……	……	……	……
……	……	……	……	……	……	……	……	……	……	……	……	……	……

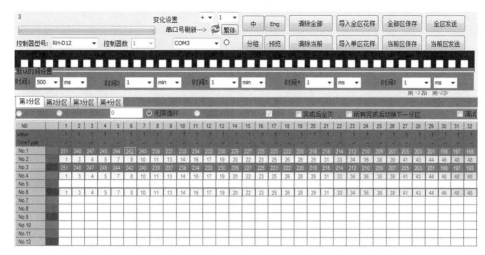

编程控制软件

四、指标验证测试及分析

设计作品制作完成后，我们使用照度计和色温仪对所设计台灯在不同时间节点的照度和色温进行了测量，并将测量结果与计算（目标）结果进行了对比分析。

1. 照度数据测试分析

不同时间点测量照度与计算（目标）照度对比分析

时间（min）	计算（目标）照度（lx）	测量照度（lx）	误差（lx）	误差百分比
30	562.5	559	−3.5	−0.63%
60	625	629	4	0.64%
90	687.5	692.5	5	0.72%
120	750	754.5	4.5	0.60%
150	687.5	693.5	6	0.87%
180	625	631	6	0.95%
210	562.5	561.5	−1	−0.18%
240	500	503	3	0.60%

2.色温数据测试分析

不同时间点测量色温与计算（目标）色温对比分析

时间（min）	计算（目标）色温（K）	测量色温（K）	误差（K）	误差百分比
15	3 025	3 055	30	0.99%
30	3 350	3 361	11	0.33%
45	3 675	3 718	43	1.17%
60	4 000	4 065	65	1.63%
120	4 000	4 061	61	1.53%
195	3 675	3 725	50	1.36%
210	3 350	3 422	72	2.15%
225	3 025	3 047	22	0.73%
240	2 700	2 789	89	3.30%

经过分析，我们看到各节点测量照度与计算（目标）照度的误差最大值为0.95%，各节点测量色温与计算（目标）色温的最大值为3.3%，相关误差均在可接受范围内，基本达到设计预期。

五、结论与展望

本课题所设计的LED台灯，通过可编程LED控制器控制冷、暖白光LED灯条的亮度来调节不同时间节点下台灯的照度和色温，使台灯在阅读视疲劳程度最小的参数范围内，按照自然光（日光）的动态变化规律缓慢调节，一定程度上达到保护视力的效果。测试结果表明，本设计作品各模块运行正常，各时间节点的照明参数均与设计参数基本一致，达到了预期目标，具有一定的实用价值和市场前景。

由于作者本人知识水平有限，目前对LED的控制采用了市售的LED控制器成品，仅能满足本设计动态调节的基本需求，尚无法通过编程达到一些个性化和精细化的控制。下一步，将通过学习单片机有关知识，通过定制LED控制器对台灯进行控制,以满足更多个性化的需求。

六、致谢

本文是在多位辅导老师的悉心指导下完成的。各位老师教授了我大量的理论知识并帮助我安排课题的进程、理清论文的思路、指出我的不足。在此,谨向各位老师表示衷心的感谢。

特别感谢我校校长对我们科技创新活动的鼓励和支持,是校长一次次地勉励,使我鼓足勇气坚持到顺利完成论文。

真诚地感谢你们!

参考文献

[1] Elie Dolgin. The myopia boom Short-sightedness is reaching epidemic proportions. Some scientists think they have found a reason why.[J]. Nature, 2015, 519: 276-278.

[2] 刘红,李百战,姚润明.日光照明室内照度动态计算方法[J].重庆大学学报(自然科学版),2007(08): 85-88.

[3] 郑志雄.日光和天光在部分云彩之下的综合色温[J].感光材料,1984(06): 33.

[4] 郭西雅,田津津,胡志刚,乔现玲,李倩.不同书面阅读时长下照明对视疲劳和大脑唤醒水平的影响[J].包装工程,2018,39(04): 164-169.

[5] 徐代升,陈晓,朱翔,郑黎华.基于冷暖白光LED的可调色温可调光照明光源[J].光学学报,2014,34(01): 226-232.

第35届上海市青少年科技创新大赛二等奖

乐如许